UNSER GRÜNER PLANET

SIMON BARNES

UNSER GRÜNER PLANET

Das geheime Leben der Pflanzen

Übersetzung aus dem Englischen von
Karl-Heinz Ebnet

FREDERKING & THALER

INHALT

EINLEITUNG

Was haben Pflanzen für uns je getan?

Diese Frage ist schwer zu beantworten, wenn man irgendwo auf der Welt durch die Straßen einer Stadt geht oder, wahrscheinlicher, fährt. Es scheint, als hätten wir jede Verbindung zu den Pflanzen gekappt. Anders als unsere Vorfahren scheinen wir sie nicht mehr zum Überleben zu brauchen.

Im Allgemeinen sind wir bereit zu akzeptieren, dass Pflanzen ein Teil des Lebens und deshalb wohl recht sinnvoll sind. Aber das greift viel zu kurz. Pflanzen *sind* das Leben. Ohne Pflanzen ist Leben auf der Erde nicht möglich, ohne sie hätte es Leben nie gegeben.

Jede Nahrung, die man zu sich nimmt, basiert auf Pflanzen. Jeder Teller Essen, nicht nur die Salatgarnitur, ist letztlich ein Teller mit Pflanzen. Unsere landwirtschaftlichen Nutztiere wandeln Pflanzen in Fleisch um. (Rinder konsumieren in ihrem Leben zwischen sechs- und fünfundzwanzigmal so viel Futter, wie sie an Fleisch liefern.) Die Nahrungskette in den Meeren hängt vom Phytoplankton ab, winzigen Meerespflanzen. Sogar Pilze nehmen Pflanzen zu sich.

Bei der Nahrung zeigt sich ganz deutlich, wie abhängig wir von Pflanzen sind. Aber Pflanzen produzieren auch den Sauerstoff, den wir atmen. Wir nehmen Sauerstoff auf und atmen Kohlendioxid aus; Pflanzen nehmen Kohlendioxid auf und geben Sauerstoff ab. Daher können wir die Regenwälder als riesige Sauerstofffabriken betrachten – nur tun wir das leider meistens nicht.

Auch im Wasserkreislauf spielen Pflanzen eine zentrale Rolle. Sie geben das Wasser im Boden an die Luft ab, wo es Wolken bildet, die als Regen niedergehen. Pflanzen liefern also Nahrung, Luft und Wasser, alles Dinge, die für das menschliche Leben ausgesprochen nützlich sind.

Wir gehen davon aus, dass die Menschen des 21. Jahrhunderts ihre Verbindung zur Natur gelöst und sich eine Welt erschaffen haben, die nicht mehr auf so überkommene Dinge wie Bäume angewiesen ist. Aber auch die moderne Welt wird zum allergrößten Teil von Pflanzen angetrieben. Die industrielle Revolution, die größte menschengemachte Veränderung, der die Welt seit Erfindung der Landwirtschaft vor 12 000 Jahren unterzogen wurde, speiste sich aus Kohle – die nichts anderes ist als fossilisierte Bäume, also Pflanzen, die in anderer Form vorliegen. Unsere mittlerweile dominierende Energiequelle ist das Öl, ebenfalls fossilisiertes Leben aus ehemaligen Pflanzen, Algen und anderen Meeresorganismen. Jetzt versuchen wir unsere Abhängigkeit von Öl zu reduzieren,

GEGENÜBER
Funktionierende Umwelt: Ein Amerikanischer Distelfalter saugt Nektar an einem Sonnenhut und stellt der Pflanze seine Bestäubungsdienste zur Verfügung. New Mexico, USA.

indem wir Biokraftstoffe entwickeln: Treibstoffe, die aus lebenden Pflanzen gewonnen werden.

Die Art und Weise, wie wir diese auf Pflanzen gründende Energie genutzt haben, hat zur größten Krise in der Geschichte der Menschheit geführt: zum Klimawandel. Allen politischen Absichtserklärungen zum Trotz steigen die globalen Temperaturen weiterhin unaufhaltsam an. Pflanzen tragen jedoch dazu bei, den Anstieg zu verlangsamen. Sie entziehen der Atmosphäre Kohlendioxid, speichern Kohlenstoff und fungieren so als weltweite Klimaanlage. Es gibt zwei Möglichkeiten, den Klimawandel unter Kontrolle zu bringen, allerdings müssen sie Hand in Hand gehen: auf fossile Brennstoffe zu verzichten und den Pflanzen eine Wertschätzung entgegenbringen, an der es bislang gemangelt hat.

Pflanzen sind wesentlich für jeden Augenblick unseres Lebens – aber das ist nur ein Grund, um in diesem Buch ein Loblied auf sie zu singen. In herkömmlichen Naturdokumentationen, in den meisten Büchern über die Natur spielen Pflanzen lediglich eine Nebenrolle, sie sind pittoresker Hintergrund, liefern Nahrung für die Hauptdarsteller und geben ihnen die Luft zum Atmen.

Auch wir sind Tiere; daher ist es verständlich, dass wir uns unsere Mittiere ansehen, wenn wir die Welt, in der wir leben, verstehen wollen. Außerdem lieben wir Action und Drama. Wir sind fasziniert von jagenden Löwen, sich paarenden Elefanten, tanzenden Paradiesvögeln, dem Sozialleben der Wölfe und der Einsamkeit der Eisbären. Die Fortschritte in den Naturwissenschaften und der Fotografie aber haben das Pflanzenreich auf einzigartige Weise erschlossen und andere Dramen, andere Kämpfe, andere Auseinandersetzungen, haben Zusammenwirken, Erfindungsreichtum und sogar Jagdfertigkeiten offenbart.

Das Leben vieler Pflanzen findet in einem zeitlichen Rahmen statt, der für Menschen nicht begreifbar ist; manche Pflanzen existieren nur wenige Wochen, anderen Tausende von Jahren. Die komplexen Rätsel des Pflanzenlebens sind in den Filmaufnahmen der TV-Serie von *Unser grüner Planet* anschaulich geworden, ebenso wie in den Bildern in diesem Buch.

In beiden Werken stehen die Pflanzen im Vordergrund, während den Tieren, mit denen sie sich ihre Welt teilen, die Nebenrolle zufällt. Aber je besser die Komplexität des Lebens aufgrund der Fortschritte in den Naturwissenschaften und der Fototechnik verstanden wird, desto klarer zeigt sich auch, dass das Leben der Pflanzen und der Tiere untrennbar miteinander verwoben ist, dass sie sich gegenseitig bedingen und bereichern.

Wir vollziehen diese Reise durch das Leben der Pflanzen in einfachen Etappen und beginnen mit der unfassbaren Fülle des Lebens in den Tropen, gehen dann, ein scharfer

GEGENÜBER
Viel aus wenig: Pachycereus pringlei *und* Fouquieria columnaris. *Baja California, Mexiko.*

UMSEITIG
Atemberaubender Überfluss: tropischer Regenwald. Costa Rica.

Einschnitt, weiter zu den Wüsten, Orte, an denen scheinbar überhaupt kein Leben möglich ist. Daraufhin betrachten wir die erstaunlichen Gegensätze einer jahreszeitlich geprägten Umwelt, wo sich die Landschaft im Lauf eines Jahres so sehr verändert, dass sie kaum mehr wiederzuerkennen ist. Und schließlich wenden wir uns dem Wasser zu, wo alles Leben begonnen hat und wohin ein großer Teil des Lebens zurückgekehrt ist.

Mit der Erfindung der Landwirtschaft begann der Mensch, die Erde zum Vorteil der von ihm ausersehenen Nutzpflanzen zu verändern. Seitdem hat sich die Erde so umfassend verändert wie damals vor 65 Millionen Jahren für die Dinosaurier, als auf der Erde

ein Meteorit einschlug. Im letzten Kapitel beschäftigen wir uns daher mit den Pflanzen im Zusammenspiel mit dem Menschen.

Wir werden im Lauf dieser Reise mit vielen unschönen Wahrheiten konfrontiert werden. Im Zentrum aber stehen immer Menschen, die sich bemühen, die Dinge wieder ins Lot zu bringen. Uns begegnen Unternehmungsgeist, Einfallsreichtum, Optimismus und Freude. Wir stehen an einer Weggabelung, an der sich die Menschheit zu entscheiden hat. Aber sobald wir uns eingehend mit Pflanzen und ihrer Funktionsweise beschäftigen, stellt sich nicht mehr die Frage nach der richtigen Entscheidung. Wir müssen sie nur noch treffen.

TROPISCHE WELTEN

Es beginnt mit dem Licht. Wie alle Tage beginnt auch dieser Tag mit dem Licht. Gibt es Licht, kann das Leben – kann alles – beginnen. Licht ist alles. Licht ist Leben, weil Licht Nahrung ist. Wir laben uns täglich am Licht: genau wie jedes Schwein und jeder Gorilla und jede Kakerlake, die auf der Erde wandeln, wie jede Krabbe und jeder Thunfisch und jeder Blauwal, die im Meer leben.

Es beginnt mit dem Licht wegen der Pflanzen. Die furchterregendsten Arten im Tierreich sind letztlich von Pflanzen abhängig, und Pflanzen sind abhängig vom Licht; Licht treibt das Leben von nahezu allem an, was auf der Erde existiert. Die außergewöhnliche, die Regel bestätigende Ausnahme ist das Leben in den hydrothermalen Quellen am Grund der Tiefsee, wo eine ganze Reihe komplexer Lebensformen von der Energie zehrt, die aus der Erde selbst kommt. Aber das ist eine winzige, in sich geschlossene Gemeinschaft. Ansonsten ist es das von der Sonne kommende Licht, das das Leben auf der Erde erst ermöglicht.

Diese Aussage ist so banal, ein so alltägliches Wunder, dass wir das Wundersame daran gern vergessen. Tatsache aber ist: Pflanzen verwandeln Licht in Nahrung. Das ist so, als würden Sie mit ausgestreckter Hand in der Sonne sitzen und nach einer Weile feststellen, dass Sie ein Käse-Tomaten-Sandwich in der Hand halten. Was Pflanzen machen, ist kaum weniger fantastisch. Sie stellen ihre eigene Nahrung her. Nahrung für die Pflanzen wie für die Tiere ist Treibstoff. Pflanzen nutzen die selbst hergestellte Nahrung, um sich selbst mit Energie zu versorgen, sodass sie manchmal schwindelerregende Höhen erreichen, manchmal Tausende von Jahren überleben, manchmal zu einem so winzigen, flüchtigen Fitzelchen Leben werden, dass wir sie kaum wahrnehmen. Sie brauchen den Treibstoff zum Wachstum, zur Fortpflanzung, manchmal nutzen sie ihn auf bizarre Weise, manchmal, um sich die Hilfe von Angehörigen des Tierreichs zu sichern.

Der Prozess, Licht in Nahrung umzuwandeln, wird Fotosynthese genannt. Es ist der eine natürliche Prozess, der alle anderen erst möglich macht. Eine Pflanze nimmt durch ihre Blätter Kohlendioxid auf und Wasser und Mineralien durch die Härchen an ihren Wurzeln. Das Sonnenlicht regt den chemischen Prozess an, durch den Glukose entsteht, der grundlegende Treibstoff im Leben der Pflanzen. Auch entsteht dabei ein Abfallprodukt, das an die Luft ausgeschieden wird. Dieses Abfallprodukt ist Sauerstoff – Pflanzen liefern uns also nicht nur Nahrung, sondern auch die Luft, die wir atmen.

Der konsequenteste Fleischesser ist in gleichem Maße von Pflanzen abhängig wie der konsequenteste Veganer. Eine fleischfressende Spezies wie der Löwe ist ebenso von

GEGENÜBER
Licht und Leben finden sich fast ausschließlich im Kronendach des Regenwalds. Nur fünf Prozent des Lichts dringen zum Boden vor, hier im malaysischen Teil von Borneo.

Pflanzen abhängig wie das Gnu, das sich von den Gräsern der Savanne ernährt. Kein Gras bedeutet keine Gnus bedeutet keine Nahrung für die Löwen bedeutet keine Löwen. Die Pilze, die überall auf und meistens unter der Erde leben, sind ebenfalls von Pflanzen abhängig. Anders als Pflanzen sind sie nicht in der Lage, ihre eigene Nahrung herzustellen, sondern beziehen ihre Energie wie wir Tiere direkt oder indirekt von Pflanzen. Pflanzen fressen Licht. Wir Menschen sind Wesen des Tageslichts, die für die Dunkelheit und die Nacht nur unzureichend ausgestattet sind. Wir haben Licht immer mit Leben und dem Guten gleichgesetzt, die Dunkelheit mit dem Tod und dem Bösen.

Daher kann es einen doch ein bisschen erschüttern, wenn man das Privileg genießen darf, durch den Regenwald zu gehen.

Der Begriff Regenwald war bis 1984 nur Experten geläufig. In jenem Jahr wurde *Die Erde lebt* ausgestrahlt. Die Reihe war der mittlere Teil von David Attenboroughs *Life*-Trilogie, die mit *Life on Earth* begann und mit *The Trials of Life* (*Spiele des Lebens*) endete. Das Thema von *Die Erde lebt* war die Ökologie, ebenfalls ein Begriff, der im allgemeinen Sprachgebrauch damals noch nicht angekommen war. In der vierten Episode wurden den Zuschauern die großen Wälder präsentiert, die sich in Äquatornähe um die gesamte Erde ziehen. Attenborough schrieb im Begleitbuch zur Serie: »Nirgends gibt es mehr Licht, mehr Wärme und Feuchtigkeit als in Westafrika, in Südostasien und den Inseln des westlichen Pazifiks sowie in Südamerika von Panama über das Amazonasbecken bis hin zum südlichen Brasilien. Infolgedessen sind diese Gegenden vom dichtesten, artenreichsten Pflanzenbewuchs bedeckt, der sich auf der Welt finden lässt. Der Fachbegriff dafür lautet immergrüner tropischer Regenwald. Bekannt ist er als Dschungel.«

Dem ist nicht mehr so. Vor allem diese Fernsehfolge erregte die Aufmerksamkeit der breiten Öffentlichkeit. Mittlerweile weiß man um die Fülle des Lebens in diesen Wäldern

OBEN
Liebhaber des Dschungels: David Attenborough 1982 im Regenwald von Ecuador während der Dreharbeiten zu seiner Dokumentarserie Die Erde lebt.

und die unerbittlichen Folgen ihrer fortwährenden Zerstörung. Und es ist allgemeiner Konsens geworden, dass die Regenwälder erhalten werden müssen.

Betritt man zum ersten Mal einen Regenwald, hat man gewisse Erwartungen. Unwillkürlich nimmt man an, die Fülle des Lebens würde einen überwältigen, die Biodiversität würde einem sofort ins Auge springen, und es würde sich einem ein Verständnis erschließen, auf das man ein Leben lang hingearbeitet hat. Aber so ist es nicht.

Geht man über den Boden des Regenwalds, befindet man sich selbst zur Mittagszeit im Dunkeln oder im Dämmerlicht. Dafür gibt es viele Insekten, die begierig auf Gesellschaft sind – wer für längere Zeit im Regenwald arbeitet, trägt als Gesichtsschutz oft einen Insektenschleier –, aber von den komplexen, wechselseitig abhängigen Lebensformen ist erst einmal nichts zu sehen. Sie sind zu hoch, buchstäblich. Man hört durchdringende Rufe von Vögeln, die man nicht sieht, das gelegentliche Knacken irgendwelcher Lebewesen, die sich weit oben durch die Bäume hangeln, meistens aber wird man sich verloren fühlen, vielleicht sogar ein wenig enttäuscht sein. Hin und wieder stößt man auf einen winzigen Sonnenstrahl, der sich durch eine Lücke zwängt und so unvermittelt, so hell aufleuchtet, dass er wie ein biblisches Wunder wirkt, eine Lichtsäule. Dann sieht man hinauf: hinauf ins Blätterdach des Waldes, durch das das Licht dringt, und man kommt

OBEN
Ein Wunder, dessen man nie überdrüssig wird: David Attenborough bei Dreharbeiten in der La Selva Biological Station, Costa Rica.

sich vor wie *Alice im Wunderland*, auf ewig ausgesperrt aus dem wunderschönen Garten. Wenn man nur fliegen könnte, denkt man, oder mit der Schwerelosigkeit eines Affen zu klettern imstande wäre. Wenn man nur den Waldboden verlassen und oben in den Baumwipfeln sein könnte – denn dort oben ist das Licht.

In der ersten Zeit von Narnia, wie C.S. Lewis in den *Chroniken von Narnia* erzählt, ist das Land so fruchtbar und nährstoffreich, dass alles gedeiht, was man absichtlich oder unabsichtlich in die Erde steckt. Eine zu Boden gefallene Eisenstange wächst zu einem Laternenpfahl empor; fallen gelassene Münzen werden zu Gold- und Silberbäumen; und aus einem Karamellbonbon wird ein Karamellbonbonbaum mit süßen Früchten und papiernen Blättern. So fühlt es sich in einem Regenwald an: einem so von Leben berstenden Ort, dass man glauben könnte, aus den Stiefeln sprießen Knospen, während man

OBEN
Unglaubliche Fruchtbarkeit: Ein Bach durchzieht den Waldboden im Bukit-Lambir-Nationalpark im malaysischen Borneo.

schläft, und Epiphyten schlingen sich einem um die Beine, wenn man nur lange genug still steht. Fällt man die Bäume, sollte man meinen, dass auf diesem Boden alles in der Welt wachsen müsste. Das aber ist keineswegs der Fall.

Tropische Regenwälder zeichnen sich durch eine bestürzende Zirkularität aus. Regenwälder sind fruchtbar, weil sie fruchtbar sind; sie sind feucht, weil sie feucht sind; sie sind voller Leben, weil sie voller Leben sind. Fällt man die Bäume – was leider überall auf der Welt immer und immer wieder getan wurde und wird –, findet man ziemlich magere Erde vor. Die Üppigkeit des Regenwaldes speist sich nicht aus einem verborgenen Nährstoffreichtum der Erde, denn den gibt es nicht. Sie kommt aus sich selbst. Die Üppigkeit des Regenwaldes ermöglicht erst die Üppigkeit des Regenwaldes: eine Üppigkeit, die sich über Millionen von Jahren aufgebaut hat und erhalten wurde.

OBEN
Dem Licht entgegen: Blick vom Kronendach im Bukit-Lambir-Nationalpark.

Wärme und Feuchtigkeit sind vielversprechende Grundbedingungen für die Prozesse des Lebens. Der Grund, warum es in Regenwäldern eine so große Vielfalt an Leben gibt, liegt darin, dass sie so lange ungestört und unverändert geblieben sind und es dem Leben gestattet haben, noch mehr Leben zu erschaffen. Die Zahlen haben nach wie vor etwas ebenso Erschreckendes wie Betörendes: Tropische Regenwälder machen zwei Prozent der irdischen Landfläche aus, sind aber Heimat von mehr als der Hälfte aller Tier-, Pflanzen- und Pilzarten weltweit. Nach manchen Schätzungen liegen diese Zahlen sogar noch höher – bis zu drei Viertel. Bleibt ein unfassbar reichhaltiges Habitat unberührt, hat das Leben die Gelegenheit, fantastische ökologische Nischen zu erkunden und sie mit erstaunlicher Effizienz zu besiedeln. Die Pflanzen, die Pilze und Tiere nehmen in diesem Fall scheinbar bizarre Gestalten an und bilden außerordentliche, auf Wechselwirkung beruhende Beziehungen. Man kann mit Sicherheit davon ausgehen, dass sich noch weitere Millionen Arten entdecken lassen, deren Lebensweise nicht nur fantastischer ist, als wir uns vielleicht vorstellen, sondern fantastischer, als wir uns überhaupt vorstellen können.

In weniger extremen Umgebungen lagern Pflanzen Humus ab und reichern die Erde an. Das geschieht in tropischen Regenwäldern nicht, da die äußeren Umstände, die für schnelles Wachstum sorgen – Wärme und Feuchtigkeit –, auch für schnellen Verfall sorgen. Der unablässige Regen wäscht die Nährstoffe weg. Es bringt den Bäumen nichts, tiefe Wurzeln zu entwickeln, um an die Nährstoffe in der Erde zu gelangen, weil es diese nicht gibt. Die Wurzeln sind daher flach und nehmen Mineralien vom Waldboden auf: das, was vom sich zersetzenden Laub und von verwesenden Tieren kommt. Der Wald düngt sich somit selbst. Fällt man die Bäume, kommt dieser Prozess zum Erliegen.

Eine Pflanze muss Wasser durch sich zirkulieren lassen, um am Leben zu bleiben. So wie Blut durch unsere Venen fließt, fließt Wasser durch das Gefäßsystem der Pflanzen. Die Blätter haben nicht nur die lebenswichtige Aufgabe der Fotosynthese, sondern geben auch Wasser in Form von Dunst ab. Pflanzen nehmen über ihre Wurzelhaare Wasser auf, es steigt durch die Pflanze nach oben – die manchmal kolossale Höhen erreichen kann, achtzig Meter und mehr bei den aus dem Kronendach herausragenden Bäumen – und wird an die Atmosphäre abgegeben. Nimmt man die Blätter aller Bäume im Regenwald zusammen, ergibt das eine Menge verdunstetes Wasser. Dieses bildet Wolken, die auf den Wald abregnen. Der Regenwald düngt sich nicht nur selbst, er bewässert sich auch selbst.

Ein Regenwald ist daher in großem Umfang ein geschlossenes System. Seine Energien wirken auf ihn selbst zurück. Die Stabilität des Systems ist dabei das Fundament seiner außerordentlichen Reichhaltigkeit. Vom Menschen unberührte Regenwälder haben

GEGENÜBER
Komplexität des Lebens: eine riesige Liane, die sich im Dschungel von Panama zum Kronendach emporzieht.

UMSEITIG
Alles im Regenwald dreht sich um Feuchtigkeit: Morgennebel über den Wäldern im Lembah-Danum-Schutzgebiet, malaysisches Borneo.

sich im Grunde seit 55 Millionen Jahren nicht verändert. Und so fühlt es sich für den verzauberten Besucher auch an, der in der Dunkelheit des Waldbodens den Blick nach oben richtet. In diesen Wäldern erscheint die menschliche Zivilisation kümmerlich und das Leben der Menschheit unbedeutend. In der morgendlichen Stille dieses Waldes kommt es einem vor, als könnte sich hier nie etwas ändern.

Tatsächlich aber ändert sich der Wald ununterbrochen: falls nicht, wäre er kein Wald, er wäre tot. Die Stabilität des Waldes basiert auf unaufhörlicher Bewegung. Ein Fahrrad ist nur stabil, wenn es in Bewegung bleibt. Der Wald lebt, weil er in Bewegung ist. Der Grund, warum er immer gleich bleiben kann, liegt in seiner steten Veränderung. Dieses System der fortwährenden Veränderung hat ausschließlich mit dem Licht zu tun.

Kehren wir also zurück in die Dunkelheit des Waldbodens. Unter dem geschlossenen Kronendach treffen nur etwa zwei Prozent des Sonnenlichts auf den Boden. Jede Pflanze, die dort unten aus ihrem Samen zu wachsen beginnt, hungert buchstäblich nach Licht: kein Licht, keine Nahrung, kein Leben. Samen, die auskeimen, wachsen hoffnungslos langsam. Ein mickriger Setzling kann gut und gern zehn Jahre brauchen, bis ein Bäumchen aus ihm wird; ein Wachstumstempo, das eher der Wüste als dem Regenwald zugeordnet wird. Wäre ihm das Geschenk des Lichts zuteilgeworden, hätte er zu diesem Zeitpunkt schon die halbe Strecke zu einem Riesen hinter sich. Mehr noch – und schlimmer – er ist unten auf dem Boden dem Verbiss durch Säugetiere ausgesetzt. Eine hoffnungslose Sache, scheint es. Die am dichtesten mit Leben bevölkerte Umgebung der Erde ist nicht in der Lage, Leben auf dem Bodenniveau zu erhalten. Die Bäume, die groß geworden sind und alles Licht wegnehmen, besitzen ein Monopol: Nichts, überhaupt nichts wird hereingelassen. Entweder ist man oben im Kronendach, oder man ist tot.

Der Waldboden ist voller Samen, die nicht keimen können, und Setzlingen, die im infantilen Stadium feststecken. In diesem Stadium verbleibt alles, scheinbar für immer. Jahrzehntelang hält sich diese schreckliche Stabilität, die Setzlinge werden welk und sterben ab, die Samen verlieren ihre Lebensfähigkeit, weitere Samen fallen zu Boden, manche keimen in scheinbarer Aussichtslosigkeit.

Und dann ist plötzlich Licht. Licht in Form von Blitzen. Die von den Bäumen geschaffenen Wolken regnen manchmal in sanften Schauern ab, manchmal mit urweltlicher Heftigkeit. Zum Leben im Regenwald gehören auch die stärksten Gewitter. Entlädt sich ein Blitz, muss er irgendwo einschlagen: vorzugsweise am höchsten Punkt. Blitze suchen sich daher Kirchtürme oder die Spitze des Empire State Building und im Regenwald eben die höchsten Bäume. Häufig sind das die Bäume, die aus dem Kronendach herausragen,

GEGENÜBER

OBEN LINKS *Das Rennen beginnt: Keimende Sprösslinge wachsen dem Licht entgegen. Malaysisches Borneo.*

OBEN RECHTS *Werk der Kasuare: Dieser Sämling von* Elaeocarpus angustifolius *ist einer von siebzig Baumarten, die ausschließlich durch den Helmkasuar verbreitet werden.*

MITTE *Nimm die Frucht, aber verbreite die Samen: ein Halsbandarassari bei der Arbeit in Zentralamerika.*

UNTEN *Dunghaufen des Lebens: Die Kasuare von Papua-Neuguinea und Australien fressen Früchte und verbreiten die Samen. Dieser zwei Kilogramm schwere Haufen enthält mehr als dreihundert Samen.*

die Überhälter oder Emergenten. Die Könige des Waldes sind jene, die am wahrscheinlichsten gefällt werden, und je höher sie sind, desto größer die Zerstörung, die sie anrichten, wenn sie umfallen. Schätzungen zufolge werden vierzig Prozent der großen Bäume im Regenwald durch Blitze gefällt. Sie sterben in den Gewittern, die sie mitgeschaffen haben, den Stürmen, durch die sie während ihres langen Lebens bewässert wurden.

Werden sie gefällt, schlagen sie eine riesige Wunde – und schaffen die Möglichkeit für Neues. In der neuen Lichtung trocknet alles aus. Die Sonne ist gnadenlos, jeder Schutz ist fort. Als wären alle Scheiben im Treibhaus zersplittert, sodass sich die feuchte Atmosphäre verflüchtigt hat. Folge dieser Trockenheit sind Brände, die ausbrechen und ebenso zerstörerisch wie reinigend sind.

Es gibt keine Katastrophen in der Natur. Zerstörung ist ein anderes Wort für Chance. Wenn die Urwaldriesen fallen und auf den Lichtungen Feuer lodern, ist das, als hätte der Wald zweimal eine Sechs gewürfelt und würde von vorn beginnen. Eine erhebliche Fläche des einst dunklen Waldbodens wird mit Licht überflutet: grellem tropischem Licht, das

GEGENÜBER
OBEN *Kasuare fressen alle möglichen Früchte; hier eine kleine Auswahl aus den Wäldern im Norden von Queensland, Australien.*

UNTEN *Unendlicher Formenreichtum: Früchte und Samen aus dem Royal-Manas-Nationalpark im Süden von Bhutan.*

OBEN
Blitze zerstören Bäume, jeder Tod aber ist die Chance für unzählige andere Arten: Gewitter im Dzanga-Ndoki-Nationalpark in der Zentralafrikanischen Republik.

nur von warmen Nächten und erfrischenden Regenduschen unterbrochen wird. Nach den Blitzen kommt das Leben.

Wir Menschen reagieren auf Licht. Licht macht uns fröhlich, es sorgt für eine positivere Stimmung, wir fühlen uns wohler. Dieses Gefühl können wir um ein Zigfaches multiplizieren, wenn wir verstehen wollen, wie Pflanzen reagieren. Um auf die *Chroniken von Narnia* zurückzukommen – das wäre, als wären die Wesen, die von der Weißen Hexe zu Stein verwandelt wurden, durch den Atemhauch des Großen Löwen Aslan wieder zum Leben erweckt worden. Licht, das Geschenk des Lebens, wird durch Blitze gewährt, und darauf folgt eine überwältigende Reaktion. Die Zeitlupensämlinge wandeln sich von Schildkröten zu Hasen und eilen der Sonne entgegen. Jahrzehntelang vor sich hin schlummernde Samen verwandeln sich in neue Pflanzen.

OBEN
Dem Gewinner gebührt der Hauptpreis: unbegrenzter Zugang zum Licht. Koompassia excelsa, *ein Tualang-Baum, ragt aus dem Kronendach im malaysischen Borneo.*

Das verschafft vielen eine Chance, Erfolg ist aber nur vergleichsweise wenigen beschieden. Welche Arten, welche individuellen Pflanzen sind am besten dafür geeignet, die sich bietenden Gelegenheiten zu nutzen? Welche ist die beste Strategie, um den Sieg zu erringen? Gibt es eine Strategie oder viele? Sieger wird, wer sich fortpflanzt: wer genügend wächst, um das Reifestadium zu erreichen, und seine Gene im Nachwuchs unsterblich machen kann. Es ist ein harter Wettbewerb, der Preis aber ist Unsterblichkeit, jedenfalls Unsterblichkeit in Form von Elternschaft. Der Großteil deiner Nachbarn sind auch deine Feinde. Kurz gesagt, dort draußen herrschen die Gesetze des Dschungels.

Manche entschieden sich für die Sprinter-Option. Für die Wahl, ein kurzes und glückliches Leben zu führen, steht beispielhaft die Herbstsalbei-Sorte *Salvia greggii* 'Hot

UMSEITIG
Studie in Diversität: Barro Colorado, eine Insel in Zentralpanama, beherbergt mehr als fünfhundert Baumarten.

Lips'. Der Name, vermutlich eine Referenz an den Robert-Altman-Film *MASH* von 1970 und die von Sally Kellerman gespielte Figur der Major Margaret 'Hot Lips' Houlihan, ist bestechend: Die Pflanze ist in ihrem Erscheinungsbild beinahe die bewusste Parodie dessen, was Pflanzen laut Onkel Monty im Film *Withnail & I* sein sollten, nämlich »Prostituierte für Bienen«.

Salvia greggii 'Hot Lips' wächst in den tropischen Regenwäldern Mittel- und Südamerikas, und das so schnell, dass sie Pflanzen, die langfristige Ziele verfolgen, zuvorkommt. Die Salbeisorte keimt in den Waldlichtungen, die durch den Fall eines Baumriesen entstanden sind, kommt so schnell wie möglich zur Blüte und gibt mit fast schon hysterischer Dringlichkeit potenziellen Bestäubern zu erkennen, dass es sie gibt. Alles an der Pflanze ist auf sofortige Belohnung ausgerichtet. Das Zeitfenster ist schmal und schließt sich schnell, da andere, robustere Pflanzen bereits nachdrängen und ebenfalls zum Licht streben. Wir halten Pflanzen für Dinge, deren Leben mit einer Geschwindigkeit abläuft, die irgendwo zwischen langsam und völligem Stillstand liegt, aber wir müssen unser allzu

OBEN
Ein kaum zu verfehlendes Ziel: Ein Brauner Veilchenohrkolibri im Anflug an einen Herbstsalbei 'Hot Lips' in Costa Rica.

GEGENÜBER
Studie in Scharlachrot: Der Herbstsalbei 'Hot Lips', so benannt nach seinen Kronlippen, zieht die Aufmerksamkeit auf sich.

menschliches Zeitverständnis neu ausrichten. Wenn sich *Salvia greggii* 'Hot Lips' daran macht, zu wachsen und zu blühen, sehen wir einem Sprinter im vollen Lauf zu: einem Usain Bolt des Waldbodens. Blitze setzen den Prozess in Gang und schaffen eine Lücke und eine Gelegenheit. Und hier ist eine Pflanze, die sich mit dem vegetativen Äquivalent von Lichtgeschwindigkeit bewegt.

Die sinnlich roten Lippen sind keine Blütenblätter; genau genommen handelt es sich dabei um Brakteen, sogenannte Hochblätter, wie wir sie auch von den roten Brakteen des Weihnachtssterns kennen, einer Zimmerpflanze, die vorwiegend zur Weihnachtszeit gezogen wird. Bei beiden Arten erfüllen diese Brakteen die Funktion von Blüten: als verführerische, kaum zu verfehlende Einladung an Bestäuber. Innerhalb der Brakteen – zwischen den Lippen – sitzen die eigentlichen kleinen, cremeweißen Blüten, bescheidene Gebilde verglichen mit der schreienden Werbung, die die Bestäuber anlockt. Dort sitzen die Blüten für die Kolibris und Schmetterlinge, die das Nektarangebot aufnehmen und die Pollen zur nächsten Pflanze transportieren. Blüten erlauben Pflanzen der gleichen Art den Austausch genetischer Informationen – die Fortpflanzung –, und viele Pflanzen setzen dafür einen tierischen Zwischenhändler ein.

Nachdem 'Hot Lips' bestäubt wurde, bildet sich die Frucht heraus: kleine blauschwarze Beeren. Diese werden meistens von Vögeln verbreitet, die Samen landen in anderen Teilen des Waldes und bleiben dort Jahr für Jahr in der Erde, manchmal so lange, bis sie alle Kraft verloren haben. Aber ein oder zwei werden die Waldlotterie gewinnen und keimen, wenn dem Wald die nächste Wunde geschlagen wird, wenn der nächste Baumriese fällt und das Licht über die neu geschaffene Lichtung flutet. Dann wird eine neue 'Hot Lips'-Generation ebenso schnell reagieren wie die Elternpflanze. Ihr Ehrgeiz hält sich in Grenzen: Wenn sich die Pflanze zu einem zwei bis drei Meter hohen Strauch auswächst, ist das bereits außergewöhnlich, auch lebt sie nur ein paar Jahre. Anders betrachtet aber steht ihr Ehrgeiz allem, was jemals gelebt hat, in nichts nach: Auch sie will unsterblich werden. Das heißt, sie will sich fortpflanzen, will ihre Gene weitergeben und durch ihren Nachwuchs ewig leben.

Die Strategie von Blüten (und Brakteen), die um Aufmerksamkeit buhlen, wird auf der anderen Seite des Erdballs von einer anderen Pflanze aufgegriffen, die wie 'Hot Lips' zu einem Liebling der Treibhausgärtner geworden ist. Die Fledermausblume aus Südostasien wächst ebenfalls im Unterholz und kann im schwachen Licht eines lückenhaften Kronendachs gedeihen. Die Blütenhüllblätter sind dunkelviolett, fast schwarz, haben manchmal einen Durchmesser von bis zu dreißig Zentimetern und besitzen bis zu siebzig Zentimeter lange Bartfäden. Es gehört nicht viel Fantasie dazu, darin eine Fledermaus zu sehen, ambitionierte Gärtner jedenfalls ziehen sie gern für Halloween. In der Natur senden sie eine eindeutige Botschaft aus: »Schau mich an!« Damit versuchen sie Bestäuber anzulocken, die sonst von den Reichtümern hoch oben im Kronendach abgelenkt würden.

'Hot Lips' ist eine opportunistische Pflanze, bei der alles auf Exzess ausgerichtet ist: exzessive Geschwindigkeit, exzessive Werbung. Es funktioniert: Die Pflanze blüht, trägt Früchte und stirbt, danach ruht der Same in der Erde und wartet auf die nächste Chance. Während 'Hot Lips' ihren kurzen Augenblick im Rampenlicht der Sonne lebt, wachsen andere Pflanzen mit längerfristigen Ambitionen in gemächlicherem Tempo dem Licht entgegen.

Wenn Pflanzen wie die 'Hot Lips' Sprinter sind, dann sind die Baumriesen in den Wäldern die Marathonläufer. Damit gibt es eine Lücke für die Läufer auf der mittleren Distanz: für die Kandidaten, die zum Teil über die Geschwindigkeit der Sprinter verfügen, aber auch zum Teil den langen Atem der Ausdauerspezialisten haben. Der Champion in dieser Kategorie ist der Balsabaum.

GEGENÜBER
Schau mich an: Die Fledermausblume aus Südostasien hebt sich vom Hintergrund ab, um Bestäuber anzulocken.

Die meisten von uns kennen Balsaholz als Baumaterial, das vor allem für den Modellbau, besonders für Flugzeugmodelle, eingesetzt wird. Es lässt sich mühelos schneiden, nimmt leicht jede gewünschte Form an und ist vor allem phänomenal leicht; *balsa* ist das spanische Wort für »Floß« sowie für »leicht«. Es wiegt so wenig, dass wir, wenn wir es in der Hand halten, das Gefühl haben, etwas würde nicht stimmen. Es fühlt sich wie Holz an und auch wieder nicht: Es ist dafür zu leicht, zu luftig und lässt sich zu leicht biegen und brechen. Fast als wäre es ein synthetisches Produkt und viel zu eigen, um natürlichen Ursprungs zu sein.

Holz, das sich nicht wie Holz anfühlt – das ist das Erfolgsgeheimnis des Balsabaums. Mit seinem nicht-holzartigen Holz ist er ein richtiger Baum – und doch kein richtiger Baum. Ein Baum, der gerade mal so sein eigenes Gewicht trägt und nicht ganz den Maßstäben der Baumriesen entspricht. Der Balsabaum ist eine Art halbgarer Baum. Genau darin liegt das Geniale begründet.

Andere Bäume in tropischen Regenwäldern haben hartes Holz, das sehr langsam wächst. Zeit ist nötig, um diese starken, widerstandsfähigen Strukturen zu bilden. Schneidet man durch sie hindurch, kommt das dichte Holz mit seinen sehr schmalen und nah beieinanderliegenden Jahresringen zum Vorschein – an denen man das Alter des Baums ablesen kann. Diese schmalen Ringe verweisen auf eine langsame Wachstumsrate: Der Umfang nimmt jedes Jahr nur wenig zu. Auf diese Weise trägt der Baum mühelos sein eigenes Gewicht und widersteht im Lauf seines Lebens, das in Jahrhunderten gemessen werden kann, vielen Stürmen. Solche Bäume sind einer Strategie der Langsamkeit verpflichtet.

Der Balsabaum hat sich für Geschwindigkeit entschieden. Geschwindigkeit nach Maßgabe eines Baums, nicht eines Geparden. David Attenborough wurde vor einem zehn Meter hohen Balsabaum gefilmt. Der Baum war zu diesem Zeitpunkt ein Jahr alt. Ein Hartholzbaum würde in diesem Alter wenige Zentimeter messen. Das Geheimnis für diese Geschwindigkeit liegt im Wasser begründet und der phänomenalen Fähigkeit des Balsabaums, dieses aufzunehmen. Pflanzen, die in ihrem Inneren Wasser transportieren können – was sofort die Assoziation zum Blutkreislauf tierischer Organismen wachruft –, werden vaskuläre oder Gefäßpflanzen genannt. Pflanzen nehmen über den ausgeklügelten Prozess der Osmose durch ihre Wurzelhaare Wasser auf. Dann wird es durch die Pflanze geleitet, allerdings ohne ein schlagendes Herz, das diese Arbeit verrichtet. Wie machen sie das?

Hier ein Experiment, das eine Vorstellung davon gibt: Lassen Sie auf dem Badewannenrand ein Handtuch liegen, dessen eines Ende ins Wasser getaucht ist. Wenn Sie einige

GEGENÜBER
Der Balsabaum und seine Kundschaft.

OBEN *Ein Weißnackenkolibri holt sich Nektar aus einem Blütenkelch, ohne als Gegenleistung zu bestäuben.*

MITTE LINKS *Ein Wickelbär, kurz bevor er sich einen Schluck Nektar gönnt.*

MITTE RECHTS *Eine Wollbeutelratte ist ein fleißiger Bestäuber.*

UNTEN *Eine Große Lanzennase – Allesfresser und die zweitgrößte Fledermaus der Neuen Welt – im Anflug auf Balsablüten.*

Stunden später zurückkommen, ist das gesamte Handtuch nass. Man spricht vom Dochteffekt. Das Gleiche geschieht mit der Hose, wenn wir durch feuchtes Gras gehen; die Flüssigkeit trotzt der Schwerkraft und wandert unbarmherzig hinauf zum Schritt. Pflanzen wenden das gleiche Prinzip an. Das Wasser steigt aufgrund sogenannter Kapillarkräfte durch das Leitgewebe oder Xylem. Wasser bewegt sich spontan eine Röhre hoch, wenn diese Röhre nur schmal genug ist. Grundlage dafür sind Molekularkräfte, deren Wirkung, wenn man nur die Effekte der Schwerkraft gewohnt ist, wie ein Wunder erscheint.

Der Balsabaum versteht es sehr gut, viel Wasser zu transportieren und es in seinem Zellgewebe einzulagern. Daher die löchrige Struktur des Holzes. Der Baum produziert dieses Holz von geringer Dichte mit hoher Geschwindigkeit. Besucher im Regenwald glauben manchmal, sie könnten die Bäume wachsen hören; Einem Balsabaum hingegen, nun, kann man beim Wachsen quasi zusehen.

Er ist kein großer Baum, danach strebt er auch nicht. Er ist durch den Wind gefährdet, verglichen mit seinen sehr viel älteren Nachbarn ist er ein Schwächling. Er hat es eilig mit dem Wachsen, er hat es eilig mit der Fortpflanzung, und so macht er alles schneller als jeder andere Baum im Regenwald.

Balsabäume können keine großen Mengen an Früchten bilden, aber sie kompensieren diese Unzulänglichkeit, indem sie dafür sorgen, dass sie nur wenig Konkurrenz haben. In den trockeneren Jahresabschnitten entscheiden sich die meisten großen Bäume fürs Energiesparen. Sie verlangsamen alle Prozesse, verlieren Blätter, um den Wasserverlust zu reduzieren (das Wasser, das die Bäume abgeben, um die Regenwaldwolken zu bilden, wird über die Blätter verdunstet). In dieser Zeit läuft der Balsabaum zur Hochform auf. Er saugt Wasser aus dem Boden und steckt seine Energie in die Ausbildung von Blüten. Für die Lebewesen im Regenwald sind sie höchst attraktiv, nicht weil sie besonders spektakulär wären, sondern weil es zu dieser Zeit kaum Konkurrenz gibt.

Balsabäume entwickeln große weiße Blüten mit einem zentimetertiefen Kelch voller Nektar. Der wasserabsorbierende Baum kann es sich leisten, verschwenderisch mit Flüssigkeiten umzugehen. In der Trockenzeit ist jeder Balsabaum eine kleine Oase. Innerhalb von sechs Wochen kann ein einziger Baum bis zu 2500 Blüten produzieren, die insgesamt 65 Liter Nektar enthalten – genug, um den Tank eines PKW zu füllen. Sollen Früchte ausgebildet werden, müssen sie fremdbestäubt werden – das heißt, sie benötigen den Pollen eines anderen Exemplars. Nur fünfzehn Prozent der fremdbestäubten Pflanzen tragen auch Früchte, wobei diese Früchte nur wenige Samen haben. Balsabäume sind auf die Dienste von beflissenen Tieren angewiesen, die das Nahrungsangebot von Nektar

(und Pollen) annehmen und dadurch ganz nebenbei die Bestäubung übernehmen. Pollen, der Blütenstaub, enthält das männliche Fortpflanzungsmaterial. Will die Pflanze sich fortpflanzen, müssen die Pollen vom Stamen, dem männlichen Geschlechtsorgan, zum weiblichen Geschlechtsorgan gelangen, das bei Blütenpflanzen Stempel oder Pistill genannt wird. Pollen werden uns bei unserer Reise durch das Leben der Pflanzen noch einige Male begegnen. Viele Tiere vollziehen den Geschlechtsakt auf eine Art und Weise, die uns kompliziert oder äußerst verwunderlich anmuten mag; ähnlich schicken Pflanzen ihre Pollen oftmals auf sonderbaren Wegen zum Stempel, die uns in Erstaunen versetzen, sodass wir uns fragen, wie sich solche außergewöhnlichen Dinge entwickeln konnten. Die Antwort auf diese Frage ist immer die gleiche: Zeit. Nicht Zeit, wie wir sie verstehen, sondern eine Art Tiefenzeit: Zeit, die mit mehr Nullen gemessen wird, als unser menschliches Gehirn erfassen kann. Sieht man einen in Blüte stehenden Balsabaum, wird man

OBEN
Belohnung im Kronendach: Ein Anden-Bartvogel ernährt sich von den Früchten eines Ameisenbaums. Nordwestliches Ecuador.

sich kaum sagen: Na, offensichtlich pflanzt sich dieser Baum mithilfe eines vegetarischen Fleischfressers fort, der einen Greifschwanz und eine lächerlich lange Zunge hat. Aber genau so funktioniert es.

Wer besucht diese trichterförmigen Blüten und verrichtet, erfrischt durch einen großen Schluck Nektar, so effizient die Aufgabe der Bestäubung? Traditionell nahmen Wissenschaftler an, es wären Fledermäuse. Das klang vernünftig, war aber schwer zu beweisen. Es ist nicht einfach, eine Nacht im Kronendach des Regenwalds zu verbringen, um die These zu bestätigen. Doch der technologische Fortschritt ermöglicht es dem Menschen mittlerweile, aus der Ferne zu beobachten, was dort vor sich geht. Es stellte sich heraus, dass tatsächlich Fledermäuse die Balsablüten besuchen, daraus trinken und mit Pollenstaub davonfliegen. Es stellte sich allerdings die Frage, ob das für eine hinreichend effiziente Bestäubung ausreicht, die der Baum braucht, um sich zu reproduzieren. So wurde dann bei jüngsten Untersuchungen festgestellt, dass diese Bäume einen weiteren und sehr viel eifrigeren Bestäuber haben.

OBEN
Pflanzen, die auf Pflanzen wachsen: eine Zebra-Bromelie im Kronendach. Biodiversitätsstation Tiputini, Ecuador.

Es handelt sich um den Wickelbär: ein kleines Säugetier, das im Kronendach der Regenwälder von Mittel- und Südamerika lebt. Überraschenderweise ist er ein Fleischfresser aus der Ordnung Carnivora, der Raubtiere, ernährt sich wie der Panda aber hauptsächlich pflanzlich – was, taxonomisch gesehen, kein Widerspruch ist. Wickelbären sind in der Nacht aktiv, der für sie besten Zeit, um Feinden wie der Harpyie zu entgehen. Wenn sie in der trockeneren Jahreszeit nachts aktiv werden, haben sich die Blüten des Balsabaums zuvorkommend geöffnet.

Wickelbären sind keine ausschließlichen Pflanzenfresser; wenn sich die Gelegenheit bietet, verspeisen sie auch Eier, Jungvögel oder kleine Wirbeltiere. Früchte machen allerdings den Hauptteil ihrer Nahrung aus, und in den Zeiten, in denen das Nahrungsangebot etwas dünner ist als sonst, wenden sie sich den Balsabaumblüten zu, die Nahrung und einen ganz ordentlichen Energydrink in Form von Nektar liefern. Mit ihrer bis zu zwölf Zentimeter aus dem Maul ragenden Zunge sind sie hervorragend dafür ausgestattet. Blühende Bäume während der frugalen Perioden ziehen Wickelbären en masse an. Die Blüten sind eine wichtige Nahrungsquelle, um die sich die Tiere rangeln – und dabei mit Pollen bestäubt werden. Selbst wenn sie nur aus den tiefen weißen Trichtern trinken, ist ihr Fell mit Pollen bedeckt.

Sie leben im Kronendach, die Bäume sind ihr Zuhause, an das sie gut angepasst sind. Sie haben sogar Greifschwänze, die sie als fünfte Gliedmaße nutzen, mit denen sie sich an Äste klammern und damit ihre Reichweite enorm vergrößern können. Neben ihnen gibt es nur noch ein Tier aus der Ordnung Carnivora, das über einen Greifschwanz verfügt, den Binturong, auch Marderbär genannt, der eine recht ähnliche Nische in den Wäldern Südostasiens besiedelt, wenngleich sein Speiseplan mehr Fleisch enthält.

Die Beziehung der Wickelbären zu Balsabäumen ist wichtig für beide Arten und ein Beispiel für die symbiotische Abhängigkeit, die sich im Lauf der Zeit zwischen verschiedenen Arten herausbilden kann. Ohne den jeweils anderen wäre für jeden das Überleben sehr viel mühseliger. Der Balsabaum verfolgt damit eine Strategie, die man als eine Sieg-/Platzwette umschreiben kann. Die Wickelbären sind die Bestäuber an erster Stelle, sie nehmen große Pollenladungen auf, die sie nur über eine kurze Distanz oder zum nächsten Balsabaum tragen. Die Fledermäuse sind seltenere Gäste, können die Pollen aber auch zu weit entfernten Bäumen transportieren. Ihre Pollenladung ist sehr viel kleiner als die der Wickelbären, aber sie verbreiten sie über sehr viel größere Entfernungen.

Mit der Hilfe von Fledermäusen und Wickelbären gedeiht der Balsabaum in seinem Mittelstreckenleben. Ein Leben, geprägt von Skurrilitäten, als hätte er sich bewusst für

Optionen entschieden, die andere Pflanzen ablehnen: Er produziert kein richtiges Holz, blüht im trockeneren Teil des Jahres und ist entschlossen, seine Zerbrechlichkeit beizubehalten. Er ist die Parodie eines Baums und hat für sich eine ökologische Nische geschaffen, die brillant funktioniert. Jede Strategie, die einer Pflanze oder einem Lebewesen erlaubt, sich fortzupflanzen, ist brillant: So arbeitet das Leben.

Man könnte meinen, die opportunistische Natur des Balsabaums müsse für andere Baumsämlinge in der näheren Umgebung, die alle ebenso zum Licht streben, störend sein. Man könnte meinen, das Letzte, was ein potenzieller Urwaldriese braucht, wäre ein auf und davon schießender Balsabaum gleich nebenan. Das ist jedoch keineswegs der Fall. Durch die Öffnung im Kronendach des Waldes dringt zwar Licht in die Dunkelheit, sie schafft aber auch eine unerbittliche Umgebung. In der Lichtung ist es sehr viel trockener als im umliegenden Wald, die Fläche ist mehr dem Wind und für lange Abschnitte der tropischen Sonne ausgesetzt, was für viele zarte junge Pflanzen zu viel sein kann. Es herrschen abschreckende Verhältnisse. Eine Pflanze aber, die neben einem Balsabaum wächst, hat bessere Chancen. Der schnell wachsende und bald sehr viel größere Balsabaum schützt die nahen Sämlinge und Schösslinge, liefert Schatten, dient als Windfang und bietet zumindest etwas Schutz vor dem Verbiss durch Säugetiere.

Dieses Phänomen findet sich überall dort, wo Bäume in großer Zahl wachsen. Man spricht in diesem Zusammenhang von Schirmbäumen: Bäume, die sich vermeintlich derart um andere kümmern, dass es den Beobachter beinahe sentimental stimmt. Tatsache aber ist: Ein Balsabaum verfolgt seine eigenen Interessen, genau wie Wickelbären – und die potenziellen Baumriesen nutzen das schnelle Wachstum der Balsabäume, um ihrerseits ihre langfristigen Pläne voranzutreiben.

Ein Balsabaum wird nicht alt: Exemplare, die ihren dreißigsten Geburtstag erleben, haben sich gut gehalten. Stürzt ein Balsabaum um, hinterlässt er keinen leeren Waldboden, sondern eine kleine Sämlinggruppe. Jetzt ist die Zeit für die Riesen gekommen, jetzt können sie zum Kronendach emporwachsen – und die Wunde im Wald wieder schließen. Und dann, wenn die Zeit kommt, fällt ein heftiges Gewitter einen weiteren Riesen, und der Prozess beginnt in einem anderen Waldabschnitt von Neuem.

Diese Abfolge von gefälltem Baum zum wieder geschlossenen Kronendach wird als Sukzession der Vegetation bezeichnet. Dieses Prinzip ist nicht auf tropische Regenwälder beschränkt. Es findet sich in jeder Umgebung. Man kann eine mit Wasser gefüllte Schale mehrere Wochen lang stehen lassen, und in ihr wachsen in kurzer Abfolge Pflanzen, bis die sogenannte Klimaxvegetation erreicht ist, die in diesem Fall aus einer Art grünem

Schleim besteht. Führt man das gleiche Experiment in einer offenen Landschaft im Tiefland von Großbritannien durch, erhält man irgendwann (natürlich abhängig von der Interaktion der Pflanzen mit ihrer Umgebung und den darin lebenden Tieren) das geschlossene Kronendach eines Eichenwalds. Fällt ein Baum, löst er eine Sukzession von Pflanzen aus. Und in den Wäldern von Mittel- und Südamerika werden Pionierarten wie die 'Hot Lips' von schnell wachsenden Bäumen wie dem Balsabaum verdrängt, und die Vegetation erreicht ihren Höhepunkt im geschlossenen Kronendach von Riesen wie dem Paranussbaum, dem Kapokbaum und dem Flügelfruchtbaum mit seinen Brettwurzeln.

Oben im Kronendach befindet man sich im Reich der Blätter. Einer erstaunlichen, astronomischen Anzahl von Blättern. Aufgabe eines Baumes ist es, Blätter zu produzieren, denn Blätter sind Leben. Blätter sammeln das Licht, und Licht, wie wir gesehen haben, ist Leben. Je mehr Blätter es gibt oder – sorgfältiger ausgedrückt – je größer die Lauboberfläche ist, die Licht auffangen kann, desto besser ist es für die Pflanze. Blätter nehmen auch Kohlendioxid auf und geben gleichzeitig Sauerstoff und Wasser ab, die Abfallprodukte der Pflanzen, die für uns Tiere lebenswichtig sind.

Bäume sind also in der Branche der Laubproduktion tätig; sich so weit wie möglich zum Licht hin auszubreiten, auf einer so großen Fläche wie möglich, ist das Geheimnis ihres Erfolgs. In dieser Hinsicht können Pflanzen als das Gegenteil von Tieren angesehen werden. Tiere beherbergen so viel wie möglich in sich selbst, in ihrem Inneren, wo es sicher und geschützt ist. Tiere sind so kompakt wie möglich gebaut. Nur die Sinnesorgane, Organe zur Aufnahme von Nahrung, zur Ausscheidung und zur Fortpflanzung befinden sich an der Außenseite. Tiere brauchen Gliedmaßen oder Schwingen oder einen Schwanz, die sich vom Körperzentrum nach außen erstrecken, im Großen und Ganzen aber gehorchen sie der Regel der maximalen Innenseite. Pflanzen funktionieren genau anders herum. Betrachtet man die Bäume des Regenwalds vom Kronendach aus, wird klar, dass der Erfolg von Pflanzen abhängig ist von einer maximalen Außenseite. David Attenborough stand unter einem Regenwaldriesen, den er zwanzig Jahre zuvor mit Kletterseilen erklommen hatte. Er erinnerte sich an die Strapazen, die dafür notwendig waren, und wies darauf hin, dass so ein Baum zwei Tonnen Wasser von den Wurzeln ins Kronendach transportiert. Täglich.

Auf diese Weise maximiert man die Chance, Licht aufzufangen und es mittels Fotosynthese in Nahrung umzuwandeln. Der Haken dabei ist: Man macht sich verwundbar. Je größer die Außenseite, desto mehr gibt es, was andere ausbeuten können. Die Nutzung von Bäumen mag uns als das Natürlichste der Welt erscheinen – und das ist es ja auch –,

vom Standpunkt des Baums aus aber ist es ein Angriff. Frisst man die Blätter einer Pflanze, reduziert man den Wirkungsgrad der Pflanze als Lichtverwerter. Je weniger von einer Pflanze gefressen wird, desto besser wird sie wachsen. Pflanzen entwickeln daher Verteidigungsmechanismen, worauf jene, die Pflanzen konsumieren, wiederum Mechanismen entwickeln müssen, um diese Verteidigung zu überwinden … der Beginn eines Wettrüstens, das seit 55 Millionen Jahren im Regenwald anhält und immer weitergehen wird.

Bäume machen ihre Blätter hart und bitter und schwer verdaulich. Aber es gibt Methoden, um das zu umgehen. Dreifinger-Faultiere tun dies durch ihr außerordentliches Talent zur Langsamkeit. Es gibt drei existierende Arten von Dreifinger-Faultieren, die alle in den Regenwäldern von Mittel- und Südamerika beheimatet sind. Sie sind berühmt für ihre langsamen Bewegungen: Eine Geschwindigkeit von 0,25 km/h ist für sie errechnet worden. Für jene unter uns, die mit einer anderen Geschwindigkeit leben, mag das amüsant erscheinen, für Faultiere aber ist Langsamkeit nichts Verwerfliches, sondern eine extrem effiziente Form des Lebens.

Ihre Langsamkeit erlaubt es ihnen, eine große Menge gekauter Blätter gleichzeitig im Magen und im Darm zu behalten, damit sie in aller Gemächlichkeit verdauen können. Der Magen besteht aus mehreren Kammern, um die Nährstoffverwertung zu maximieren. Das allerdings würde nicht funktionieren, wenn das Faultier hyperaktiv wäre und Energie verbrennt. Die Antwort darauf ist die Trägheit des Tiers. Spart man durch Untätigkeit Energie ein, braucht man weniger Treibstoff. Ein Faultier schläft fünfzehn bis zwanzig Stunden am Tag. Es kann in seiner Lieblingsposition an einem Zweig hängen, den Bauch voller Blätter, und mit einer unvorstellbaren Geruhsamkeit verdauen. Die anderen inneren Organe werden durch das Gewicht des Bauchs nicht zerdrückt (wie es bei krankhaft fettleibigen Menschen der Fall sein kann), obwohl der volle Bauch eines Faultiers bis zu einem Drittel des Gesamtgewichts ausmachen kann. Grund dafür ist, dass Magen, Lunge, Niere und andere Organe an den unteren Rippen oder dem Beckengürtel anliegen.

Es kann eine volle Woche dauern, bis ein Blatt das Faultier passiert. Unterstützt wird dieser Prozess durch die Wärme der Sonne. Das Faultier sonnt sich, mit dem Bauch nach

GEGENÜBER
Langsamer und langsamer: Braunkehl-Faultiere – Mutter und Junges – im Tenorio-Nationalpark, Costa Rica.

oben, im Kronendach, sodass die Sonne die Mikroben und Bakterien im Verdauungstrakt erwärmt und die Verdauung beschleunigt – wenn ein solcher Begriff auf ein Faultier überhaupt angewandt werden kann. Faultiere funktionieren genau anders als andere Säugetiere: Sie fressen weniger, wenn es kalt ist, und mehr, wenn es heiß ist. Tatsächlich ist es möglich, dass Faultiere, wenn es nach den Maßstäben des Regenwaldes kühl wird, mit vollem Magen verhungern.

Die Lebensweise der Faultiere mutet uns seltsam an, so seltsam, dass wir sie nach einer der sieben Todsünden benannt haben. Aber ihr Leben in Zeitlupe erlaubt ihnen, bis zu dreißig Jahre alt zu werden, sie nutzen in aller Bequemlichkeit den Regenwald und trotzen dem besten Verteidigungsmechanismus, den die Bäume haben.

Blattschneiderameisen hingegen wenden eine andere Strategie an, eine, die zumindest zum Teil auf Geschwindigkeit beruht. Sie besitzen Kiefer, die sich tausendmal in der Sekunde öffnen und schließen, sodass sie mit chirurgischer Schnelligkeit arbeiten. Das erweist sich nicht nur als höchst effizient beim Schneiden der Blätter, sondern sorgt auch dafür, dass der Baum nicht bemerkt, was vor sich geht.

Es mag vielleicht zu weit gehen, Bäumen ein Bewusstsein zuzusprechen. Aber wenn Lebewesen auf unterschiedliche Reize reagieren, können wir von einem irgendwie gearteten Bewusstsein ausgehen, wobei wir uns davor hüten sollten, Annahmen über die Art dieses Bewusstseins zu machen. Ihre Lieblingskastanie im Park wird sich Ihrer Zuneigung höchstwahrscheinlich nicht bewusst sein, wird aber sicherlich bemerken, dass es Herbst wird, weil sie die Blätter abwirft. Ebenso ist sie sich auch des Frühlings bewusst, weil sie zu dieser Jahreszeit wieder austreibt. Und ebenso ist sich ein Baum bewusst – ohne über ein zentrales Nervensystem oder Verstandeskräfte zu verfügen –, dass er angegriffen wird.

Es geht immer um die Ökonomie des Am-Leben-Bleibens. Wenn eine Gnuherde jedes Mal in vollen Galopp fällt, wenn sie einen Löwen sieht, werden die Tiere nie zur Ruhe kommen und Zeit zum Fressen haben. Also wenden sie eine Strategie an, die ihnen erlaubt zu grasen, während sie die Löwen in (vermeintlich) sicherer Entfernung halten. Ein Baum kann sich verteidigen, indem er in den Blättern Giftstoffe ausschüttet, wenn sie gefressen werden. Das aber verschlingt (wie die ständige Flucht) wertvolle Ressourcen. Wenn Bäume jedes Mal auf das kleinste Anknabbern reagieren, müssten sie die gesamte Zeit Giftstoffe produzieren, statt ihre Energie in neues Wachstum zu stecken. Also warten sie, bis ein Blatt zu zwanzig Prozent beschädigt ist, bevor sie in Aktion treten.

Blattschneiderameisen haben eine höchst elegante Antwort auf diese Strategie gefunden: Sie entfernen – sagen wir – neunzehn Prozent des Blatts und lassen es dann in Ruhe.

Noch einmal: Wir müssen vorsichtig sein, darin irgendein bewusstes Handeln und Kalkül zu sehen. Aber Ameisen handeln stets so, dass sie Schaden unterhalb des Maßes zufügen, bei dem der Baum sich zu verteidigen beginnt. Man könnte sagen, die Ameisen tricksen den Baum aus. Man könnte aber auch sagen, der Baum ist erfolgreich, weil er einen Schaden erträgt, mit dem er zurechtkommt. Schließlich kann auch ein beschädigtes Blatt mit einem Wirkungsgrad von mehr als achtzig Prozent Fotosynthese betreiben.

Statt dieses Interagieren auf zufällige Persönlichkeitsstrukturen zurückzuführen, sollten wir anerkennen, dass ein Gleichgewicht am Wirken ist. Ohne dass der eine dem anderen irgendwelche Gefühle entgegenbringt, leben Baum und Ameise zusammen. Die Ameisen bekommen, was sie brauchen, ohne die Zukunft des Baums in verheerendem Ausmaß zu schädigen.

Bleibt das Problem, dass die Blätter ziemlich zäh sind. Die Lösung der Ameisen ist erstaunlich und erfordert eine Lebensweise, die in ihrer Komplexität geradezu atembe-

OBEN
Schwer beladen: Eine Arbeiterin der Blattschneiderameisen trägt ein riesiges Blattfragment ins Nest.

raubend ist. Der große Evolutionsbiologe Edward O. Wilson, zu dessen Spezialgebiet auch die Ameisen gehörten, sagte, Blattschneiderameisen seien »neben dem Menschen die Lebewesen mit der komplexesten Sozialstruktur« auf Erden. Das ist eine gewagte Behauptung, also werfen wir einen genaueren Blick auf die Ameisen.

In den mittel- und südamerikanischen Tropen gibt es etwa vierzig Arten von Blattschneiderameisen. Sie leben in Kolonien mit bis zu 8 Millionen Individuen und errichten riesige Nester, um die gewaltige Zahl an Bewohnern unterzubringen. Diese Nester umfassen manchmal die Fläche eines Tennisplatzes und reichen zwei Häuserstockwerke tief in die Erde. Die Kolonien sind um eine einzige Königin herum angeordnet, die bis zu 30 000 Eier am Tag legt. Sie kann bis zu zwölf Jahre alt werden und verlässt das Nest nie. Im Lauf ihres Lebens legt sie etwa 200 Millionen Eier.

Der Blattsammeleifer der Blattschneiderameisen ist wohlbekannt. Sie marschieren in einer Reihe mit abgeschnittenen Blattfragmenten wie Demonstranten mit hochgehaltenen Protestplakaten und sind das Sinnbild harter Arbeit, ähnlich dem Zugpferd Boxer in *Farm der Tiere*; fast, als hätte jedes Individuum gelobt: Ich werde noch härter arbeiten. Außerdem sind sie berühmt dafür, dass sie Lasten tragen können, die ihrem eigenen Körpergewicht entsprechen – das heroische Arbeitstier, das sich zahllose unerfüllbare Aufgaben auferlegt und sie immer erfüllt. Das alles ist schon faszinierend genug: die endlose Ameisenprozession, bei der jedes Tier seine Trophäe hochhält – im Grunde *ihre* Trophäe, da die Arbeiter durchweg Arbeiterinnen sind –, und alle kehren ins Nest zurück, um die unterirdische Kolonie mit Nahrung zu versorgen. Aber kein einziges Mitglied der Kolonie frisst diese Blätter. Das können sie gar nicht. Die Blätter sind viel zu hart, keine Ameise könnte sie verdauen. Stattdessen nutzen sie das Laub als Kompost. Sie errichten Gärten tief in der Dunkelheit ihres Baus, und in diesen Gärten kultivieren sie Pilze – die reich an Proteinen sind und wundervoll leicht zu verdauen. Mit der Nahrung aus diesen Pilzgärten werden die Larven gefüttert, die in der Kolonie leben und die Zukunft des Baus darstellen.

Dieses System ist so komplex, dass es nur durch strikte Arbeitsteilung funktioniert. Jede Ameise in der Kolonie ist spezialisiert. Es gibt keinen Raum für Universalgelehrte, die Renaissance-Ameise ist in der Gesellschaft der Blattschneider nicht erwünscht. Beginnen wir also mit den Außenarbeiterinnen, denjenigen, die sichtbar und uns vertraut sind. Diese erkunden die Gegend um das Nest nach den richtigen, ungiftigen Blättern, die sich für die unterirdischen Gärten eignen. Sie kehren mit ihren Blattplakaten ins Nest zurück, und ihr Erfolg zieht weitere Ameisen an, die der Duftspur folgen, die die Ersteren hinterlassen haben. So können Ressourcen vollständig ausgebeutet werden.

Oft werden diese Prozessionen von Leibwächterinnen begleitet. Bestimmte parasitische Fliegen versuchen, ihre Eier in den Köpfen der Arbeiterinnen abzulegen. Wenn die Larven schlüpfen, graben sie sich in die Ameise und töten sie. Kleinwüchsige Leibwächterinnen reiten auf dem Heimweg auf den Blattschnipseln mit und verteidigen die Arbeiterinnen gegen diese Gefahr. Manche Arten schicken ihre größeren und effizienteren Kundschafterinnen nachts aus, wenn die Fliegen nicht unterwegs sind, während die am Tag tätigen Kundschafterinnen so klein sind, dass sie von den Fliegen nicht überfallen werden können.

Andere Arbeiterinnen innerhalb der Kolonie verrichten die schwierigen unterirdischen Aufgaben. Gärtnerinnen pflegen die Pilzgärten und kümmern sich um die Eier, Larven und Puppen – kurz, die Brut. Diese ist im Allgemeinen in den Tunneln und Kammern um den Garten herum untergebracht.

Andere Tiere arbeiten als Ausgräber, die für die wachsende Kolonie ständig neue Tunnel und Kammern graben und die bestehenden instand halten. Es gibt Kammern für die Entsorgung von Müll. Große Populationen, die auf so engem Raum zusammenleben, sind natürlich anfällig für Krankheiten, daher kommt der Nesthygiene größte Bedeutung zu. Es gibt Ameisen, deren einzige Aufgabe die Müllentsorgung ist – sie sind abgeschieden von den anderen, wodurch die Gefahr minimiert wird, dass sie Krankheiten in die Kolonie einschleppen. Sie meiden den Kontakt zu den Pilzgärten, zur Brut und vor allem zur Königin – schließlich wäre eine infizierte Königin der Tod der Kolonie. Durch diese Kaste der Unberührbaren wird also dafür gesorgt, dass die Kolonie gesund bleibt.

Schließlich gibt es die Soldatinnen, die größten Arbeitsameisen in der Kolonie. Ihre Aufgabe besteht darin, die Eingänge zum Nest und die Wege zu bewachen. Dieser Grad an Spezialisierung ist einzigartig für Blattschneider. Es gibt andere Ameisenarten, die ebenfalls Pilze kultivieren, bei ihnen aber sind die Aufgaben austauschbar. Blattschneider haben alles auf ein höheres Organisationsniveau gehoben.

Das gesamte System allerdings ist abhängig von seinem unscheinbarsten Bestandteil: dem Pilz. Pilze sind die größten und effizientesten Pflanzenfresser des Waldes. Hier gelingt dem Pilz das, indem er die Ameisen ausbeutet. Eine große Kolonie trägt jeden Tag 50 000 Blattschnipsel in das Nest. Indem der Pilz den Ameisen freundlicherweise erlaubt, ihn zu schützen und Nahrung für ihn zu sammeln, die zu seiner Bequemlichkeit bereits richtig zugeschnitten ist, hat sich diese ausgedehnte und komplexe Gesellschaft zum Wohl und zur Herrlichkeit des Pilzes entwickelt.

UMSEITIG
Arbeiterstaat: Blattschneiderameisen leben in Gemeinschaften mit bis zu 8 Millionen Individuen, die sich der Landwirtschaft widmen.

Betrachtet man das Leben der Blattschneiderameisen eingehender, wird deutlich, wie kompliziert das Leben im Regenwald sein muss. Es gibt keine einfachen Lösungen. Die komplexen Abhängigkeiten und Wechselbeziehungen sind unerlässlich für die langfristige Stabilität des Regenwalds – genau das, was überall, weltweit, gefährdet ist. Alles hängt mit dem Kampf ums Licht zusammen. Wie überall beginnt auch alles im Wald mit dem Licht. Aber so wie Blattschneiderameisen das System auf eine Art und Weise ausbeuten, die nach menschlichem Ermessen ein wenig nach Betrug aussieht, so verstößt die größte Blume der Welt gegen die Regel, dass Pflanzen Licht benötigen.

Rafflesien, benannt nach Sir Stamford Raffles, dem Begründer der britischen Kolonie Singapur im Jahr 1819, sind Pflanzen, die sich nicht mit Fotosynthese abgeben. Was nicht dem widerspricht, was bislang gesagt wurde. Die Pflanze erlaubt es großzügig anderen Pflanzen, Licht in Nahrung umzuwandeln – und nutzt das schließlich für sich aus. Mit anderen Worten: Sie ist eine Schmarotzerin. Es gibt achtundzwanzig Rafflesienarten, sie stammen alle aus Südostasien, und sie leben davon, dass sie die Energie von Bäumen und Lianen anzapfen. Lianen sind selbst Schmarotzer, strukturelle Schmarotzer, um genau zu

OBEN UND GEGENÜBER
Nichts als Blüte: blühende Riesenrafflesie auf dem Waldboden im Maliau-Becken, malaysisches Borneo.

sein. Sie entziehen den Bäumen, an denen sie sich hochwinden, keine Nährstoffe, sondern gebrauchen sie lediglich als Kletterstütze. Sie nutzen Bäume, um zum Licht zu gelangen, und können dabei länger als ein Kilometer werden. Sie klammern sich ans Kronendach, wo sie im dort verfügbaren Licht schwelgen. Betrachtet man einen Dschungel von oben, gehören sechzig Prozent des sichtbaren Laubs nicht zu Bäumen, sondern zu Lianen, denen die Bäume Halt geben.

Rafflesien wachsen an diesen Lianen, sie sind also Schmarotzer von Schmarotzern. Alles, was man von ihnen gewöhnlich sieht, ist die Blüte. Und die ist ein Monster. Manche Arten produzieren regelmäßig Blüten mit einem Meter Durchmesser und einem Gewicht von zehn Kilogramm. Der Rekord liegt bei 1,2 Meter: keine Blume, die man sich fürs Knopfloch aussucht. (Die Titanenwurz, einer der Stars in *Das geheime Leben der Pflanzen*, einer BBC-Reihe mit David Attenborough, ist noch größer, ist aber keine einzelne Blüte. Im Grunde handelt es sich bei ihr um einen unverzweigten Blütenstand, an dem viele Blüten sitzen.)

Rafflesien gehören nicht zu den attraktivsten Blumen, jedenfalls nicht für Menschen. Sie sehen aus und riechen wie verwesendes Fleisch. Aber sie ziehen Fliegen und Käfer an, die in großer Zahl auf dem Waldboden leben und die Blume bestäuben, während sie vergeblich im Inneren der riesigen Blüte nach einem Stück Fleisch suchen. Der Regenwald überrascht immer wieder mit Seltsamkeiten. Manchmal sind sie winzig und für die meisten von uns unsichtbar; manchmal riesig und spektakulär anzusehen. In den 1960er-Jahren waren Rafflesien das Erste, was einem ins Auge stach, wenn man das Naturhistorische Museum in London betrat: die perfekte Einführung zu einer der weltweit größten Schatzkammern.

Die wahren Stars jeder TV-Reihe über Pflanzen aber sind vermutlich die Pilze – denn ohne sie würde es Pflanzen schwerfallen, in ihrer gegenwärtigen Gestalt zu überleben und zu gedeihen. Pilze ähneln denjenigen, deren Namen im langen Abspann von Filmen aufgeführt werden: Leuten, die nicht auf der Leinwand zu sehen sind und Funktionen innehaben, die den meisten Zuschauern schleierhaft, aber essenziell für das fertige Produkt sind. Wenn wir den Ausdruck »Pilz« hören, denken wir meistens an die Fruchtkörper der Pilze: an Steinpilze, Champignons etc. Das hilft hier aber nicht weiter und ist so, als würde man eine Eichel mit der Eiche verwechseln. Pilze leben als dünne weiße Fäden, die sich durch den Boden ziehen. Wie Tiere stellen Pilze keine eigene Nahrung her, sondern sind, wie wir, reine Konsumenten. Aber wie sie ihr Ziel verfolgen, sorgt dafür, dass Pflanzen gedeihen können. Im Regenwald ernähren sich Pilze von totem Pflanzen- und Tiermaterial auf dem Waldboden. Dadurch machen sie die Nährstoffe, die sie aufnehmen, für das

GEGENÜBER
Pilze leben meistens unsichtbar, spielen aber eine wichtige Rolle in der Ökologie des Regenwalds und bringen solche extravaganten Erscheinungen hervor.

OBEN *Becherlinge im Lembah-Danum-Schutzgebiet, malaysisches Borneo.*

MITTE LINKS *Die Biolumineszenz dieser Pilze wird in manchen Teilen Afrikas als Schimpansenfeuer bezeichnet.*

MITTE RECHTS *Der gleiche Pilz im Tageslicht.*

UNTEN *Pilzfäden – das Myzel – wachsen in ein verrottendes Blatt und verzehren es. Halbinsel Osa, Costa Rica.*

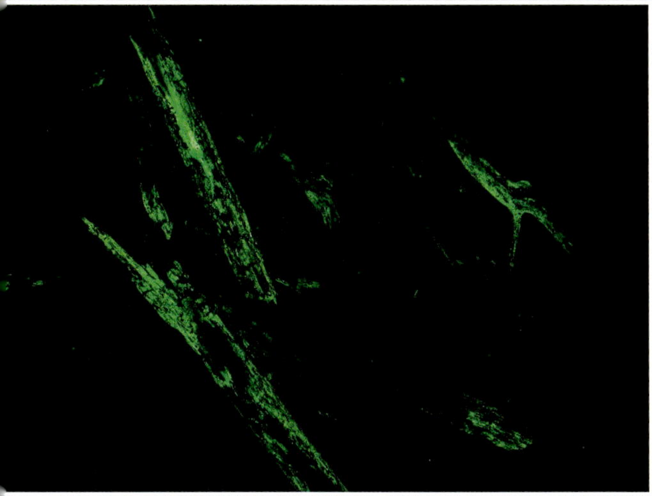

Pflanzenwachstum verfügbar. Pilze erschließen die Ressourcen des Waldes und stellen sie dem Wald zur Verfügung – mittels des zyklischen Prozesses, der den Regenwald zu dem macht, was er ist. Zum größten Teil profitieren beide Parteien davon – damit haben wir eine dieser symbiotischen Beziehungen, die dem menschlichen Betrachter so befriedigend erscheint. Aber nicht alle Beziehungen in der Natur funktionieren auf diese Weise, wie wir gleich sehen werden.

Im Wald allerdings fungieren die Pilzfäden – das Myzel – als eine Art sekundäres Wurzelsystem. Der Pilz profitiert von den Kohlehydraten, die die Pflanze herstellt, die Pflanze profitiert von der erweiterten Wasser- und Nährstoffaufnahme durch das Myzel. Das Netzwerk verbindet einen Baum mit dem anderen. Wird ein Baum angegriffen, kann er mittels chemischer Botenstoffe, die über das Pilznetzwerk geleitet werden, andere Bäume darüber informieren. Das bezeichnet man als Wood Wide Web.

Im Regenwald entwickeln manche Pilzarten Fruchtkörper, die im Dunkeln leuchten und aussehen wie die Verzierung eines Geisterzugs. Bislang weiß man nicht, was der Pilz dadurch gewinnt. Manchmal wird durch eine solche Lichtershow – die Biolumineszenz – ein ganzer Baum beleuchtet. In Costa Rica wurde ein Baum gefilmt, der glühte, als würde er aus sich selbst heraus leuchten. In Wirklichkeit stammte der Lichtschein von den Hyphen, den fadenförmigen Pilzzellen, die in ihrer Gesamtheit das Myzel bilden. Der Grund dafür bleibt bislang rätselhaft. Aber der Regenwald liefert ständig solche Mysterien. Ein im Dunkeln glühender Baum ist nur eine Komplexitätsebene innerhalb der endlosen Komplexität des Regenwalds.

In den feuchten Tropen wimmelt es vor Leben, es kommt in einer Fülle vor, die die Vorstellungskraft der Bewohner in den gemäßigten Zonen weit übersteigt. Die Komplexität hält auch in größeren Höhen an, wo es kühler ist und die Vegetation sich gezwungenermaßen ändert. Der Kinabalu auf Borneo, der höchste Berg Malaysias, ist über 4000 Meter hoch, der klassische Regenwald am Fuß des Bergs verändert sich Schritt für Schritt, je weiter man sich dem Gipfel nähert – wozu man kein Bergsteiger sein muss, eine etwas anstrengendere Wanderung genügt dafür bereits. Lässt man den Wald im Flachland hinter sich, betritt man die sogenannte kolline Höhenstufe, die durch Eichen und Kastanien charakterisiert wird. Darauf folgen die untere Montanstufe und der Nebelwald der hochmontanen Höhenstufe mit Moosen und Flechten, dann geht es hinauf zur subalpinen Bergwiesenzone und schließlich zum Gipfel. Je höher man kommt, desto schwieriger wird es für die Pflanzen, an Nährstoffe zu gelangen, die für den Wald im Tiefland – der Wald ernährt den Wald – im Überfluss vorhanden sind. Je herausfordernder die Bedingungen

mit zunehmender Höhe werden, desto mehr leiden Fülle und Vielfalt. Eine Lösung für die Nährstoffknappheit – eine, die die Menschen, von Charles Darwin bis zu den Regisseuren von Horrorfilmen, schon immer fasziniert hat – besteht darin, zum Fleischfresser zu werden. Am Kinabalu gibt es Pflanzen, die, um an die nötigen Nährstoffe zu kommen, Insekten in die Falle locken und sie verdauen.

In den beiden Montanstufen des Kinabalu wachsen insgesamt zehn verschiedene Arten von Kannenpflanzen, die mit ihrem Nektar am Kannenrand Insekten anlocken. Die Insekten kommen zum Trinken und finden sich auf einem rutschigen Abhang wieder, auf dem sie in ihr Verderben schlittern. Denn die Kanne enthält keinen Nektar mehr, sondern eine enzymreiche Verdauungsflüssigkeit. Eine Pflanze hat dies allerdings weiter verfeinert und erlaubt, dass der Nektartrinker wieder entkommen darf.

OBEN
Ein Hochland-Spitzhörnchen ernährt sich vom Nektar einer Kannenpflanze am Hang des Kinabalu, malaysisches Borneo.

Ihr Leben beginnt sie als fleischfressende Kannenpflanze, die auf die übliche Art ihr karges, prekäres Dasein fristet. Pflanzen, die aber ihr Reifestadium erreicht haben, ändern daraufhin Gestalt und Lebensweise. Sie bilden eine anders geformte Kanne aus und nutzen sie auch anders. Die Kanne wird größer, ist mit Lignin verstärkt, einer holzartigen Substanz, die das Pflanzengewebe robust macht, und verfügt nun über einen abgewinkelten Deckel, der alles andere als einladend für Insekten ist. Aber die Form der Pflanze und der Nektar im Inneren der Kanne – diese Art produziert mehr Nektar als andere Kannenpflanzen – sind extrem verführerisch für kleine Säugetiere, vor allem für Spitzhörnchen.

Ursprünglich dachte man, die Kannenpflanze ziele darauf ab, die Spitzhörnchen zu fangen und zu verdauen, aber clever positionierte Kamerafallen enthüllten die Wahrheit. Die Spitzhörnchen schlüpfen in die Kanne und machen sich begeistert über den Nektar unter dem Deckel her. Dazu müssen sie aber das Hinterteil über die Mitte der Kanne schieben, und da sie beim Trinken häufig auch abkoten, hinterlassen sie eine gute stickstoffreiche Nahrungsquelle exakt an der Stelle, wo die Pflanze sie nutzen kann.

Dieses System basiert keineswegs auf der blinden Hoffnung, dass sich die Spitzhörnchen, wenn erforderlich, auch entsprechend verhalten werden. Zum einen verfügen Spitzhörnchen über einen schnellen Stoffwechsel. Sie sind abhängig von einem zügigen Durchlauf: Bei manchen Arten dauert es vom einen Ende zum anderen lediglich fünfzehn Minuten, aber nie länger als eine Stunde, höchstens. Damit stehen die Chancen für die Pflanze gut. Aber die Pflanze führt das noch einen Schritt weiter. Der Nektar, mit dem das Spitzhörnchen für seinen Besuch belohnt wird, enthält ein Abführmittel, sodass das Spitzhörnchen gar nicht anders kann, als dem Wunsch der Pflanze zu entsprechen. Die Pflanze manipuliert die Verdauung des Spitzhörnchens zu seinen Gunsten.

Solche Wechselbeziehungen verführen manchmal zu der gefälligen Illusion, wie gefällig die Natur wäre. In Wahrheit ist die Natur weder gefällig noch grausam. Moralische Begrifflichkeiten sind fehl am Platz. Natur ist – schlicht und einfach: Organismen machen das, was sie können, um am Leben zu bleiben und sich fortzupflanzen. Sicherlich kann das, was Darwin »Ringen um die Existenz« genannt hat, in tropischen Wäldern sehr anschaulich beobachtet werden, anschaulicher vielleicht als irgendwo sonst auf der Erde. Das unentwirrbare Verhältnis von Leben und Tod wird einem mit einer Intensität vor Augen geführt, der man sich in einem gut gepflegten englischen Garten mühelos entziehen kann – solange man nicht näher hinsieht. Was sich in manchen Umgebungen auf subtile, schwer fassbare Weise vollzieht, springt einem in anderen Umgebungen unmittelbar ins Auge.

GEGENÜBER
Tausche Nahrung gegen Schutz: Eine Hardwick-Wollfledermaus wiegt nur vier Gramm und kann tagsüber in einer Kannenpflanze Schutz suchen. Die Fledermaus hat eine Unterkunft, die Pflanze bekommt Nährstoffe vom Kot des Tiers.

Der Großteil Australiens liegt in den Tropen; der südliche Wendekreis verläuft mitten durch den Kontinent. In den nördlichsten Teilen des Landes, an der Spitze von Queensland, kann man in den tropischen Regenwäldern das Ringen um die Existenz mit verstörender Eindringlichkeit beobachten. Jeder Regenwald neigt zur Ausbildung eines geschlossenen Kronendachs, bestehend aus Bäumen gleicher Höhe, aus dem hier und dort noch größere Riesen herausragen, die ihr Haupt über die anderen erheben. Diese werden, nicht unbedingt romantisch, aber exakt, Überhälter oder Emergenten genannt. Der Upasbaum ist ein klassisches Beispiel dafür. Außerdem übt er große Anziehungskraft auf Weberstare aus, eher unscheinbare Vögel, die allerdings unter bestimmten Lichtverhältnissen wunderbar metallisch schimmern. Der Upasbaum ist weitverbreitet, aus dem giftigen Milchsaft seiner Rinde wurden in manchen Kulturen Pfeilgifte zubereitet.

Weberstare sind Zugvögel, die zwischen Neuguinea und Australien hin und her wandern und in Australien brüten. Das tun sie in großen Kolonien, wozu sie sich einen aus dem Wald ragenden Upasbaum suchen; Bäume mit tausend Nestern sind keine Seltenheit. Die Höhe ist nur einer der Vorteile, die der Baum bietet. Ein sehr viel größerer ist die glatte Rinde, die es Schlangen erschwert, ihn zu erklimmen. Schlangen drücken sich mit ihren

OBEN UND GEGENÜBER
Seltsames Miteinander: Weberstare und Upasbaum. Nördliches Queensland, Australien.

Muskeln von Unebenheiten am Boden ab; finden sie keinen Widerstand, können sie sich nicht fortbewegen.

Eine nistende Vogelkolonie sollte wie geschaffen dafür sein, die Natur als etwas zu preisen, das es mit allem wohl meint. Offensichtlicher aber ist das Ringen um die Existenz. Der Kotgestank Tausender von Vögeln ist das Erste, was einem menschlichen Besucher auffällt, der sich einem solchen Baum nähert. Das Zweite, dass Tausende von Vogelküken für viele Lebewesen einen Glücksfall bedeuten: eine Explosion des Lebens, die es auszubeuten gilt, so wie man es mit einem Baum voller reifer Früchte tun würde. Ein Upasbaum mit einer nistenden Weberstarkolonie übt eine immense Anziehungskraft auf die Tiere des Ökosystems aus. Denn die Explosion des Lebens ist auch eine Explosion des Todes: Eier und Nester fallen zu Boden, Frösche, Kröten, Schlangen, Greifvögel und Dingos rücken zum Nahrungsangebot unter dem Baum an, dazu viele Wirbellose, Hundertfüßer und Fluginsekten. Die Dichte an Tierarten um einen Upasbaum mit Nistkolonie ist hundert-, gelegentlich auch tausendmal höher als sonst im Regenwald.

Selbst wenn die Stare wieder weg sind, setzt sich der Überfluss fort. Der reich gedüngte Boden erleichtert es Samen, auszutreiben und schnell zu wachsen, was Pflanzenfresser wie Kakadus, Buschhühner und Schweine anzieht. Aber der im Jahresrhythmus eintretende Glücksfall hält nicht ewig. Irgendwann – innerhalb von kaum fünfzehn Jahren, in denen er als Nistbaum dient – geht der Baum am angehäuften Vogelkot zugrunde. Leben und Tod, Tod und Leben, unentwirrbar miteinander verschränkt, sind Aspekte desselben Prozesses.

Baumriesen wie die Upasbäume, die Emergenten, sind die Stars des Regenwalds. Der Status bringt große Privilegien mit sich, sie erheben sich über die anderen und haben Zugang zu so viel Licht wie nur möglich. Nachdem sie ihrer Konkurrenz entwachsen sind, können sie sich im Licht und ihrer eigenen Pracht sonnen. Sie können höher wachsen, weil sie höher sind, sie können mehr Nahrung für sich produzieren, weil es ihnen gelungen ist, zuvor schon viel Nahrung für sich zu produzieren.

Unter ihnen im Kronendach ist die Situation angespannter. Jeder Baum konkurriert dort mit seinen Nachbarn. Unten am Boden konkurrieren sie um Zugang zu Feuchtigkeit und Mineralien, oben in der Krone konkurrieren sie um Licht. Aber es ist nicht gut, wenn sie sich zu sehr aneinanderdrängen. Es hilft ihnen nicht, wenn sie sich berühren und die Zweige sich überlappen. Dann zwängen sie das eigene Laub in den Schatten des anderen und nehmen sich gegenseitig das Licht weg: ein ineffizienter Gebrauch der Ressourcen. So hat sich im Lauf der Zeit eine Form von Respekt entwickelt, die zum Wohle jedes

GEGENÜBER
Riese mit Brettwurzeln: ein Flügelfruchtbaum im Lembah-Danum-Schutzgebiet, Borneo.

Baums ist. Die einzelnen Baumkronen ziehen sich vom jeweils anderen zurück, sodass jedem Baum sein eigener Bereich zugestanden wird. Bei diesem Phänomen, *crown shyness* genannt, »Kronen-Schüchternheit«, geht es wie erwartet ums Licht. Das Licht vom roten Ende des Spektrums ist vorwiegend für das Pflanzenwachstum zuständig, liegen die Blätter allerdings im Schatten, erhalten sie nur noch Licht ohne Rotanteil. Diese Änderung der Lichtqualität registrieren sie und können davon auf die Anwesenheit eines Nachbarn schließen. Jeder Baum räumt dem anderen daher ein gewisses Maß an sozialer Distanz ein, wovon beide Pflanzen profitieren und was ihnen unnütze Anstrengungen erspart.

Emergenten jedoch müssen sich um Nachbarn keine Sorgen machen. In den Regenwäldern Südostasiens gehören achtzig bis neunzig Prozent der Emergenten zur Familie der Flügelfruchtgewächse (*Dipterocarpaceae*), so benannt nach den Flügeln an ihren Samen und Früchten. An diese Bäume denken wir, wenn wir das Wort Regenwald hören: riesige Baumstämme mit gewaltigen Brettwurzeln, die hoch am Stamm ansetzen, weit auslaufen und den ganzen Baum stützen – damit er höher wachsen kann als die anderen.

Am Fuß eines solchen Baums zu stehen ist eine nachdrückliche Erfahrung, bei der man sich einen steifen Nacken holt und sich sofort die naive Frage aufdrängt: Wie kommt es, dass dieser Baum so verdammt gut wachsen kann? Flügelfruchtbäume – es gibt fast

OBEN
Gewachsen, um zu bleiben: Die großen Brettwurzeln verleihen vielen Regenwaldbäumen Stabilität; hier in Französisch-Guayana.

siebenhundert Arten von ihnen – sind tatsächlich in der Lage, mehr Holz als ihre Nachbarn zu produzieren. Sie sind niemals Pioniere wie die Balsabäume, wachsen aber dennoch schnell. Außerdem leben sie lange: Sie haben nichts von einem Heute-hier-morgen-fort an sich. Es ist möglich, dass dieser Vorteil von ihrer innigen Beziehung zu Mykorrhizapilzen herrührt, Pilzen, deren Hyphen mit den feinen Wurzeln der Pflanze in Kontakt stehen. Die Pilze, mit denen sie sich verbinden, umhüllen die Außenseite der Baumwurzeln und sorgen dafür, dass der Baum effizienter die vom Pilz angelieferten Nährstoffe aufnehmen kann.

Ein nicht zu übersehender Riese wie ein emergenter Flügelfruchtbaum wird immer im Zentrum der Aufmerksamkeit stehen. Wenn er seine Früchte mit den Samen ausbildet, geht das an keinem spurlos vorüber. Die herausragende Stellung des Baums ist ein Aufmerksamkeitssignal für viele Waldbewohner, die sich von Samen ernähren. Der Baum wird durch seine eigene Großartigkeit verwundbar.

Flügelfruchtbäume haben eine Strategie entwickelt, um diesem Problem entgegenzuwirken: Sie werden noch herausragender. Alle sieben Jahre legen sie ein Mastjahr ein – und mit ihnen jeder andere ihrer Art. Sie synchronisieren ihre Fruchtbildung. Als Ergebnis davon ist der Wald voll mit *Dipterocarpaceae*-Samen, so vielen, dass die Früchtefresser,

OBEN
Lebhafte Schnüffler: Bartschweine auf dem Waldboden. Malaysisches Borneo.

egal, wie sehr sie sich auch anstrengen, nie alle vertilgen können. Das gleiche Phänomen sehen wir, wenngleich schwächer ausgeprägt, bei Eichen in kälteren Klimaten. Die Strategie des Überflusses zielt auf die Befriedigung der Fressfeinde: Indem viel zu viel produziert wird, bleiben immer noch genügend *Dipterocarpaceae*-Samen übrig. Aber wie bei allen Strategien gibt es natürlich auch hier einen Haken: Der Baum könnte in der langen Lücke zwischen zwei Mastjahren absterben. Ansonsten handelt es sich um eine gut funktionierende Lösung – auch wenn sie nur funktioniert, wenn man mächtig und zahlreich genug ist, um seine Feinde zufriedenzustellen.

Resultat dieser Strategie des Exzesses: Viele Samen erreichen den Waldboden und keimen. Viele landen trotz ihrer Flügel in unmittelbarer Nähe zum Baum. Viele werden von Bartschweinen gefressen, die Mastjahre lieben; der Baum ist so wichtig für sie, dass sie ihren Fortpflanzungszyklus auf Mastjahre abgestimmt haben und nur alle sieben Jahre Nachwuchs zeugen. Die Schweine fressen, ziehen weiter und scheiden ihren Kot aus. Unbeschädigte Samen in ihrem Dung keimen und wachsen mithilfe einer großzügigen Düngerpackung.

Die Gefahr, innerhalb des siebenjährigen Mastzyklus zu sterben, ist durchaus real. Ragt man mit Kopf und Schultern über den Rest hinaus, genießt man alle damit einhergehenden Vorteile, macht sich aber auch angreifbar. Die Verwundbarkeit kommt nicht nur von der Größe, sondern auch von der Feuchtigkeit, die die Bäume in die Luft abgeben. Es wurde festgestellt, dass ein unverhältnismäßig großer Anteil verdunsteten Wassers von den Emergenten stammt – relativ wenige Emergenten sorgen für mehr Verdunstung als die niedrigeren Bäume im Kronendach. Dadurch entsteht, wie wir gesehen haben, Regen – der Regenwald schafft sich seinen eigenen Regen –, und mit ihm die Gewitter, die dem Waldleben ein dramatisches Element hinzufügen. Emergenten sind die ersten Ziele für Blitze, die immer den höchsten Punkt anvisieren. In allen Regenwaldsystemen der Erde liegt im Triumph der höchsten Bäume auch ihr Untergang begründet: Der Sieg ist der Anfang vom Ende.

Natürlich sind Emergenten auch die Bäume, die für Holzfäller am verführerischsten sind. Das schafft Probleme für den übrigen Wald, der stehen bleibt. Resultat ist nämlich ein doppeltes Austrocknen. Zum einen werden die Bäume, die am meisten zum Regenkreislauf im Wald beitragen, herausgenommen; zum anderen führt die Lücke des gefällten Baums dazu, dass der umliegende Wald ebenso austrocknet. Ein doppelter Schlag.

Wir neigen dazu, Wälder misszuverstehen. Alles scheint so simpel zu sein: viele Bäume und viele Tiere, die im Wald, darum herum und darunter leben. Seine Komplexität lässt

sich nur schwer begreifen. Ein Computer mit einer Patiencepartie auf dem Bildschirm sieht ebenfalls simpel aus, ist es aber natürlich nicht. Verschütten wir über der falschen Stelle ein Glas Wasser, hat der Computer ein gravierendes Problem.

Gleiches passiert mit dem Regenwald. Solange wir glauben, alles wäre eine recht simple Angelegenheit, werden wir der Komplexität niemals gerecht. Das Problem: Hier und dort symbolische Waldareale stehen zu lassen hat nichts mit einem intakten Wald zu tun. Wir haben gesehen, wie der Wald sich selbst repariert: Ein Riese fällt, die Sprinter haben ihren großen Lauf, Mittelstreckenläufer wie der Balsabaum blühen kurzzeitig und zweckmäßig auf, dann übernehmen die Riesen das Kommando, und das Kronendach ist repariert. Der Wald, der so still und dauerhaft erscheint, ist ein dynamisches Gebilde,

OBEN
Palmöl ist Bestandteil unzähliger nützlicher Erzeugnisse. Sein Anbau hat die Hälfte von Borneos Regenwäldern verschlungen.

eine Art lebendes Perpetuum mobile, das von sich selbst und dem Licht angetrieben wird. Ein Baum stürzt um, aber das ist keine Katastrophe, es ist Teil des Prozesses. Der Wald nimmt die Wunde hin, er heilt sich selbst, fast so, wie sich der menschliche Körper nach einer kleineren Wunde regeneriert.

Werden die Wälder aber fragmentiert und aufgebrochen, findet dieser Heilungsprozess nicht mehr statt. Die Ränder sind die verwundbaren Abschnitte; besteht ein Wald nur noch aus Rändern, multipliziert sich die Verwundbarkeit. Daraus ergab sich eines der skurrilsten und makabersten Probleme der Entwaldung, das Problem des *Desmodium uncinatum*.

Es handelt sich dabei um eine invasive Pflanzenart. Mehr über diese drängende Frage werden wir im letzten Kapitel dieses Buches erfahren. Die Pflanze, mit der wir es hier zu tun haben, ist in Mittel- und Südamerika heimisch und wurde als proteinreiche Futterpflanze domestiziert. Sie gehört zur Familie der Hülsenfrüchtler oder Leguminosen und gedeiht gut in tropischen Klimaten, hat aber den zusätzlichen Vorteil, dass sie kälte- und

GEGENÜBER
OBEN *An vorderster Front: Der Regenwald auf Borneo grenzt mittlerweile an Palmölplantagen.*

MITTE *Wieder einer weniger: Holzfäller im Südosten von Kamerun.*

UNTEN *Tier in Nöten: Strahlenschildkröten auf Madagaskar werden als exotische Haustiere gehalten und wegen ihres Fleisches gejagt – dazu wird ihr Waldhabitat zerstört.*

OBEN *Früher war alles hier Dschungel. Auf Madagaskar stehen nur noch zehn Prozent der ursprünglichen Wälder.*

sogar frosttolerant ist. Meistens ist sie eine der ersten Pflanzen im Jahr, die austreibt. Üblicherweise wird sie im Zuge der Fruchtfolge auf Weiden für die Viehwirtschaft angebaut, kann aber auch zu Heu verarbeitet werden. Bei guter Bewirtschaftung und im richtigen Klima eine gute Sache.

In Madagaskar aber hat sich *Desmodium uncinatum* unkontrolliert in freier Natur vermehrt. Stellenweise dominiert sie die einheimische Vegetation. Sie ist eine mehrjährige Kriechpflanze, kann mehrere Meter lang werden, überwuchert andere Pflanzen und raubt ihnen das Licht. Und sie verbreitet sich leicht: Die mit Häkchen versehenen Samen kletten sich ans Fell vorbeistreifender Säugetiere, sie haften aber auch an der Kleidung von Zweibeinern. Die Pflanze verbreitet sich leicht und keimt schnell, dazu fehlt im

VORHERGEHENDE SEITE
Wenn Borneo-Zwergelefanten Palmölplantagen in die Quere kommen, gibt es nur einen Gewinner.

OBEN
Gefangen: Die mit Haken versehenen Härchen am Stiel von Desmodium uncinatum *haben eine Libelle gefangen. Alaotra-Manoro-Region, Madagaskar.*

warmen, feuchten Klima eine kalte Jahreszeit, die sie absterben ließe. Alles steht also zu ihren Gunsten.

Dazu besitzt die Pflanze einen Verteidigungsmechanismus. Ihre haarigen Stiele schrecken potenzielle Räuber ab, die sie dadurch nicht erklimmen können. Bei *Desmodium uncinatum* sind die Härchen mit einem Haken versehen, was zu einem außergewöhnlichen Problem geführt hat. Aufgrund der hohen Luftfeuchtigkeit, Wärme und ihres allgegenwärtigen Vorkommens ist *Desmodium uncinatum* auf Madagaskar zu einer tödlichen Bedrohung geworden. Das ist nicht übertrieben: Frösche, Chamäleons, Fledermäuse, Insekten und viele andere Arten bleiben, oft während der Nacht, an den Härchen hängen und können nichts anderes tun, als auf den Tod zu warten. Tagsüber sind sie der Sonne

OBEN
Seit über zweihundert Jahren fällen Rancher Bäume, um Weiden für ihre Rinder zu schaffen; Beispiel aus Costa Rica.

ausgesetzt und trocknen aus: konserviert in ihrem letzten Todeskampf, Trophäen des invasiven *Desmodium*. Wissenschaftler für die TV-Reihe *Unser grüner Planet* sprachen von einem tragischen Szenarium, einem Wald des Todes. Ein seltsames Phänomen, das keinen unberührt lässt. Das Problem war vor *Unser grüner Planet* so gut wie unbekannt. Als diese Erkenntnisse den Royal Botanic Gardens in Kew, London, vorgetragen wurden, war das Erstaunen groß. Das Problem ist doppelt beunruhigend, weil es um den Regenwald geht. Wer den Regenwald besucht, dem schwindelt beim Anblick der Wunder, die sich einem auftun. Im Regenwald, darauf hat David Attenborough immer wieder hingewiesen, wimmelt es von Leben. Dem Genie des Menschen ist es zuzuschreiben, dass er den Regenwald zu einem Ort gemacht hat, in dem es jetzt von Toten wimmelt.

Das Traurigste überhaupt aber ist: Wir können nicht mehr über die Wunder des Regenwaldes reden, ohne auch über die Zerstörung zu reden. Der Mensch schlägt Lücken in den Wald, mit einer Geschwindigkeit, wie es durch natürliche Prozesse nie möglich gewesen wäre. Der Rand ist immer der verwundbarste Abschnitt des Waldes – durch die menschliche Zerstörungstätigkeit werden unablässig Waldränder geschaffen, die austrocknen und anfällig für Brände sind. Wälder werden auf isoliert stehende Baumansammlungen reduziert. Häufig leben darin noch kleine Tierpopulationen, die woanders nicht mehr hin können und sich nur noch untereinander paaren. Die Folge davon sind Inzucht und der unvermeidliche Verlust von Resilienz. Tatsache ist: Einzelne Baumgruppen funktionieren nicht wie ein ganzer Wald. Ein Wald kann nur als die weitläufige, komplexe, spannende Umwelt funktionieren, für die wir ihn preisen, solange er eine kritische Mindestgröße aufweist. Ein großer Wald ist nicht gleichförmig, sondern voller unterschiedlicher ökologischer Nischen, das heißt voller Möglichkeiten für Organismen, für sich ein Auskommen zu finden. Je mehr Nischen es gibt, desto mehr Arten gibt es, vor allem in einer Umgebung, die auf lange Sicht stabil bleibt. Ein kleiner Wald enthält daher weniger Arten. Viele große Wirbeltiere benötigen große Reviere. Auf kleineren Flächen können sie nicht existieren. Reduziert man die Fläche eines Waldes, vernichtet man höchstwahrscheinlich die großen Räuber. Daraus ergibt sich, dass sich die Pflanzenfresser in großer Zahl vermehren. Da nun mehr Tiere Pflanzen fressen, setzt dies die Pflanzen, die ihnen Nahrung liefern, vermehrtem Stress aus. Ein offener Wald mit vielen Rändern ist lichtdurchflutet, weshalb schattenliebende Pflanzen aussterben. Arten, die auf Lichtungen gedeihen – die auftreten, wenn die Baumriesen fallen –, werden zur vorherrschenden Spezies. Ein kleiner Regenwald ist kein Regenwald mehr, jedenfalls nicht in dem Sinn, wie wir ihn verstehen: als ein Ort der Fülle und des größten Artenreichtums auf diesem Planeten.

Nennen wir es die Irrlehre des Symbols oder den Panda-Trugschluss: die Vorstellung, wir könnten Biodiversität schützen, indem wir eine symbolische Anzahl jeder Art, vor allem der glamourösen Arten, bewahren. Der Regenwald lehrt uns, was hinsichtlich Diversität wirklich zählt: eine dynamische, artenreiche Umgebung, die Kohlendioxid abbaut, Sauerstoff erzeugt, Wasser verdunstet und als weltweite Klimaanlage wirkt – genau das, was wir brauchen, um den katastrophalen Klimawandel aufzuhalten.

In der TV-Reihe *Unser grüner Planet* stand David Attenborough in Costa Rica exakt an der gleichen Stelle, an der er dreißig Jahre zuvor schon gewesen war. Damals hatten Gräser und Rinder die Landschaft geprägt; jetzt, dank eines Aufforstungsprojekts, wuchs hier wieder Wald. Es war ein herrlicher Anblick: ein heller, die Düsternis durchdringender Funke der Hoffnung. Er zitierte aus den Tagebüchern von Charles Darwin: »Unter den Szenen, die sich mir tief eingeprägt haben, war keine erhabener als die nicht von Menschenhand verunstalteten Urwälder.« Attenborough fügte dann hinzu: »Heute hätte er Schwierigkeiten, einen solchen Ort zu finden.« Dann kam die Killer-Aussage: Siebzig Prozent aller Bäume in Regenwäldern wachsen mittlerweile in einem Umkreis von hundert Metern zu von Menschen angelegten Wegen oder Lichtungen.

Wir haben uns daran gewöhnt, nur noch mit Schwermut und Verzweiflung an Regenwälder zu denken. Aber der weitere Fortgang der Zerstörung kann gestoppt werden, die Entwicklung wird an vielen Orten rückgängig gemacht. Wir finden solche Projekte in Costa Rica, wo die Regierung und staatliche oder gemeinnützige Organisationen tätig geworden sind. Der Staat ist bereit, Landbesitzer für Dienste an der Umwelt – für das Nichtfällen von Bäumen, für die Regeneration des Waldes – zu bezahlen. Innerhalb von siebzig Jahren hat Costa Rica achtzig Prozent seiner Wälder verloren. Seit 1996 hat überall im Land ein Umdenken eingesetzt. Mittlerweile ist es wieder möglich, auf Land zu stehen, das einst für Viehweiden gerodet wurde – um Rinder zu züchten und den Appetit des Menschen nach Fleisch zu stillen –, und nichts mehr davon zu sehen. Denn der Wald ist wieder da. Nicht ganz, nicht mehr so, wie er einmal war, eher wie ein Rekonvaleszent im Krankenbett. Aber der Wald reagiert auf die Maßnahmen, er richtet sich wieder auf und nimmt Nahrung zu sich. Es ist möglich, an manchen Orten wird es bereits in die Tat umgesetzt.

David Attenborough sagte bei seinem Besuch in den heilenden Wäldern von Costa Rica: »Wir sind dazu in der Lage, den beträchtlichen Schaden, der unseren Regenwäldern zugefügt wurde, wieder zu reparieren. Dazu ist die Zusammenarbeit aller Staaten weltweit erforderlich, aber nur so können wir die Schätze der tropischen Regenwälder für zukünftige Generationen bewahren.«

UMSEITIG
David Attenborough mit dem Usain Bolt des Regenwalds: ein junger Balsabaum. La Selva Biological Station, Costa Rica.

EINSATZ *Aufstieg zu einer anderen Welt: David Attenborough in der Seilbahn auf der Fahrt durchs Kronendach im Regenwald von Costa Rica.*

WÜSTENWELTEN

Wir nennen die trockenen Landschaften der Erde Wüsten, weil sie öde, nicht bebaut, nicht bewohnt und leer sind. Ein Wüsteneiland ist keine Insel mit Sand und Kakteen, sondern eine Insel, auf der niemand lebt. Der Grund, warum niemand dort lebt, ist das fehlende Frischwasser. Und wo es kein Wasser gibt, gibt es kein Leben.

Aber hier treffen wir auf eines der alltäglichen Wunder der Natur: Es gibt Leben in der Wüste, trotz allem, denn es gibt, trotz allem, auch Wasser in der Wüste. Nur nicht sehr viel – aber man braucht nicht immer viel Wasser, damit das Leben in Gang kommt. In den großen feuchten Regenwäldern wimmelt es von Leben, in einer Fülle, die die menschliche Vorstellungskraft übersteigt. Die großen trockenen Landschaften der Erde hingegen beherbergen ebenfalls Leben – nur eben nicht in dieser Fülle, aber es ist da, hält sich tapfer und tut das, was Leben eben bedeutet: versuchen zu überleben und sich fortzupflanzen.

Pflanzen brauchen Wasser. Das wissen wir alle. Wir sehen vernachlässigte Topfpflanzen vor uns, die den Kopf hängen lassen und beinahe hörbar um Wasser betteln. Dass Pflanzen Wasser brauchen, gehört zu den offensichtlichen Dingen. Was antwortet man also dem intelligenten Vierjährigen, der fragt, warum? Warum brauchen Pflanzen Wasser?

Es gibt eine Menge Antworten auf diese Frage, und jede davon ist nicht nur richtig, sondern unerlässlich fürs Überleben. Eine Pflanze braucht Wasser, damit sie einfach nur sein kann. Denn sie besteht vorwiegend aus Wasser: zu etwa neunzig Prozent. Als erwachsener Mensch, der Sie dieses Buch lesen, bestehen Sie zu ungefähr sechzig Prozent aus Wasser. Wir alle brauchen Wasser zum Leben, eine Pflanze aber braucht in mancher Hinsicht mehr als wir, was die Existenz von Wüstenpflanzen noch erstaunlicher macht. Eine Pflanze ohne Wasserzufuhr welkt vor sich hin. Wenn der Wasserdruck in ihren Zellen nachlässt, sind die Zellen nicht mehr so geschwollen, die Pflanze sinkt in sich zusammen und verliert ihre Blätter. Eine Pflanze braucht Wasser, damit sie aufrecht stehen kann.

Samen brauchen Wasser, bevor sie keimen. Kontakt mit Wasser aktiviert die Enzyme im Samen, bringt die harte Schutzhülle um den Samen zum Schwellen und macht sie weicher, sodass die Wurzel sie durchbrechen und sich in die Erde bohren kann auf der Suche nach Wasser. Danach entwickelt sich der grüne Spross, der sich wegen des Wassers, das über die Wurzel in die Pflanze steigt, aufrichten kann. Daneben benötigen Pflanzen Wasser, damit Fotosynthese stattfinden kann: Wasser wird abgegeben, Kohlendioxid aufgenommen, die dafür nötige Energie stammt von der Sonne. Wie wir im vorherigen Kapitel gesehen haben, verlieren Pflanzen durch Transpiration Wasser an die Umwelt,

GEGENÜBER
Verödet: Eine Sturzflut hat ihre Spuren im sonnengetrockneten Lehm hinterlassen; dahinter hält sich ein Kreosotbusch am Leben. Mosquito Flats, Death Valley National Park, Kalifornien, USA.

durch den dadurch aufgebauten Transpirationssog werden Wasser und damit auch Nährstoff von den Wurzeln durch die ganze Pflanze transportiert, und gleichzeitig werden durch die Verdunstungskälte die Blätter gekühlt.

Daraus folgt, dass die meisten Pflanzen längere Perioden ohne Wasser nicht überleben können. Jene, die mit diesen Entbehrungen zurechtkommen, gehören zu den bemerkenswertesten Lebewesen auf der Erde. Sie sind ein Widerspruch in sich selbst: Leben an einem Ort, an dem im Grunde kein Leben möglich ist. Und doch gibt es in der Wüste Wasser – nicht viel, nicht oft, aber es ist da; damit ist es das Wertvollste überhaupt. Die Vorstellung, dass an einem so unwirtlichen Ort Leben existieren kann, ist verblüffend und hat für uns Menschen sogar etwas Bewegendes an sich. Die Entschlossenheit des Lebens, weiteres Leben zu erzeugen, gleichgültig, wie schwierig die Bedingungen sind, hat die Welt seit dem ersten Lebensfunken angetrieben. Nach diesem Prinzip sind Wüstenpflanzen entstanden – und letztlich auch der Mensch.

In der Wüste sind Pflanzen gezwungen, eine andere Lebensweise zu entwickeln. Sie leben, wachsen und vermehren sich mit einer Geschwindigkeit, die von der Verfügbarkeit des Wassers diktiert wird. Für manche bedeutet das eine drastische Entschleunigung: Sie leben mit einer Geschwindigkeit, der gegenüber sich ein Dreifinger-Faultier wie Usain Bolt ausnimmt. Bei den Filmaufnahmen zu *Unser grüner Planet* besuchte David Attenborough die Mojave-Wüste in Kalifornien und Nevada, den trockensten Ort Nordamerikas. Ziel seines Besuchs war ein bestimmter Kreosotbusch. Dieser Busch macht nicht viel her, allerdings rechnet man ihn zu den ältesten Pflanzen der Erde und schreibt ihm ein Alter von fast 12 000 Jahren zu. Attenborough stand exakt dort, wo er vierzig Jahre zuvor schon

OBEN
Bedrohliche Umgebung: Die Sonne brennt auf einen Drachenblutbaum herab. Sokotra, Jemen.

gestanden hatte, und meinte, die Pflanze sehe kaum anders aus als damals. Sie war seit dem letzten Besuch etwas gewachsen – das Wachstum betrug zwölf Millimeter. Die Breite eines Zeigefingers.

Sinnieren wir kurz über diese vierzig Jahre nach. Ein Mensch, der zum Zeitpunkt von Attenboroughs erstem Besuch geboren wurde, könnte, genügend Enthusiasmus aller Beteiligten vorausgesetzt, beim zweiten Besuch bereits Großvater oder Großmutter sein. In der Zeit, in der dieser Kreosotbusch seine zwölf Millimeter gewachsen ist, konnte ein Balsabaum aus seinem Samen emporgesprossen und dreißig Meter hoch zum Kronendach gewachsen sein, Blüten ausgebildet, sie von emsigen Wickelbären bestäuben haben lassen, Früchte und eigene Samen entwickelt haben, zusammengefallen und abgestorben sein. Draußen in der Wüste aber, mit der winzigen, aus dem Sand gezogenen Wassermenge, hat der Kreosotbusch seinen mickrigen Fortschritt erzielt: ein glorreicher Triumph des Nichtsterbens an einem Ort, an dem nichts leichter ist, als zu sterben.

Ein Kreosotbusch wird selten höher als drei Meter. Die Pflanze hat die Fähigkeit, sich neben der geschlechtlichen Vermehrung durch ausknospende Seitenwurzeln fortzu-

OBEN
David Attenborough und der 11 700 Jahre alte King-Clone-Kreosotbusch.

pflanzen, sodass sie sich selbst klont und genetisch identische Kronen entwickelt, die sich kreisförmig immer weiter ausdehnen, während die ursprünglichen inneren Stämme absterben. Der sogenannte King Clone in der Mojave-Wüste bildet einen ungefähren Kreis von etwa zwanzig Metern, und würde es einem nicht gesagt werden, würde man nicht erkennen, dass man sich hier an einem der großen Naturwunder der Erde befindet. Ein Kreosotbusch kann zwei Jahre lang ohne Wasser überleben; für Pflanzen, die die Wüste als ihr Habitat gewählt haben, ist es überlebenswichtig, so lange ausharren zu können. Denn irgendwann wird Feuchtigkeit kommen, irgendwann wird es wieder regnen, und dann liegt der Vorteil auf Seiten jener Pflanzen, die so lange ausharren können.

Es ist alles eine Frage der maximalen Nutzung aller vorhandenen Ressourcen. Das trifft auf Wüsten zu, das trifft im Grunde auf alle Lebensräume zu. Nur zeigt sich dieses

OBEN
Die Taklamakan-Wüste ist die größte Wüste Chinas. Euphrat-Pappeln haben hier eine Möglichkeit gefunden zu gedeihen.

Prinzip in den Wüsten in weitaus dramatischerer Form – ein Prinzip, das auch den Euphrat-Pappeln in der Taklamakan-Wüste im Nordwesten Chinas zu eigen ist. Die Taklamakan ist die zweitgrößte Sandwüste (und sechzehntgrößte Wüste) der Erde mit Temperaturschwankungen zwischen minus 20 °C und über 40 °C. Durch die Wüste fließt ein seltsamer Fluss, der Tarim, der Wasser heranträgt und austrocknet, bevor er das Meer erreicht. Das jahreszeitliche Anschwellen und Verlanden des Flusses erzeugt aber vielfältige Gelegenheiten: Die Bäume verfügen über ein ausgedehntes Wurzelnetz, das ihnen erlaubt, Wasser, sobald verfügbar, schnell aufzunehmen, um so eine kurze, schnelle Wachstumsphase einzuleiten. Die Fähigkeit, in einen anderen Gang zu schalten, steht hinter dem Erfolg der Euphrat-Pappeln. Sie können ihr Wachstum fast auf null herunterfahren, um dann, wenn Wasser vorhanden ist, sofort zu reagieren. Der wohltuende, scheinbar widersprüchliche Anblick der Euphrat-Pappeln mitten in der Wüste hat sie zu einer Touristenattraktion werden lassen, die mittlerweile wieder gefährdet ist, da dem Fluss zu viel Wasser entzogen wird.

Man darf sich Wüsten nicht als Orte ohne Wasser vorstellen. Darin zeigt sich nur wieder, wie schwer es der menschlichen Wahrnehmung fällt, mit Maßstabsänderungen umzugehen. Zuweilen können Wüsten sehr nass werden; nur kommt es eben nicht sehr oft vor und hält nie lange an. Man kann sich nicht darauf verlassen, dass es regnet, wie es zum Beispiel in einem englischen Winter der Fall ist. Auch in der Wüste kommt Wasser, man weiß nur nie, wann. Und wenn es kommt, weiß man nie, wie viel man abbekommt. Die Pflanzen, die überleben, sind die, die am besten mit den vorhandenen Gegebenheiten umgehen können. Was auf jeden Lebensraum zutrifft; Wüstenpflanzen allerdings lassen sich durch die Fähigkeit definieren, auf Wasser zu reagieren – schnell und entscheidend –, wenn es ihnen angeboten wird.

Ich habe einmal die verblüffende Erfahrung gemacht, die Kalahari überflutet zu erleben: eine Wüste voller Enten und Flamingos, darüber die zahlreich eingetroffenen Schreiseeadler, die sich von den zahllosen Fröschen ernährten, die im strömenden Regen aus der trockenen Erde gekrochen kamen. Die Kalahari wird für mich daher immer eine grüne Landschaft sein, in der sich leicht leben lässt; ein Eindruck, der durchaus seine Berechtigung hat, solange man nicht vergisst, dass sich solche Bedingungen nur etwa alle zehn Jahre einstellen.

In anderen Wüsten können die Bedingungen noch extremer sein. Das Zentrum des australischen Kontinents wird vom Lake Eyre beherrscht, Kati-tanda in der Sprache der Aborigines. Unter Normalbedingungen ist der See kein See, wie wir ihn verstehen, da er kein Wasser führt. Er ist eher eine Wüste. Er liegt inmitten eines Flusssystems, das nicht ins Meer, sondern ins Land entwässert wie das soeben besprochene Tarim-Becken mit seinen Euphrat-Pappeln. Lake Eyre gehört zu den größten dieser Gewässersysteme weltweit und bedeckt insgesamt 1,2 Millionen Quadratkilometer von South Australia, des Northern Territory und Queensland. In ihm liegt auch der tiefste Punkt Australiens mit 15,2 Metern unter dem Meeresspiegel.

Gewöhnlich ist das Becken eine Salzwüste, ein für Menschen bedrohlicher Lebensraum, wie man ihn kein zweites Mal auf der Erde findet. Im Jahr 2019 aber wurde es überflutet. In diesem Jahr erlebte die Region die umfangreichsten Regenfälle seit 1972, die sich auf zwei Ereignisse aufteilten – ein ungeheurer Zufall und ein wunderbarer für das Leben in der Wüste. Im Jahr zuvor war es sehr trocken gewesen, Januar und Februar 2019 aber brachten insgesamt elf Regentage. Und im März erfasste ein Ausläufer des

GEGENÜBER
Wasser in der Wüste: Satellitenaufnahme der trüben Wassermassen, die sich in den Lake Eyre, Australien, ergießen. Er füllt sich nur einige Male im Lauf eines Jahrhunderts.

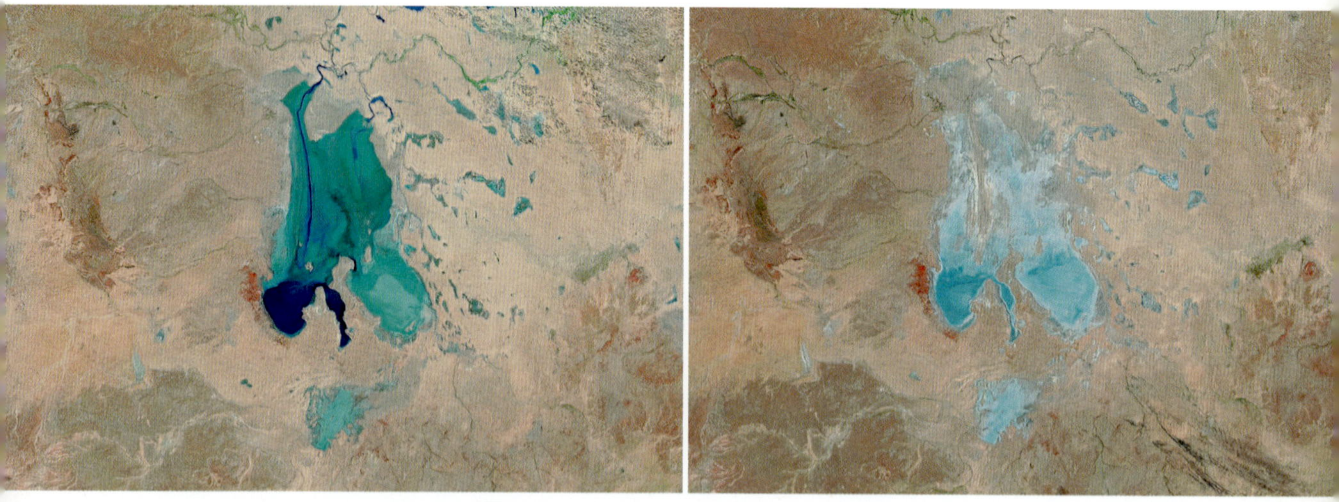

Tropensturms Trevor die Gegend, der weitere vier Tage anhaltenden Regen brachte. Dabei gingen Spitzenwerte von 448 und 211 Millimeter Regen nieder.

Obwohl das Wasser mehr oder weniger in einem Rutsch fiel, dauerte es seine Zeit, bis es das Gewässersystem durchflossen hatte. Das Wasser trat seine Reise an – was sich über Monate hinzog – und entfachte eine regelrechte Explosion der Vegetation. Und damit entstanden Gelegenheiten für andere: Die Wüste füllte sich mit Wasservögeln, Wasserinsekten, Fischen und Fröschen, alles ermöglicht durch den ausgiebigen Regen und das blitzschnelle Reagieren der Pflanzen auf die veränderten Verhältnisse.

Die Schlüsselart hier ist der Coolabah, eine Eukalyptusart. Er ist der Baum der Wüste, der andere willkommen heißt, der Schatten spendet, Wasser und Nährstoffe verteilt und anderen die Chance zum Überleben bietet. Er gedeiht hervorragend unter den extremen, seltenen und unvorhersehbaren sintflutartigen Regenfällen. Während die Bäume des Regenwalds Stabilität benötigen, weist der Coolabah die genau gegenteilige Fähigkeit auf. Nicht nur kann er wasserlose Jahre überstehen, er kommt auch mit plötzlichen Überschwemmungen zurecht.

Unser Verständnis von Wüsten krankt meist daran, dass wir eine feste Vorstellung davon haben, was Wüsten ausmacht: Sanddünen, Kamele, dazu eine Pyramide, vielleicht noch Kakteen und der ausgebleichte Schädel einer Kuh. Wüsten aber sind mannigfaltig und nicht notwendigerweise voller Sand oder heiß. Daneben ist es eine Frage der

OBEN
Wasser in der australischen Wüste: Flutwasser erreicht über Wasserläufe und Senken schließlich Lake Eyre.

GEGENÜBER
Schlüsselart: Coolabah-Eukalyptusbäume sind lebenswichtig für das Ethabuka-Naturschutzgebiet, Queensland, Australien.

UMSEITIG
Zerstörerisch und lebensspendend: Gewitter über der Karoo-Halbwüste in Südafrika.

Gewöhnung. Kurz nach Ankunft in der Wüste ist man entsetzt über die kärgliche, verdorrte Vegetation. Auf den ersten Blick erscheint alles leblos. Später aber, wenn man die extremen Wüstenabschnitte kennengelernt hat, sieht man die karge Vegetation nicht mehr als Mangel, sondern als die erfolgreiche Behauptung des Lebens in einer herausfordernden Umwelt.

Man kann Wüsten grob in fünf Typen unterteilen: subtropische Wüsten, die Standardwüste, wenn man so will, zumindest nach westlichen Maßstäben; daneben gibt es Küstenwüsten, Regenschattenwüsten, Binnenwüsten und Polarwüsten. Alle Lebewesen dort haben das gleiche Problem: Sie müssen mit wenig Wasser beziehungsweise mit unregelmäßigem Zugang zum Wasser zurechtkommen. Unterschiedliche Standorte bringen unterschiedliche Aspekte und unterschiedliche Lösungen des gleichen Problems hervor.

Wir meinen, Wüsten wären leblos, weil es diesen Anschein hat. Dabei müssten wir uns nur daran gewöhnen, dass es unterschiedliche Konzepte gibt, wie das Leben aussehen kann. In manchen Wüsten kann man mit beiden Händen in den Sand greifen und sich vorstellen, alles, was man in Händen hält, ist vollständig anorganisch, nicht ein Sandkörnchen trägt irgendein Leben in sich. Es fällt schwer zu glauben, dass man zwei Handvoll Leben umfasst hält: nämlich Samen und unzählige Mineralien. Man hat sich nämlich in den großen Wartesaal des Wüstenlebens gewühlt.

Wir wissen alle, dass Pflanzen in Form von Samen den Winter überstehen können. Das erscheint uns als natürlich. Aber das ist gar nichts. Wenn man wirklich wissen will, was Warten ist, muss man sich den Pflanzen in der Wüste zuwenden. Viele verbringen den Großteil ihres Daseins mit Warten: Jahr für Jahr stehen sie in der Seitenkulisse und warten auf ihr Stichwort. Das Stichwort, natürlich, ist das Wasser. Es wird kommen, aber man sollte es am besten nicht eilig haben. Also warten die Samen, jahrelang, tragen das Leben in sich wie ein gut gehütetes Geheimnis und sind kaum von den trockenen Sandkörnern zu unterscheiden.

Und dann regnet es, für kurze Zeit wird aus der Wüste ein prachtvoller Garten. Der Regen regt die Samen an, die sofort zu wachsen beginnen. Sind die Bedingungen günstig, keimen sie und bilden Blüten und Früchte, und die Samen dieser Früchte kehren in die Wüste zurück, wenn das kurze Geschenk des Wassers wieder versiegt – und wieder bleibt ihnen nichts anderes übrig, als zu warten.

Die kurzen Abschnitte zwischen den trockenen Perioden, zwischen den langen Wartezeiten, können in manchen Wüsten etwas hervorbringen, was einem Wunder gleichkommt: nicht hier und dort eine Pflanze, die sich abmüht, mit nahezu unmöglichen Bedingungen

GEGENÜBER
Lebensspendende Gewalt: Saguaro-Kaktus und Gewitter über der Sonora-Wüste, Arizona, USA.

zurechtzukommen, sondern Pflanzen, die die ganze Welt ausfüllen, von Horizont zu Horizont. Den einen Moment waren die Gegebenheiten so, dass Leben nicht möglich war; jetzt sind sie perfekt dafür. Und in diesem kurzen Fenster der Vollkommenheit blüht die Wüste, als hätte sie sich in ein städtisches Gartenbauprojekt verwandelt, das völlig aus dem Ruder gelaufen ist.

Man nennt dieses Phänomen Superblüte – so lange sie anhält, sieht die Wüste aus wie die fruchtbarste Gegend der Erde. Das ist sie auch – nur eben nicht sehr lange. In den Wüsten Kaliforniens kam es 2017 zu einer Superblüte, zwei Jahre später trat unerwartet eine erneute Superblüte auf, die es der Filmcrew von *Unser grüner Planet* erlaubte, einige der außergewöhnlichsten Sequenzen aufzunehmen, die jemals von Pflanzen gefilmt wurden. Die Crew konnte sich darauf vorbereiten, denn sie wusste, dass die Blüte anstand. Regen im Spätherbst und frühen Winter hatten sie erahnen lassen, eine Reihe von kühlen Tagen und kalten Nächten machten sie zur Gewissheit. Die Wüste bereitete sich auf eine Blüte vor. Als es so weit war, explodierte die Landschaft in einer schier unendlichen Farbenpracht.

Das Spektakel erreichte eine Reihe von Höhepunkten und dauerte vom späten Winter bis Mai: einige wenige Wochen unverhoffter Herrlichkeit. Die Superblüte wurde zur Touristenattraktion: Fahr hin und schau dir ein Wunder an. Kalifornischer Mohn und Lupinen waren die vorherrschenden Arten, dazu gesellten sich andere mit fantasievolleren Namen: Eulen-Klee, Klebrige Gauklerblume, Feenlaterne, Götterblume, Liebeshainblume. Jede nutzte die wenigen Wochen und das wenige, seltene Wasser für ihren kurzen Auftritt auf der Bühne, wo sie sich abmühte, bis sie »einzog«, wie es in der Gärtnersprache heißt. Eine Pflanze, die durchschießt, ist jedoch auf der Suche nach Unsterblichkeit, denn ihre Gene leben in der Nachkommenschaft weiter; also welkt die Pflanze, während die Samen im Boden landen und von der Wüste nicht mehr zu unterschieden sind, sodass das uralte Spiel der Wüstenpflanzen von Neuem beginnen kann. Das Warten auf Regen.

Der Trick unter solchen Verhältnissen besteht darin, viele Samen abzugeben und sie in einem weiten Umkreis zu verstreuen. Werden die Samen vom Wind verbreitet, ist vieles dem Zufall überlassen; die Pflanze ist von Faktoren abhängig, auf die sie keinen Einfluss hat. Daher produzieren viele Wüstenpflanzen große Mengen oft winziger, leichter Samen, die der Wind davontragen kann. Die langfristige Wahrscheinlichkeit, sich erfolgreich fortzupflanzen, steigt, je mehr Samen zur Verfügung stehen. Wichtig ist nur, die Samen an so vielen Orten wie möglich zu verbreiten, in der Hoffnung, dass wenigstens an einem von ihnen irgendwann das Ereignis einer Superblüte einsetzt.

GEGENÜBER
OBEN *Blühende Wüste: gelb-orangefarbener Kalifornischer Mohn am Antelope Butte, Mojave-Wüste, Kalifornien, USA.*

MITTE *Kalifornischer Mohn, der Star unter den Wildblumen in der Sonora-Wüste, Arizona, USA.*

UNTEN *Ein wenig Schutz: Wildblumen um einen Kreosotbusch. Death Valley, Kalifornien, USA.*

UMSEITIG
Unwahrscheinliche Fülle: Abronia *und andere Wildblumen im Biosphärenreservat El Pinacate y Gran Desierto de Altar, Mexiko.*

Die Verbreitung der Samen wird begünstigt durch das Wettersystem in den Wüsten. Zu den dramatischsten Wetterereignissen der Welt gehört der Habub. Der Begriff stammt aus dem Arabischen und bezeichnet ein Phänomen, das sich in allen heißen Wüsten der Welt beobachten lässt: einen Sandsturm. In trockenen Landschaften, wo die Erde nicht durch Feuchtigkeit am Boden gehalten wird, greift der Wind Sand und Staub auf und trägt sie in hoch aufragenden Formationen übers Land. Habubs sind nur schwer vorherzusagen, aber wenn sie stattfinden, sehen sie aus, als würde der Zorn Gottes über das Land kommen. Natürlich haben die Pflanzen keine Möglichkeit, sie vorherzusagen, aber sie profitieren von ihnen. Ein Habub mag vielleicht aussehen wie eine gewaltige Zerstörungsmaschine, aber man darf nicht vergessen, dass es in der Natur keine Katastrophen gibt, nur Gelegenheiten. So wie der Fall eines Baumriesen anderen Pflanzen wertvolle Gelegenheiten bietet, so ist ein Habub, ein traumatisches Ereignis für fast alles, was in der Wüste lebt, aber die Gelegenheit für Samen, sich über eine nahezu unvorstellbare Fläche zu verbreiten.

Habubs sind mehr als heftige, Sand aufwirbelnde Winde. Im Grunde handelt es sich um ein komplexes Ereignis, das eine erstaunliche Masse an Festteilchen vom Wüsten-

OBEN
Verbreitung des Lebens: Mächtige Wüstenstürme verteilen Pflanzensamen über enorme Distanzen; hier in Arizona, USA.

boden aufnimmt und zu einem Wall aufbaut, der leicht einen Kilometer, manchmal bis zu drei Kilometern Höhe erreicht. Diese Wand bewegt sich mit einer Geschwindigkeit von hundert Stundenkilometern vorwärts, und das auf einer Breite von bis zu hundert Kilometern; es wurden auch noch breitere Habubs gemessen.

Habubs bilden sich, wenn es über der sehr trockenen Luft einer Landschaft mit wenig Vegetation und sehr wenig Feuchtigkeit, die die Erde binden könnte, zu einem Gewitter kommt. Wichtig daran ist die Kälte, die das Gewitter mit sich bringt. Der naive Reisende denkt sich meist nicht viel bei Regen in warmen Klimaten; man wird dann eben nass. Man rechnet nicht mit dem plötzlichen, drastischen Kälteeinbruch, den der Regen mit sich bringt, was nicht nur an der Nässe liegt, sondern auch an den fallenden Temperaturen. Man hält es nicht für möglich, dass es in den Tropen so kalt werden kann; ich selbst litt in Afrika einmal über einen längeren Zeitraum an Schüttelfrost.

Dieser Effekt, unzählige Male verstärkt, verursacht einen Habub. Das Gewitter erzeugt Regen, der niemals den Boden erreicht, weil er vorher verdunstet, wodurch sich aber in einem weiten Areal über der Wüste die Luft abkühlt. Diese sinkt gezwungenermaßen abrupt zu Boden, sodass wärmere Luft in den nun frei gewordenen Bereich nach oben strömt. In Bodennähe befindet sich nun eine breite Kaltluftschicht, die sich ausbreitet: eine konvektive Kaltluftschicht. Am Rand dieser kalten Luft wird durch den Temperaturunterschied zur Warmluft am Boden die Luft aufgewirbelt. Dadurch entstehen die starken Aufwinde, die loses Sediment aufnehmen, in die Höhe tragen und letztlich die hohe, sich vorwärtswalzende Wand erzeugen. Habubs sind vom Weltall aus zu sehen; ähnliche Effekte wurden auch auf dem Mars und dem Saturnmond Titan beobachtet.

2011 trat in Phoenix, USA, ein nachgerade berühmter Habub auf. Er wurde 24 Stunden im Voraus vorhergesagt und war daher ein großes Event für die Sandsturm-Community, für die Neugierigen, Abenteuerlustigen, die Wissenschaftler, Fotografen und Journalisten. Für das Tierreich ist ein Habub in erster Linie etwas, das man überstehen muss; man kauert sich hin und hofft davonzukommen. Meistens funktioniert das. Im Durchschnitt dauert ein Habub drei Stunden, die Zerstörungen in dieser Zeit können aber beträchtlich sein.

Für die Pflanzen jedoch – zumindest für jene, die in Form eines Samens existieren – ist ein Habub eine großartige Gelegenheit. Wir sehen bei einem näher rückenden Habub eine Wand aus Sand und Staub, er ist aber auch eine Wand aus Samen. Die großen Unannehmlichkeiten, die sich für die Tiere ergeben, sind für die Pflanzen ein großer Vorteil. Ein von Luftwirbel ergriffener Same kann riesige Distanzen zurücklegen, und die Gewinner der Lotterie werden auf einem vielleicht vielversprechenden Platz in der Wüste abgesetzt und beginnen wieder mit dem Warten. Denn eines Tages wird es wieder regnen, und für einige wenige Wochen wird die Wüste erblühen, wird verblühen und dahinwelken … und neue Samen werden gebildet worden sein, die sich dem wesentlichsten Aspekt des Wüstenlebens widmen: dem Warten. Warten auf Regen, Warten auf Wasser.

Natürlich lässt sich das umgehen. Eine Pflanze kann im Regen Wasser aufnehmen und es für den späteren Gebrauch speichern. Wasser ist wertvoll in der Wüste; hat man jeden Tag Zugang dazu, ist das ein nicht zu unterschätzender Vorteil. Ein Vorteil allerdings, der die Pflanze zu einem Angriffsziel macht. Wasser ist für alle, die in der Wüste leben, wertvoll, eine Pflanze voller Wasser ist daher für alles und jeden attraktiv, der sich an sie heranmachen kann. Eine Pflanze, die in der Wüste Wasser speichert, benötigt daher einen unüberwindlichen Verteidigungsmechanismus, wenn sie überleben will. Genau so etwas haben Kakteen im Lauf der Jahrmillionen entwickelt.

In einer klassischen Attenborough-Szene für *Unser grüner Planet* wurde David Attenborough gefilmt, als er demonstrieren wollte, wie effektiv sich *Cylindropuntia bigelovii*, der »Teddy Bear Cactus«, verteidigen kann. Die Pflanze sieht weich und kuschelig aus –

GEGENÜBER
Gar nicht kuschelig: Cylindropuntia bigelovii, *der »Teddy Bear Cactus«, in Anza Borego, Kalifornien, USA.*

zumindest aus der Ferne –, daher auch ihr amerikanischer Name, aber das Weiche und Kuschelige ist eine nicht beabsichtigte Illusion. Was wie weicher Flaum aussieht, sind in Wirklichkeit Dornen. Attenborough streifte sich also einen schweren Schutzhandschuh aus Leder über, bevor er die Hand in die Verteidigung des Kaktus steckte. Die Aktion sollte den Zuschauern die beeindruckende Zahl der Dornen sichtbar machen. Was dabei aber gezeigt wurde, war, wie gut sie funktionieren und wie wirksam sie als Abschreckungsmittel sind. Sofort wurde deutlich, dass Attenborough trotz des Handschuhs ernsthafte Schmerzen litt. Die Dornen hatten mühelos das Leder durchbohrt und den Handschuhträger aufschreien lassen. Natürlich wäre Attenborough nicht Attenborough gewesen, wenn er nicht einfach weitergemacht hätte. Ich denke, drei Gründe haben ihn zu dieser mutigen Demonstration bewogen: erstens die Gewissheit des Medienprofis, damit einen tollen Fernsehauftritt hingelegt zu haben; zweitens das Wissen des Lehrenden, durch seine Schmerzen dem Publikum etwas sehr anschaulich aufgezeigt zu haben; und drittens dürfte ihm klar geworden sein, dass er die Szene irgendwie wiederholen müsste, wenn er sie unterbrochen hätte.

Uns wurde also eindringlich demonstriert, wie gut sich ein Kaktus verteidigen kann und, daraus folgend, wie wichtig ein Wasservorrat ist. Die Ausbildung der Dornen ist eine enorme, Zeit und Energie verschlingende Investition der Pflanze. Das macht sie nur, wenn es auf Leben und Tod geht. Attenboroughs Schmerzensmiene zeigt uns also, wie ein Kaktus sein Leben verteidigt – nämlich ziemlich gut.

Wir neigen zu der Ansicht, dass Kakteen überall in heißen Wüsten anzutreffen sind, mit Ausnahme einer einzigen Art aber kommen sie lediglich in Amerika vor, wo man sie im Süden bis nach Patagonien und im Norden bis in den Westen von Kanada findet. Bei der einzigen Ausnahme handelt es sich um *Rhipsalis baccifera*, die sich in Teilen Afrikas und in Sri Lanka findet. In Amerika sind über 1700 Kakteenarten bekannt, meistens an Standorten, wo es regelmäßig zu Dürren kommt, vor allem in Wüsten – sie gedeihen sogar in der Atacama-Wüste in Chile, dem, von den Polen abgesehen, trockensten Ort der Erde.

Kakteen sind Sukkulenten, das heißt, sie speichern Wasser in dicken, fleischigen Gewebeabschnitten. Das tun viele Pflanzen; es handelt sich um eine ökonomische Methode. Im Unterschied zu anderen Sukkulenten speichern Kakteen das Wasser aber ausschließlich in ihrem Stamm. Der Stamm ist daher das dominierende Merkmal, so sehr, dass man meinen könnte, diese Pflanzen bestünden ausschließlich aus Stamm. Fast alle Kakteen haben zum eigenen Schutz Dornen. Entgegen dem allgemeinen Sprachgebrauch verwenden Botaniker das Wort Stachel für modifizierte Zweige, während Dornen, wie man sie an Kakteen findet, modifizierte Blätter sind. Diese Dornen schützen die Pflanze gegen Herbivoren, die ihr Fleisch nahrhaft und durstlöschend finden. Als Sekundärnutzen

OBEN
Ist das klug? David Attenborough, kurz bevor er einen »Teddy Bear Cactus« anfasst.

tragen sie dazu bei, die Verdunstung zu reduzieren. Sie vermindern den austrocknenden Luftstrom nah am Stamm und bieten sogar ein wenig Schatten.

Dornen sind modifizierte Blätter, anders als normale Blätter können sie aber keine Fotosynthese betreiben. Es gibt zwar einige Kakteenarten, die Blätter im herkömmlichen Sinn besitzen, die meisten verzichten aber darauf. Die Fotosynthese läuft stattdessen im Stamm selbst ab. Kakteen finden sich in unterschiedlichen Gestalten: Es gibt baumartige Kakteen mit Verästelungen, manche bilden Säulen und andere leben nah am Boden in kugeliger Form. Das widerspricht einer der im vorherigen Kapitel erwähnten Eigenschaften von Pflanzen: dass sie (anders als Tiere) bestrebt sind, ihre Außenseite zu maximieren. Es gibt keine kleinere Außenseite als die einer Kugel. Aber aufgrund der geringen Oberfläche reduziert die Pflanze damit wirkungsvoll die Verdunstung. Die Fotosynthese ist damit eingeschränkt, aber das kann die Pflanze verschmerzen. Kakteen verlangsamen sämtliche Lebensprozesse, sind über längere Zeiträume inaktiv, leben von ihren Reserven – und warten auf Regen.

Wie wir im vorangegangenen Kapitel gesehen haben, gehört zum Prozess der Fotosynthese die Transpiration: die Abgabe (Verdunstung) von Wasser über die Blätter, während, angetrieben vom Licht der Sonne, Kohlendioxid aufgenommen wird. Kakteen haben die

OBEN
David Attenborough zeigt, wie sich die mit Häkchen versehenen Dornen eines »Teddy Bear Cactus« an ein Tier heften und so weiterverbreiten können.

Fähigkeit ausgebildet, während des Tages Kohlendioxid aufzunehmen und zu speichern. Das ermöglicht einen der großen Widersprüche der Natur: Sie sind in der Lage, Fotosynthese in der Dunkelheit zu betreiben. Sie verarbeiten Licht, wenn es keines gibt, und transpirieren nachts, wenn der Wasserverlust sehr viel geringer ist als in der brutalen Tageshitze. Die Fotosynthese verläuft bei ihnen über einen Verzögerungsmechanismus, sodass sie in der Kühle und Dunkelheit der Nacht stattfindet.

Kakteen zeichnen sich durch spezielle Strukturen aus, sogenannte Areolen, die nichts anderes als umgewandelte Kurztriebe sind, aber keinerlei Ähnlichkeit mehr mit dem haben, was wir als Zweige ansehen. Aus ihnen entspringen die Dornen und, nach oftmals langen Intervallen, die Blüten. Diese sind häufig sehr auffällig ausgeprägt, um Bestäuber anzulocken: Insekten, besonders Bienen, Vögel, vor allem Kolibris, und Fledermäuse. Viele Kakteen haben eine sehr kurze Wachstumsperiode und lange Phasen der Inaktivität, sind dabei aber immer in einem Zustand höchster Bereitschaft, falls es regnen sollte. Regen ist eine Gelegenheit, die sie sich nicht entgehen lassen dürfen. Kakteen haben daher im Allgemeinen ein ausgedehntes, flaches Wurzelsystem, das Feuchtigkeit aufnehmen kann, sobald sie im Boden ist, noch bevor sie in der Erde versickern oder verdunsten kann. Ein großer Kaktus, wurde errechnet, kann in einem einzigen Gewitter bis zu achthundert Liter Wasser aufnehmen. Was auch bitter notwendig ist, denn mit dieser Wassermenge muss die Pflanze die nächsten Monate oder gar Jahre auskommen. Kakteen haben damit etwas von einem Sportler, der für die Olympischen Spiele trainiert: Sie bereiten sich monatelang auf den einen großen Tag in den vier Jahren vor, an dem es wirklich zählt. Das trifft auf viele Wüstenpflanzen zu, nur sind die Zeitintervalle sehr unregelmäßig, unvorhersehbar und können sehr viel länger dauern als vier Jahre. Die Pflanzen, die an dem großen Tag bereit sind, gewinnen die Goldmedaille: Sie werden überleben und sich fortpflanzen.

Das Leben an so lebensfeindlichen Standorten hat etwas Romantisches an sich. Man kann sich ganz naiv fragen, warum ein lebender Organismus sich einen so unwirtlichen Ort aussucht, wenn es doch weltweit so viele andere, einladendere Orte gibt. Natürlich ist die Fragestellung schon falsch. Genauso gut könnte man sich fragen, warum eine arme Familie in einer südamerikanischen Erdbebenzone nicht in die Cotswolds umzieht. Im Grunde geht es um einen Widerspruch – zwischen der Unwahrscheinlichkeit des Lebens und der Zwangsläufigkeit des Lebens. Die Wüste ist das klassische Beispiel für diesen Widerspruch. Dass Leben hier auftritt, ist extrem unwahrscheinlich, allerdings auch mehr oder weniger gewiss. Denn wo immer es für das Leben eine Möglichkeit gibt, wird es sie

GEGENÜBER
OBEN *Fülle des Wüstenlebens: Goldkugelkaktus in Kalifornien, USA.*

MITTE LINKS *Eine Blaukehlnymphe an den Blüten von* Echinocereus triglochidiatus. *Big Bend National Park, Texas, USA.*

MITTE RECHTS *Eine Kleine Mexikanische Blütenfledermaus nähert sich der Blüte eines Orgelpfeifenkaktus. Arizona, USA.*

UNTEN *Dezente Schönheit: Saguaro-Kaktus in der Nacht. Biosphärenreservat El Pinacate y Gran Desierto de Altar, Mexiko.*

im Lauf der Tiefenzeit zu nutzen lernen, egal, wie schwierig es ist, egal, wie lächerlich die Voraussetzungen unserer Ansicht nach sein mögen.

So gibt es eben an Orten, wo es kein Wasser gibt, mit Wasser gefüllte Kakteen, die sich mit einer Entschlossenheit verteidigen, die David Attenborough das Wasser in die Augen trieb. Gleichzeitig findet man kleine Säugetiere, die sich eine der grimmigsten Pflanzen, die jemals entstanden sind, zunutze gemacht haben. Was ein Triumph für das kleine Tier ist, ist auch für die Pflanze äußerst nützlich. An einem Ort, wo Leben an sich schon bemerkenswert ist, haben *Cylindropuntia bigelovii*, der »Teddy Bear Cactus«, und die Amerikanische Buschratte eine Möglichkeit zum Zusammenleben gefunden.

Die Weißkehl-Buschratte ist im Südwesten von Nordamerika zu Hause und an das Leben in der Wüste perfekt angepasst. Zu ihrer Nahrung gehören vorzugsweise Opuntien, deren Früchte auch von Menschen genutzt werden, sie schaffen es aber auch, Teile des »Teddy Bear Cactus« zu verzehren. Als Nagetiere sind Buschratten selbst eine leckere Mahlzeit oder ein leichter Snack für viele andere Wüstentiere: für Wiesel, Rotluchse, Kojoten, Eulen und Klapperschlangen. Als Beutetiere erfüllen sie so eine wichtige Rolle in der Ökologie dieser trockenen Standorte. Man darf getrost behaupten, dass Buschratten das natürlich anders sehen, aber als Spezies, die ihr Nest auf dem offenen Boden errichtet, in einer Gegend, in der sie von Feinden umgeben ist, wird das Überleben niemals einfach sein.

Also rekrutiert sie den »Teddy Bear Cactus«. Der Kaktus lässt kleine Knospen fallen, die anwachsen und – als Klon der Pflanze – die Vermehrung der Mutterpflanze forttreiben.

OBEN
Festungsbau: Weißkehl-Buschratten verwenden die dornenbesetzten Knospen des »Teddy Bear Cactus« für eigene Zwecke, aber auch die Knospen profitieren von der Verbreitung. Sonora-Wüste, Arizona, USA.

Die Buschratte greift diese abgefallenen Knospen auf und nützt sie für eigene Zwecke. Wie die Ratte sie tragen kann, ohne sich an den handschuhdurchdringenden Dornen zu verletzen, weiß bislang niemand, aber sie verwendet sie zur Verteidigung ihres Nests. Die Buschratte benutzt dazu ein ganzes Sammelsurium von Gegenständen – die sich von Habitat zu Habitat unterscheiden, in Gegenden mit dem »Teddy Bear Cactus« wird dieser aber ganz eindeutig bevorzugt. Oft liegen die Nester unter Sträuchern; falls in der ariden Landschaft Sträucher vorhanden sind, bieten sie zusätzlichen Schutz gegen Angriffe von oben. Hinter ihrer Dornenwand bekommen Buschratten ihren Nachwuchs und schicken die Jungen dann hinaus in die feindliche Welt.

Für den Kaktus bringt das einen enormen Vorteil. Die Buschratten verbreiten die Knospen über eine sehr viel größere Fläche, als der Kaktus es selbst jemals schaffen würde. Manchmal tragen sie sie sogar Hänge hinauf, wozu eine rollende Knospe nie in der Lage wäre. Manche der Knospen werden an ihren neuen Standorten vom Wind noch weiter fortgeweht, andere keimen im Nest. Nutzen die Buschratten den Kaktus nun zum eigenen Schutz, oder nutzt der Kaktus die Buschratten zur weiteren Verbreitung? Diese Frage lässt sich nicht klären, man kann nur erstaunt den Kopf schütteln über die Lösungen, die das Leben immer wieder für sich findet. Diese Art der Zusammenarbeit mag uns unwahrscheinlich und wunderbar erscheinen, im Lauf der Tiefenzeit aber muss sie als nichts anderes als zwangsläufig eingestuft werden.

Als Kinder sehen wir die Welt in eindeutigen, binären Begriffen und haben es gern, wenn in der Literatur oder in Filmen eindeutig zwischen den Guten und den Bösen unterschieden wird. Je älter man wird, desto nuancierter wird auch der Blick auf die Welt, sodass selbst der übelste Schurke auch seine guten Seiten und der größte aller Helden seine Fehler hat. In anspruchsvollen Romanen sind die Beziehungen zwischen den Figuren nie simpel gestrickt: Liebe vermengt sich immer mit Hass und Güte mit Zerstörungskraft. Ähnlich ist es in der Natur. Wie könnte es anders sein, da wir doch alle ihr Produkt sind? Beziehungen sind komplex und bieten keine einfache Antwort auf die Frage, wer von wem profitiert und wer wen ausbeutet.

Das ist sicherlich auch der Fall bei *Nicotiana attenuata*, einer Pflanze aus der Gattung Tabak und einer Verwandten der für den Tabakanbau domestizierten Form. Diese Pflanzen produzieren Nikotin, eine wirkungsvolle Droge für den Menschen – die Pflanze stellt sie allerdings her, um sich vor pflanzenfressenden Insekten zu schützen. Was Menschen seit Jahrhunderten nutzen, um sich selbst zu vergiften, wurde seit Jahrtausenden genutzt, um Insekten zu vergiften.

UMSEITIG
Giftige Schönheit: Blüten von Nicotiana attenuata *in Utah, USA.*

Die Wilde Tabakpflanze produziert Nikotin, wenn sie sich angegriffen und bedroht fühlt. Wir stellen uns Pflanzen als träge, empfindungslose Dinge vor, die über keinen Verstand verfügen, als reine Klumpen lebender Materie. Aber sie würden nicht seit Jahrmillionen überleben, wenn sie nicht auf komplexe Art und Weise auf ihre Umwelt reagieren könnten. Sie müssen sich auf einer bestimmten Ebene ihrer Umwelt bewusst sein, sonst würden sie nicht funktionieren, die Vorstellung aber, Pflanzen verfügten über Bewusstsein, wird von den Menschen entweder grundsätzlich, intuitiv abgelehnt oder unwidersprochen auf gefühlsmäßiger Basis akzeptiert. Beide Reaktionen sind nicht besonders hilfreich, beide werden dem Gegenstand kaum gerecht, und beide sind gleich irrational. Eine Möglichkeit, um sich dieses Thema vom Hals zu schaffen, wäre der übermäßige Gebrauch von Anführungszeichen: Der Pflanze »wird bewusst«, dass sie angegriffen wird, also »befiehlt« sie dem betroffenen Teil, Toxine herzustellen. Ich weiß nicht, ob das wirklich hilft. Pflanzen haben kein zentrales Nervensystem, klar, aber wie wir bereits auf vielfältige Weise gesehen haben, reagieren sie auf Reize. Wäre dem nicht so, könnten sie nicht leben.

Es ist schwer, ein intuitives Verständnis für Prozesse zu erlangen bei denen wir sagen, ach ja, auf diese Weise senden Pflanzen also Botschaften aus, auf diese Weise redet – oder soll man sagen, auf diese Weise »redet«? – ein Teil der Pflanze mit einem anderen. Schließlich haben wir nicht die Beziehung zu Pflanzen, die wir zum Beispiel zu Haustieren haben. Aber es lässt sich nicht abstreiten, dass Pflanzen kommunizieren. Anschaulich ist das in einem Film zu sehen, der in einem Labor in San Francisco gedreht

wurde und in dem David Attenborough mit einer Pflanze spricht – die darauf reagiert. Man kann sehen, wie die Botschaft durch die Pflanze weitergeleitet wird. Auf diesen Aufnahmen ist zu erkennen, wie eine Pflanze spricht, oder, will man weniger theatralischen Begrifflichkeiten den Vorzug geben, man wird Zeuge vom internen Kommunikationssystem einer Pflanze und kann dabei zusehen, wie eine Botschaft über Kanäle weitergeleitet wird, die genau zu diesem Zweck geschaffen sind.

Attenborough zeigt uns eine im Labor gezogene und genetisch veränderte Tabakpflanze. Die genetischen Modifikationen bewirken, dass die Kanäle fluoreszieren, wenn Botschaften darüber versendet werden. Also berührt er ein Blatt und ahmt damit den Angriff einer Raupe nach – und die Leitungen erglühen. Die in einer chemischen Sprache übermittelte Botschaft wird sichtbar gemacht und wird damit zu einer Sprache des Lichts. Es ist möglich, den Weg der Botschaft vom Blatt durch die gesamte Pflanze nachzuverfolgen; eine Botschaft, die die gesamte Pflanze warnt: Werde giftig. Produziere jetzt Toxine. Stell Nikotin

OBEN
Der Geruch der Tabakpflanze zieht eine Echse an – die den gefährlichsten Schädling der Pflanze jagt, die Raupe des Tabakschwärmers.

her oder sterbe. Genauso, nur ohne fluoreszierende Leitungen, schickt der Wilde Tabak in der Wüste, wenn er angegriffen wird, Botschaften und kann damit überleben.

Der häufigste Schädling der Wilden Tabakpflanze ist der Tabakschwärmer und seine Raupen. Der Schmetterling legt seine Eier auf die Blätter der Tabakpflanzen, damit die schlüpfenden Raupen sofort genug zu fressen haben. Schon hier zeigt sich die ausgewogene Beziehung zwischen Tabakschwärmer und Pflanze. Denn die eierlegenden Schmetterlinge trinken auch den Nektar der Pflanze, verhelfen sich zu einer energiereichen Nahrung und bestäuben die Pflanze dabei. Mit anderen Worten, die Tabakpflanze ist zur Fortpflanzung und zum Erhalt ihrer eigenen Art auf ihren größten Feind angewiesen. Die geschlechtliche Fortpflanzung der Tabakpflanze gelingt nur mithilfe ihres erbittertsten Feindes – und gleichzeitig kann der Tabakschwärmer nicht ohne die Pflanze leben, die seinen Nachwuchs zu vergiften versucht.

Die Raupen schlüpfen und beginnen mit dem Fressen, wie das Raupen, die nichts anderes als Fressmaschinen sind, nun einmal tun. Die Pflanze schickt also ihre Botschaft an sich selbst und fängt an, Toxine zu produzieren – aber das ist nur die erste Verteidigungslinie. Am angeknabberten Blattrand setzt die Pflanze Jasmonsäure frei, eine Substanz, die auch im Jasmin zu finden ist, woher sie ihren Namen hat. Die Säure jedoch ist nützlicher, als der Name es suggeriert, denn sie zieht Raubwanzen an, die den Duft als Aufruf erkennen. Das Signal verkündet, dass auf dem Tabak Futter zu finden ist, also kommen sie und greifen die Raupen an und fressen auch die Schmetterlingseier.

Trotz dieser Verteidigungsmechanismen überleben manche Raupen und erreichen irgendwann eine Größe, die die Wanzen schlicht überfordert. Mittels der gleichen Methode lockt die Pflanze jetzt Echsen an, die sich über die nun viel reichhaltigeren Raupen hermachen. Wir haben hiermit ein äußerst wirksames, komplexes, sehr beeindruckendes Selbstverteidigungssystem, das sich über Millionen von Jahren entwickelt hat – und dennoch nicht zu hundert Prozent wirksam ist. Manche Raupen überstehen das alles, obwohl sie ihr Larvenleben im Spießrutenlauf des pflanzlichen Verteidigungssystems verbracht haben. Aber auch für die Pflanze ist es wichtig, dass die eigene Verteidigung Lücken aufweist. Schließlich braucht der Tabak die adulten Schmetterlinge zur eigenen Fortpflanzung.

Wir haben damit ein perfektes Beispiel für das fragile Gleichgewicht, das in der Natur so oft besteht. Eine leichte Abweichung zur einen Seite hin, und die Raupen vernichten die Pflanzen, von denen sie abhängig sind; eine leicht Veränderung in die andere Richtung, und den Pflanzen gehen die Tiere verloren, die lebenswichtig für ihr weiteres Bestehen sind. Die beiden Arten sind dazu verdammt zusammenzuwirken: der Superheld und der

Schurke, die in ihrer gegenseitigen Abhängigkeit aufeinander angewiesen sind, die für immer im gegenseitigen Konflikt stehen, in einem fragilen Gleichgewicht und einer hohen Komplexität, wie es nur die Tiefenzeit hervorbringen kann.

Der Begriff dafür lautet Koevolution. Der Idee der Koevolution wohnt ein Zauber inne: dass zwei (oder mehr) Arten im Lauf der Zeit sich und ihre jeweilige Entwicklung gegenseitig beeinflussen. Manchmal liegt dem eine gegenseitige Abhängigkeit zugrunde, von der beide profitieren, manchmal eine Beziehung, die mehr oder minder feindselig geprägt ist – für die Wirkungskräfte der Evolution ist alles einerlei: Was dem Träger der Eigenschaften beim Überleben hilft, wird, falls und wenn sie weitergegeben werden, auch dem Nachwuchs helfen. Manchmal nimmt eine solche Beziehung den Charakter eines Rüstungswettlaufs an. Je besser deine Verteidigung wird, desto besser müssen auch deine Gegner werden, nicht als Individuen, sondern im Lauf von unzähligen Generationen. Manchmal führt das zu einem höheren Grad an Komplexität, aber wenn das Einfache einen Vorteil darstellt, kennt die Evolution keinen falschen Stolz. Uns wurde beigebracht, dass Evolution zweckmäßig, vorwärtsschreitend ist und immer auf Perfektion abzielt – wie sonst hätte das Leben den wunderbaren Menschen erschaffen können? Tatsächlich aber arbeitet die Evolution mit den Werkzeugen und Methoden, die gerade zur Verfügung stehen – und wenn daher eine Chilespottdrossel auf einem Kaktus sitzt und ihren

OBEN
Schlacht um Dornen: Chilespottdrossel in Les Molles, Chile.

Gesang anstimmt, setzt sie damit eine Ereigniskette in Gang, die von einem Rüstungswettlauf zweier Pflanzen zeugt sowie von einem cleveren Plan, der einer Pflanze weitreichenden Erfolg bescherte, indem sie mehr oder minder auf Wurzeln, auf einen vegetativen Stiel und auf Blätter verzichtete. Sie hat sich von fast allem getrennt, was wir mit einer Blütenpflanze assoziieren – alles, bis auf die Blüten. Es handelt sich um *Phoradendron californicum*, die Wüsten-Mistel: Man könnte sie auch als Grinsekatzen-Pflanze bezeichnen. Die Grinsekatze in *Alice im Wunderland* kann verschwinden, während nur noch ihr Grinsen sichtbar bleibt. Von der Wüsten-Mistel ist alles verschwunden, nur noch ihre Blüten sind sichtbar. Sie sind jedenfalls sehr schön anzusehen, zumindest für uns Menschen, auch wenn die Kakteen, derer sie sich in diesem Rüstungswettlauf angenommen haben, dazu vielleicht eine andere Meinung haben.

Wir haben festgestellt, dass Kakteen Dornen bilden, um ihr wertvolles Wasser gegen Tiere und handschuhtragende Fernsehmoderatoren zu verteidigen. Die Dornen sind auch nützlich im Konkurrenzkampf mit anderen Pflanzen: Pflanzen, die sich mit Vorliebe auf – und, entscheidend, in – einem großen Kaktus niederlassen, um dessen Wasservorrat für sich zu nutzen. In unserem Fall beginnt hier alles mit dem Lied der Spottdrossel. Der Kaktus muss sich gegen den Vogel verteidigen, auch wenn er mit dem Vogel selbst nicht über Kreuz liegt. Probleme allerdings schafft der Gesang. Wie viele Singvögel schmettert die Spottdrossel ihr Lied mit Vorliebe auf einer hohen, exponierten Stelle. Weil sie damit ihren Anspruch auf das umliegende Gebiet kundtut, ist es von Vorteil, sich einen hohen Punkt zu suchen, wo sie gut zu hören und zu sehen ist. Natürlich zieht der Vogel einen bequemen Kaktus vor, keinen mit langen, abschreckenden Dornen. Und da es immer empfehlenswert ist, vor einer Reise durch die Lüfte Ballast abzuwerfen, entleeren die Vögel häufig ihren Darm, bevor sie sich wieder emporschwingen. Der Vogel hinterlässt also seinen Kot auf dem Kaktus und damit oft genug darin eingebettet die Samen der Wüsten-Mistel. Diese kommen von den Früchten der Pflanze, die von der Spottdrossel sehr gern verspeist werden.

Die bestgeschützten Kakteen, jene mit den längsten, abweisendsten Dornen, werden von den Spottdrosseln also nicht aufgesucht und müssen sich daher mit den Wüsten-Mistel-Samen auch nicht herumschlagen. Aber Pflanzen mit weniger ausgeprägten Dornen müssen sich dem Problem stellen. Nach dem Keimen bleibt dem Samen aber nach wie vor die Aufgabe, ins Innere des Kaktus einzudringen. Je länger die Dornen, desto schwieriger wird das zu bewerkstelligen sein. Kakteendornen können eine Länge von bis zu zwölf Zentimetern erreichen, weshalb die keimenden Samen weit ausgreifen, um in den

Kaktus zu kommen. Dazu bilden sie einen langen Strunk oder Fühler, Haustorium genannt, der, angetrieben von der Fotosynthese, relativ schnell wächst. Ist die invasive Pflanze aber erst einmal innerhalb des Kaktus, ändert sich an ihr so gut wie alles.

Sie wird zu einer Pflanze innerhalb einer Pflanze und delegiert so gut wie alles, was Aufgabe einer Pflanze ist, an ihren widerstrebenden Wirt. Sie gedeiht vom Wasser, das im Kaktus gespeichert ist, und von der Energie, die der Kaktus durch Fotosynthese für sich produziert. Die Mistel ist ein Parasit und braucht für ihr Überleben nichts anderes als einen lebenden, wasserreichen, Fotosynthese betreibenden Wirt. Sie operiert in Form von dünnen Fäden, die entfernt an das Myzel eines Pilzes erinnern, was im vorherigen Kapitel besprochen wurde. Sie dringt ins vaskuläre System – die wasserführenden Gefäße – der Wirtspflanze ein und lebt dort. Sie hat keine Blätter, weil sie Fotosynthese nicht nötig hat; sie hat keine Wurzeln, weil sie das nötige Wasser und die nötigen Mineralien vom Kaktus bekommt; und sie hat keinen vegetativen Stiel, weil sie sich auf die strukturelle Stabilität des Wirts verlässt.

Sie hat sich so weit vereinfacht, sich so sehr als Lebewesen reduziert, dass alles, was sie als Pflanze charakterisiert – was wir für eine Pflanze halten –, nicht mehr vorhanden ist. Sie scheint kaum noch eine Pflanze zu sein, sondern ist nichts anderes als ein Widerspruch zu dem, was nach unseren Vorstellungen eine Pflanze zu sein hat. Der Kaktus kommt den traditionellen Aufgaben einer Pflanze nach, sodass sich die Mistel kaum noch mit irgendwelchen Problemen außer der Fortpflanzung herumschlagen muss.

Wie immer neigt der Mensch dazu, eine Moral darin zu sehen; über die Nutzlosigkeit der Parasitenexistenz zu sinnieren oder sich eine Parabel zurechtzulegen, welche wohlverdiente Strafe dieser dreisten Pflanze auferlegt werden könnte. Aber natürlich ist daraus keine Moral abzuleiten, außer der Tatsache, dass der Sinn des Lebens darin liegt, weiteres Leben zu erzeugen. Und wo immer Leben möglich ist, wird das Leben eine Möglichkeit finden, genau das zu tun. Man kann dem ausgebeuteten Kaktus zujubeln oder der schmarotzenden Mistel – es spielt keine Rolle. Das Rätsel liegt darin, dass sich überhaupt eine Lebensweise wie diese entwickelt hat – und wie sie sich weiterhin aufrechterhält.

So kommt die Phase im Leben der sich entwickelnden Mistel, dass sie mehr von sich erzeugen möchte. Das geht nicht innerhalb der festen Ummantelung des Kaktus, so bequem sie auch sein mag. Die Pflanze muss sich fortpflanzen, und dazu ist Sex nötig. Wie wir bereits gesehen haben, bedeutet das für eine Blütenpflanze – auch Bedecktsamer oder Angiosperme genannt –, dass sie Blüten ausbildet. Die Pflanze, die keine Wurzeln, keinen Stiel oder keine Blätter hat, produziert also Blüten. Diese brechen durch die

Areolen des Kaktus oder durch alle zugänglichen Risse in der Haut und lassen eine Karnevalsmütze aus scharlachroten Blüten entstehen: ein wild-frivoler Ausbruch aus dem ernsten, nüchternen Kaktus. Der niemand und nichts an sich heranlassende Kaktus mit seinen abweisenden Dornen trägt nun ein leuchtendes Signal, das alle dazu auffordert, näher zu kommen. Und es kommen die Kolibris. Blumen sind in der Wüste eher dünn gesät, und Kolibris, die in dieser unwirtlichen Landschaft ihr Dasein fristen, werden sich eine solche Gelegenheit nicht entgehen lassen. Also trinken sie von der blühenden Wüsten-Mistel, fliegen weiter zu nächsten und nehmen dabei die kostbaren Pollen mit. Die Mistel hat eine ausgedehnte Blütezeit, um die geringe Zahl an Bestäubern zu kompensieren; auch das ist für die Wirtspflanze mit hohen Kosten verbunden. Die Blüten produzieren danach die Früchte, worauf die Spottdrosseln an der Reihe sind, sich und der Mistel Gutes zu tun, indem sie die Früchte verzehren und die Samen verbreiten.

OBEN
Gedeihlicher Betrug: Eine Wüsten-Mistel hat einen Palo-Verde-Baum, Parkinsonia florida, *übernommen. Arizona, USA.*

Der Parasit kann nur überleben, wenn er, wie so oft in der Natur, einen heiklen Balanceakt vollführt. Die Mistel beansprucht für die Entwicklung der Blüten eine beträchtliche Menge Wasser und Energie von seinem Wirtskaktus, ein Vorgang, der mit Transpiration verbunden ist – der Abgabe von Wasser, was die Ressourcen des Kaktus zusätzlich fordert. Nimmt die Mistel zu viel vom Kaktus, wird der Kaktus absterben und damit natürlich auch die Mistel. Das Töten des Wirts ist für jeden Parasiten kontraproduktiv; der Parasit hat ein eigennütziges Interesse daran, dass der Wirt überlebt. Wenn die Mistel daher wahrnimmt, dass der Wirt unter Stress gerät (weil die verfügbaren Ressourcen erschöpft sind), schränkt sie sich ein und zieht sich in den Kaktus zurück. Sie beendet jedes eigene externe Wachstum und erlaubt dem Wirt, sich zu erholen. Vielleicht verläuft die nächste Blütezeit ja erfolgreicher; lieber abwarten als sterben.

Viele Pflanzen wenden erfolgreich eine parasitäre Lebensweise an. Wir sind bereits der Monsterblume des Regenwalds, der Rafflesie, begegnet, die wie die Mistel nur Blüten ausprägt und sich nicht mit Fotosynthese abgibt. Die beiden Pflanzen sind nicht miteinander verwandt, sie stehen nur beispielhaft dafür, dass sich auf ganz unterschiedlichen Wegen ähnliche Merkmale und Lebensweisen entwickeln können – was als konvergente Evolution oder Konvergenz bezeichnet wird. Es gibt 3000 parasitische Pflanzen in sechzehn Familien; ein Prozent aller Blütenpflanzen sind Schmarotzer.

Die übrigen müssen allein zurechtkommen, in der Wüste heißt das: auf die harte Tour. Jede Hilfe, die erhältlich ist, wird gern angenommen, auch wenn Dankbarkeit nicht unbedingt ein Aspekt des Pflanzenlebens ist. Wüsten sind für uns im Allgemeinen Orte unerträglicher Hitze, aber selbst in mit Kakteen durchsetzten Wüsten kann es zuweilen unerträglich kalt werden – oder beinahe unerträglich. In den Wüsten des Saguaro National Park in Arizona, USA, schneit es sogar manchmal. Er kommt einem fast aberwitzig vor, dass ein Kaktus, der so wunderbar an extreme Hitze und Trockenheit angepasst ist, durch Wasser gefährdet wird, wenn es in Form von Schnee fällt oder Temperaturen um den Gefrierpunkt herrschen. Junge Kakteen sterben während solcher seltenen Schneefälle ab. Manche dieser zarten jungen Pflanzen haben aber einen Vorteil: Sie werden von den schlimmsten Witterungsbedingungen durch einen nahen Baum geschützt. Kakteen, die unter einem Palo-Verde- oder einem Mesquitebaum wachsen, haben sehr viel höhere Überlebenschancen. In diesem Fall spricht man nicht von Parasitismus, da der Kaktus dem Baum keine Nährstoffe entzieht. Er nutzt nur den Baum, ohne in irgendeiner Weise die Überlebensfähigkeit oder das Wohlergehen des Baums zu schmälern. Es handelt sich um eine seltsame und innige Beziehung, mit der wir uns in Kürze beschäftigen werden.

GEGENÜBER
Die klassische Wüstenpflanze, wie man sie sich vorstellt: Saguaro-Kaktus in der Sonora-Wüste, Arizona, USA.

UMSEITIG
Saguaro-Kakteen können zehn Meter hoch werden und 4000 Liter Wasser in sich speichern. Sonora-Wüste, Arizona, USA.

Davor wollen wir noch den Saguaro-Kaktus betrachten. Man könnte ihn den archetypischen Kaktus nennen – hoch aufragende Säulen, von denen Zweige oder Arme weggehen. Das sind die Kakteen, die man in einem Western erwartet: einen Cowboy, der an diesen vielarmigen Riesen vorbeireitet, auf der Flucht vor Bösewichten oder von ihnen verfolgt, dahinter die Kakteenlandschaft, die uns zu verstehen gibt, wie hart das Leben für alle Beteiligten ist.

Aber betrachten wir die Dinge aus dem Blickwinkel des Kaktus, nicht des Cowboys. Ein Saguaro-Kaktus kann mehr als zehn Meter hoch werden und mit einigem Glück über zweihundert Jahre alt. Wenn man will, ist er ein lebendes Wasserfass und zieht sich mit den Jahreszeiten beziehungsweise mit der periodischen Verfügbarkeit von Wasser zusammen oder dehnt sich aus. Die Masse eines Saguaro-Kaktus besteht zu gut neunzig Prozent aus Wasser, ein großes Exemplar kann bis zu 4000 Liter in sich speichern. Das ist eine außergewöhnliche Leistung oder, wenn einem das lieber ist, eine außergewöhnliche Gelegenheit. Zu denen, die sich Kakteen nutzbar zu machen versuchen, gehören – überraschenderweise nach unseren konventionellen Vorstellungen von Wüsten – zwei Spechtarten, der Gilaspecht und der Goldspecht.

Beide Arten nisten gern in zehn Metern Höhe, damit die Nester für bodenlebende Räuber nicht oder nur schwer erreichbar sind. Damit bietet sich der Saguaro-Kaktus natürlich an, da Räuber die dornenbesetzten Säulen kaum erklettern können. Der Specht muss nur agil genug sein, um zwischen den Dornen an die Kaktusoberfläche zu kommen, ohne sich dabei zu verletzen. Das schafft er mit großem Selbstvertrauen, dann meißelt er sich eine fünfzig Zentimeter lange Nisthöhle. Dem Kaktus wird damit eine tiefe und potenziell tödliche Wunde zugefügt. Das sonst so gut geschützte Innere ist nicht mehr geschützt, es ist offen, sodass die kostbare Feuchtigkeit verdunstet. Würde diesem Prozess nicht Einhalt geboten, würde die Pflanze eingehen. Aber der

Kaktus hat einen Verteidigungsmechanismus: Er sondert einen dickflüssigen Saft ab, der austrocknet, sodass der beschädigte Kaktus danach einen Hohlraum mit harten Wänden aufweist. Dieser entfernt stiefelförmige Hohlraum ist tatsächlich so hart und wasserdicht, dass er, als Saguaro-Stiefel bezeichnet, dem Kaktus entnommen werden kann und von den Einheimischen früher als Wasserbehälter verwendet wurde. Und natürlich gibt er eine perfekte Nisthöhle ab. Aber die Beziehung zwischen Specht und Kaktus ist nicht nur einseitig; der Kaktus erhält ebenfalls etwas dafür.

Ein gesunder Saguaro-Kaktus bringt in einem Jahr etwa hundertfünfzig Früchte hervor. Jede Frucht enthält an die zweihundert Samen; ein langlebiger Saguaro-Kaktus produziert daher im Lauf seines Lebens an die 30 Millionen Samen. Das sind eine ganze Menge, aber vieles kann ja auch schiefgehen. Einer von tausend Samen wird vielleicht keimen. Samen und Jungpflanzen sind von Kälteeinbrüchen, Dürren, Sturzfluten und von Räubern bedroht, die Früchte und Samen fressen. Räuber aber sind für die Pflanze von Vorteil.

Vögel fressen die Früchte und tragen die Samen in sich fort. Zu ihnen gehören auch der Gila- und der Goldspecht. Spechte ernähren sich zwar hauptsächlich von Insekten, verschmähen aber auch Früchte und Samen nicht. Und wenn sie ihre Aktivitäten auf einen Baum verlegen – einen Palo-Verde- oder Mesquitebaum –, wie das Spechte im

GEGENÜBER
Sicheres Heim: Aber auch der Saguaro-Kaktus profitiert oft vom Gila-Specht. Sonora-Wüste, Arizona, USA.

OBEN
Wichtige Ressource: Saguaro-Kaktus als Nistplatz eines Virginia-Uhus mit Küken und potenzieller Nistplatz eines Goldspechts. Sonora-Wüste, Arizona, USA.

Normalfall tun, koten sie und hinterlassen die Samen gut gedüngt in ihren Ausscheidungen. Die Samen, die unter einem Baum landen, genießen dann die Vorteile, die der Baum mit sich bringt. Wir haben bereits gesehen, dass Bäume sie vor Schnee schützen; sie können die Pflanze aber auch vor direktem Sonneneinfall und Hitze abschirmen. Gleichzeitig hat der Kaktus über die Wurzeln Zugriff auf die Feuchtigkeit, die der Baum mit seinen sehr viel tiefer gehenden Wurzeln aus dem Boden zieht. Die Wurzeln schwitzen einen kleinen Teil ihrer Feuchtigkeit an das umliegende Erdreich aus, was dem jungen Kaktus bereits zum Wachstum und Erreichen des Reifestadiums genügt.

Damit haben wir also ein weiteres Beispiel für einen Schirmbaum: ein Baum, dessen Anwesenheit positive Auswirkungen auf die zarten, jungen Nachbarn hat. Wir haben das bei den Balsabäumen in den Regenwäldern von Mittel- und Südamerika gesehen; hier, in einer ganz anderen Umgebung, begegnet uns dieses Phänomen wieder. Ein Saguaro-Kaktus, der sein Reifestadium erreicht, überlebt seinen Schirmbaum, und so beginnt der Kreislauf von Neuem: ein weiterer Kaktus, ein weiterer Vogel, ein weiteres Kothäufchen unter einem anderen Baum.

Wir müssen also erneut unser Verständnis von Pflanzen korrigieren. Eine Pflanze ist kein Gegenstand, sondern ein Prozess. Sie ist kein Ding, sondern eine Erzählung, eine Figur in einer Geschichte, in der viele andere mitspielen und die sich mit vielen anderen Geschichten überschneidet. Wir wurden dazu erzogen, Pflanzen als Dinge zu betrachten, die nicht wie Menschen, wie Tiere agieren. Aber das heißt nicht, dass sie nicht agieren, dass sie nicht interagieren, reagieren, sich verändern. Das kleine Grasbüschel in Ihrem Garten ist Teil einer Geschichte, die einige Monate braucht, um erzählt zu werden; eine Eiche, ein Baumriese im Regenwald oder ein großer Kaktus erzählen uns eine Geschichte, die sich über Jahrhunderte erstreckt. Alle diese Geschichten handeln von Veränderungen im Lauf der Zeit und vom komplexen Wechselspiel mit anderen Lebewesen.

Wüsten sind für uns Orte mit nur wenig Leben, und was sich dort an Leben findet, ist sowohl bemerkenswert als auch zäh. Es zeichnet sich durch seine Seltenheit aus. Findet man einen Kaktus, erwartet man nicht, ein Dutzend weiterer Kakteen gleich nebenan zu sehen. Wüsten sind wüst, weil es wenig Wasser gibt, aber auch, weil in der ausgelaugten Erde nur wenige Nährstoffe zu finden sind. Der Treibstoff fürs Leben ist vorhanden, aber in sehr geringer Menge. Wie wir gesehen haben, sind Wüsten nicht völlig leer, aber das Leben, das sich erhalten kann, ist über eine große Fläche verteilt. In Wüsten wimmelt es nicht. Das Leben in der Wüste ist nicht dicht gepackt. Wüstenpflanzen sind einsam. Eine andere Möglichkeit gibt es nicht.

Die Insel San Pedro Mártir allerdings widerlegt solche Erwartungen. Sie liegt im Golf von Kalifornien und ist eine Wüsteninsel: Sie ist unbewohnt, zumindest von Menschen, und sie ist sehr trocken. Aber hier findet man Kakteen so dicht gedrängt wie Halme in einem Kornfeld oder Bäume in einem Wald. Die sonst so einsamen Pflanzen stehen zusammen, als wären sie auf einer Party, und berühren sich beinahe, wie es auf dem nur wenige Kilometer entfernten Festland undenkbar ist.

Hauptpflanze auf der Insel ist der Cardón-Kaktus, manchmal auch als Mexikanischer Riesen- oder Elefantenkaktus bezeichnet. Auf dem Festland wird deutlich, warum er diesen Namen trägt: Der größte lebende Kaktus der Welt ist ein Cardón mit 19,2 Metern Höhe. Er ist mit den vielarmigen Saguaro-Kakteen verwandt, allerdings fehlt ihm deren dramatische Gestalt. Er verzweigt sich wie der Saguaro, aber nur am Fuß, der bis zu einem Meter im Durchmesser erreichen kann.

Die Pflanzen auf der Insel erreichen diese Maße nicht. Im Grunde ist die Isla San Pedro Mártir ein Felshaufen mitten im langen, geschwungenen Golf von Kalifornien. Die Insel ist nur zwei Kilometer lang, misst 1,5 Kilometer an ihrer breitesten Stelle und hat eine Fläche von knapp drei Quadratkilometern. Ziemlich karg also und, wie zu vermuten, ziemlich windumtost. Große Wuchshöhen sind hier nicht möglich. Die Kakteen auf San Pedro Mártir sind daher etwas verkümmert, kommen aber in verblüffender Anzahl vor.

Die Kakteen können so gedeihen, weil sie eine Möglichkeit gefunden haben, den Reichtum des Meeres für ihr Leben an Land zu nutzen. Sie haben Zugang zum Protein der Meereslebewesen; eine Strategie, die man von einem Kaktus nicht unbedingt erwarten würde. Ermöglicht wird das durch ihre Beziehung zu Seevögeln, vor allem zu Blaufußtölpeln, die wie ihre Verwandten innerhalb der Familie der Tölpel auf Fische Jagd machen und sich dabei gewöhnlich aus großer Höhe ins Meer stürzen. Tölpel sind Vögel des offenen Meeres, aber da man auf dem Wasser keine Eier ablegen kann, müssen sie wie alle Meeresvögel zum Brüten an Land. Was sie brauchen, sind kleine Inseln ohne räuberische Feinde. Diese Inseln suchen sie dann in großer Zahl auf, weil solche Orte relativ selten sind, aber auch, weil viele Meeresvögel die Gemeinschaft suchen. Den größten Teil ihres Lebens verbringen sie, meistens allein, draußen auf dem Meer, zum Brüten aber schließen sie sich zu riesigen Versammlungen voller Gewusel und Lärm zusammen.

Und Gestank. Wer zum ersten Mal eine Meeresvogelkolonie besucht, ist meistens geschockt vom Gestank. Vögel hinterlassen ihre Ausscheidungen, und die von Meeresvögeln stinken nach Fisch. Die Exkremente bauen sich im Lauf der Zeit immer mehr auf.

Im 19. Jahrhundert erkannte man in Europa und Nordamerika den Wert dieser als Guano bezeichneten Exkrementschicht als Dünger. Ein wahrer Wettlauf setzte ein, um ihn auf den vor der Küste liegenden Inseln abzubauen, oftmals mit Arbeitskräften, die unter sklavenähnlichen Bedingungen lebten. Guano entfachte Kriege und trug dazu bei, dass die USA zur Kolonialmacht wurden. Es war der Beginn der intensiven Landwirtschaft. Mit Guano gedüngte Felder brachten sehr viel höhere Erträge, was beim Anstieg der Weltbevölkerung ein wichtiger Faktor war. Es ist keine Übertreibung, wenn man sagt, dass Guano – Vogelkacke – den Lauf der Geschichte beeinflusste.

Wissenschaftler fanden dann heraus, wie Dünger ohne die Hilfe von Vögeln hergestellt werden konnte. Jetzt düngen wir unsere Felder mit synthetischem Guano. Die Guanoinseln wurden wieder den Vögeln überlassen, und die Guanoschichten wachsen

OBEN
Kaktuspflege: Die Exkremente der Blaufußtölpel düngen die Kakteen auf der Isla San Pedro Mártir, Golf von Kalifornien, Mexiko.

wieder in die Höhe. Auf San Pedro Mártir wurde dieser Vorgang beschleunigt, nachdem die Hausratte, die mit den Guanoschiffen auf die Insel gekommen war, ausgerottet wurde. Die Ratten hatten die Eier und Küken der nistenden Meeresvögel gefressen. Die stickstoffreichen Exkremente der Blaufußtölpel düngen nun die Cardón-Kaktuswälder. Die Wüstenflora nährt sich vom Meer: Kakteen, die Nährstoffe aus Fischen ziehen und durch das Meeresleben gedeihen.

Es ist die perfekte Demonstration für die Auswirkungen, die ein Ökosystem auf ein anderes haben kann, und wie ein scheinbar geschlossenes Ökosystem einem anderen Nährstoffe zur Verfügung stellt. Das klassische Beispiel dafür ist der Zug der Lachse. Lachse verlassen am Ende ihres Lebens das Meer und ziehen flussaufwärts zu ihren Laichgründen. In Nordamerika verfolgen Weißkopfseeadler und Bären den Zug. Viele Fische

fallen ihnen zum Opfer, vielen gelingt es aber abzulaichen, sodass der Lachszug auch im Folgejahr stattfinden kann – die Kiefernwälder und dort heimischen Tierarten werden also vom Meer ernährt. Ohne die Gaben des Meeres würde dieses Ökosystem grundlegend anders aussehen. Draußen auf der Isla San Pedro Mártir gibt es, weniger protzig, aber ebenso außerordentlich, die dichtesten Kakteenansammlungen der Welt, weil die einzelnen Pflanzen, anders als jeder andere Kaktus auf der Erde, von der Fülle der Meere zehren.

Wir haben Pflanzen betrachtet, die Nutzen aus der Interaktion mit anderen Arten ziehen. Das Zusammenwirken von Lebewesen, um weiteres Leben zu ermöglichen, gehört zu den faszinierendsten Aspekten der Biowissenschaften (oder des Lebens selbst, wenn man so will). Manche Pflanzen aber schlagen einen anderen Weg ein und versuchen, bis zum Zeitpunkt der Bestäubung so wenig wie möglich mit anderen Arten zu tun zu haben. Es gibt Pflanzen, die dem Ziel, ausschließlich für sich zu sein, recht nahe kommen. Lithops schaffen das, indem sie so tun, als wären sie ein Stein.

OBEN
Lebende Steine: Lithops tarnen sich, um Feinden zu entgehen. Hier sind kultivierte Vertreter der im südlichen Afrika heimischen Art zu sehen.

GEGENÜBER
Blühende Steine: Die Pflanze verrät ihre Tarnung, indem sie kurzzeitig erblüht.

Lithops sind im Süden von Afrika heimisch, in den dortigen Wüsten, obwohl sie einem dort niemals auffallen würden. Sie ähneln mehr einem Stein als einer Pflanze. Selbst versierten Botanikern fällt es schwer, die Pflanzen zwischen den Steinen zu finden. Wegen ihres einzigartigen Aussehens und ihrer Genügsamkeit sind sie als Zimmerpflanzen beliebt. Wie Kakteen sind sie Sukkulenten, das heißt, sie speichern Wasser. Das macht sie zu begehrenswerten Pflanzen für die Herbivoren der Wüste, denen sie in einem Happen Nährstoffe und Feuchtigkeit liefern. Kakteen verteidigen sich mit Dornen. Lithops schützen sich durch einen raffinierten Trick.

Sie vermeiden es, gefressen zu werden, weil sie es vermeiden aufzufallen. Sie verbergen sich in voller Sichtweite, sind aber von den Steinen in ihrer Umgebung nicht zu unterscheiden. Weder eine Schildkröte noch ein Botaniker kann sie zwischen den richtigen Kieseln herauspicken. Sie variieren in der Farbe, verschwinden zwischen den Kieseln mit ihrer weißen, grauen, roten, braunen Tönung, in die gelegentlich ein grüner Tupfer oder Linien beigemischt sind, wie man sie auch bei richtigen Kieselsteinen findet.

Wie können sie überleben? Diese Frage ist mehr als berechtigt. Wir haben bereits ausführlich über Fotosynthese gesprochen, ein Thema, das uns auch weiterhin beschäftigen

wird. Fotosynthese basiert auf Chlorophyll, und Chlorophyll ist grün. Kiesel sind nur selten grün, ebenso Lithops. Sie sind keine Schmarotzer wie die Wüsten-Mistel und die Rafflesie. Sie können nur überleben, wenn sie mithilfe des Sonnenlichts ihre eigene Nahrung herstellen. Wie schaffen sie das, nachdem ihre Lebensweise ihnen alles Grüne verbietet?

Der Kniff, den sie anwenden, ist höchst elegant. Die kieselfarbene Oberfläche der Pflanze ist nicht opak, auch wenn sie so aussieht. Wie die getönten Scheiben der VIP-Limousinen ist die Lithops-Oberfläche lichtdurchlässig. Darunter liegt das Gewebe, das das Wasser speichert; auch dieses ist durchsichtig. Es lässt das Licht noch tiefer in die Pflanze eindringen, dorthin, wo das Gewebe für die Fotosynthese angesiedelt ist. Während der meisten Zeit des Jahres hat das allerdings keine besondere Dringlichkeit, denn die Pflanze befindet sich über längere Abschnitte hinweg in der Ruhephase.

Aber es gibt Zeiten, in denen Feuchtigkeit verfügbar ist, durch einen dürftigen Regen oder auch einfach nur durch Tau, der einigen Arten bereits genügt. Eine Pflanze gleicht zwei Kieseln, im Spalt zwischen ihnen befindet sich das Meristem oder Bildungsgewebe. Dieses kann zum richtigen Zeitpunkt Blüten und neue Blätter produzieren und so den widersinnigen Anblick eines blühenden Kiesels hervorrufen: ein kurzer Moment der Herrlichkeit, um Bestäuber anzulocken, damit die Pflanze Samen bilden kann. Die Pflanze wächst seitlich weiter, sodass eine einzige Pflanze wie eine Reihe von paarweise angeordneten Kieseln aussieht.

Auf Wissenschaftler übt diese Strategie eine besondere Faszination aus. Es handelt sich dabei nicht um Somatolyse, um das Bemühen eines Organismus, mit seiner Umgebung zu verschmelzen, so wie ein brauner Schmetterling auf der Baumrinde nicht mehr zu sehen ist. Ebenfalls handelt es sich nicht um Bates'sche Mimikry, bei der eine harmlose Art sich den Anschein einer gefährlichen gibt: Schwebfliegen im Garten sehen wie Wespen aus, haben aber keinen Stachel. Lithops tun nicht so, als wären sie gefährlich, sie verschmelzen nicht mit ihrem Hintergrund. Sie geben nur vor, nicht essbar zu sein, und ahmen einen realen Gegenstand nach, der an sich nicht gefährlich, sondern einfach nur neutral ist. Es gibt viele ähnliche Beispiele: Stabinsekten sehen aus wie ein Stab. Es gibt Lebewesen, die wie Vogelkot oder wie Blätter aussehen: deutlich sichtbar, aber sie sind nicht das, was sie zu sein scheinen. Es ist die Strategie der Kostümierung und wird auch Maskerade genannt. Es existieren etwa vierzig bekannte Lithops-Arten, vermutlich gibt es noch einige mehr. Schwer zu sagen – weil sie Kieselsteinen so ähnlich sehen. Sie täuschen Wissenschaftler ebenso sehr wie ihre Feinde.

Der Afrikanische Affenbrotbaum, der Baobab, ist ebenso einzigartig wie die Lithops-Pflanzen, nur in einem ganz anderen Maßstab. Der Stamm kann einen Durchmesser von vierzehn Metern haben; in Wüsten gehören die Baobabs nicht nur zur einheimischen Flora, sondern sind Wahrzeichen in der Landschaft. Und sie leben lange. Tausend Jahre sind normal, doppelt so lange nicht ungewöhnlich. Wegen ihrer Einzigartigkeit ranken sich viele Legenden um sie. Nach der populärsten waren die Bäume einst so stolz, dass sie die Götter gegen sich aufbrachten, die sie deshalb kurzerhand auf den Kopf stellten und sie zwangen, die Wurzeln nach oben wachsen zu lassen … und genauso sehen sie neun Monate im Jahr aus, wenn sie keine Blätter tragen. Unter den Ästen prangt ein gewaltiger, fassartiger Stamm, der ungeheure Wassermengen speichern kann. Was kein Geheimnis ist; Sammler und Jäger haben Baobabs seit Jahrtausenden geplündert, und Elefanten tun es noch heute. Der Baobab aber weiß sich zu schützen. Er kann seine Rinde nachwachsen lassen. Tiefe Wunden, die für andere Bäume tödlich wären, sind für einen Baobab nicht mehr als ein kleines Ärgernis. Elefanten auf der Suche nach Nahrung richten oft schwere Schäden an; wird ein Baum seiner gesamten Rinde beraubt, kann er keine Flüssigkeit mehr transportieren und stirbt ab. Ein Baobab aber macht ungerührt weiter. Man sieht häufig ungestört wachsende Baobabs mit schrecklichen

OBEN
Schwierige Zeiten: Ein verzweifelter Elefant attackiert einen Baobab in Simbabwe, um an Wasser zu gelangen.

Narben, von denen manche ganz frisch, andere schon jahrhundertealt und längst verheilt sind.

Aber dieses Gleichgewicht hat sich verschoben. Baobabs erleiden immer häufiger Schäden durch Elefanten und können sich nicht mehr regenerieren. Im Mana Pools National Park in Simbabwe sind einige alte und verehrte Baobabs abgestorben. Elefantenangriffe nehmen immer mehr zu und werden immer gewalttätiger, sodass die Bäume leiden. Was nicht nur schlechte Neuigkeiten für die Baobabs sind, sondern auch für die Elefanten, die damit ihre Wasserreserven zerstören. Die Gründe für dieses neue Verhalten sind komplex, laufen aber auf zwei Punkte hinaus. Der erste ist die stete Zunahme der menschlichen Bevölkerung, die mehr Platz beansprucht. Platz aber brauchen auch die Elefanten. In ariden Gegenden legen sie traditionell lange Wanderungen zurück, um

die jahreszeitliche Verfügbarkeit von Wasser und das damit einhergehende Ergrünen der Vegetation zu nutzen. Die alten Routen und Plätze sind mittlerweile aber oft beschädigt oder zerstört. Der zweite Grund ist schlicht, dass es weniger Wasser gibt. Die Trockenzeit fällt länger aus, es regnet weniger, und die Elefanten sind gezwungen, häufiger als früher auf ihre Notfallreserven zurückzugreifen. Es ist absehbar, dass sich diese erschöpfen. Der Klimawandel ist nicht eine Katastrophe, sondern eine ganze Reihe von miteinander verbundenen, oftmals unerwarteten Katastrophen, die sich überall auf der Erde ereignen. Sogar die Arten in den Wüsten leiden darunter.

Es ist unmöglich, die Pflanzen der Wüste nicht zu bewundern. Unweigerlich identifizieren wir uns mit ihnen, verleihen ihnen etwas Menschliches, sehen sie als harte Typen in einer harten Umgebung, kämpferische Underdogs, die sich durchbeißen, fast, als ginge es um einen Charaktertest und nicht um die Evolution. Zum Verständnis von wichtigen Dingen denkt sich der Mensch gern Geschichten mit lebendigen Figuren aus, und ein riesiger Saguaro-Kaktus gibt nun mal das perfekte Bild einer toughen Pflanze ab. Wer in der Wüste überleben und gedeihen kann, kommt mit allem zurecht. Wenn es eine Pflanzengruppe gibt, auf die man in der globalen Krise des Klimawandels setzen würde, dann die Kakteen, vor allem die vielarmigen Saguaros. Wenn alles andere schon verbleicht und verdorrt und am Absterben ist, werden die Monsterkakteen es schaffen, und vielleicht wird es ihnen besser gehen als je zuvor.

Aber das ist nicht der Fall. Der Klimawandel ist ein komplexes Thema, das sich nicht auf simple Fakten reduzieren lässt. Den Menschen fällt es schwer, ein intuitives Verständnis für die Auswirkungen zu finden – vielleicht, weil sich der Klimawandel nicht in eine Story mit lebendigen Figuren verwandeln lässt. Es gibt nicht die offensichtlichen Guten und die offensichtlichen Bösen; wir sind, mehr oder weniger, alle dafür verantwortlich. Und das macht die Geschichte so scheußlich, weil wir uns alle an die eigene Nase fassen müssen.

Aber wir müssen ein Verständnis für die Krise entwickeln, um unser willen und um unserer Enkel und Ur-Ur-Enkel willen. Vielleicht hilft uns dabei der leidende Kaktus – kehren wir also in den Saguaro National Park in Arizona, USA, zurück. Er wurde 1933 als Nationalpark ausgewiesen, um die Landschaft und die Kakteen zu schützen, die sie zu einem Naturwunder machen. Der Zustand des Parks wurde laufend fotografisch dokumentiert: Macht man in regelmäßigen Abständen am gleichen Standort ein Foto, kann man sehr schnell – und sehr anschaulich – feststellen, wie sich dieser Ort verändert hat.

Bei den Fernsehaufnahmen für *Unser grüner Planet* stand David Attenborough, eine klassische Gegenüberstellung, in einem Abschnitt der eindrucksvollen Landschaft, die

GEGENÜBER
Schwer gezeichnet: Ein Baobab nach wiederholten Elefantenangriffen; Mana Pools National Park, Simbabwe.

UMSEITIG
Tausend Jahre sind für einen Baobab nicht viel.

bereits 1935 fotografiert worden war. Aufgrund der Konturen der Hügel war klar, dass beide Bilder am exakt gleichen Ort aufgenommen wurden. Das erste, in Schwarz-Weiß, zeigt einen wunderbaren Kakteenwald: keine dichtgedrängten Pflanzen wie auf der Isla San Pedro Mártir, aber eine klassische, gesunde Wüstenflora, die sich über dem trockenen Boden erhebt. Auf der modernen Farbaufnahme aber steht Attenborough in einer nackten Landschaft, die nur noch von wenigen Pflanzen durchzogen ist. Der Kontrast zwischen beiden Bildern war drastisch.

Kakteenpopulationen sind nicht so stabil wie Bäume in einem Wald; ihre Zahl variiert, sie steigt an und nimmt ab, beim Saguaro-Kaktus findet das in einem zeitlichen Rahmen statt, der für Menschen fassbar ist, nämlich im Lauf eines Jahrhunderts. Der Saguaro National Park befindet sich im Moment in einer abnehmenden Phase – aber das heißt, dass es viele Jungpflanzen geben sollte, die kleiner sind als alle, die auf der

Aufnahme von 1935 zu sehen sind. Die Wüste sollte eine Kinderstube voller Baby-Kakteen sein, die sich darauf vorbereiten, ihren Platz in der Erwachsenenwelt des Kakteenwalds einzunehmen. Das aber geschieht nicht.

Es ist immer problematisch, wenn man in der Natur nach Kausalitäten sucht. Das System ist viel zu komplex für einfache Antworten, die der menschliche Verstand in der Regel bevorzugt. Man hätte denken können, dass die Wüste eine Ausnahme wäre; dass in dieser rauen Welt mit wenig Wasser und nur wenigen Lebewesen die Dinge klar auf der Hand lägen. Aber wie wir gesehen haben, ist nichts in der Wüste einfach. Selbst hier hängt die Fortführung des Lebens von vielen Faktoren ab, an denen viele unterschiedliche Tier- und Pflanzenarten beteiligt sind. Wir müssen uns daher bewusst sein, dass einige der Probleme für die Kakteen von der geringen Zahl an Schirmbäumen herrühren. Wir haben gesehen, dass es Saguaro-Kakteen sehr viel besser geht, wenn sie von einem dieser

OBEN
Überleben in der Wüste: David Attenborough zwischen Saguaro-Kakteen in der Sonora-Wüste, Arizona, USA.

seltenen Wüstenbäume geschützt werden. Bevor die Landschaft in einen Nationalpark umgewandelt wurde, haben Menschen hier regelmäßig Bäume als Brennholz und für andere Zwecke abgeholzt oder zerstört, was nicht zuletzt – unbeabsichtigt – zu der jetzigen Krise beigetragen hat.

Tatsache ist aber auch, dass Wüsten weltweit heißer und trockener werden. Das wird selbst für Kakteen zu einem Problem. Auch sie sind nicht dafür geschaffen, grenzenlose Hitze oder grenzenlose Trockenheit zu ertragen. Der Saguaro-Kaktus hat sich evolutionär für Umweltbedingungen entwickelt, wie sie auf der Aufnahme von 1935 zu sehen sind. Seitdem hat der Mensch sich, hier und überall auf der Welt, nicht an die evolutionären Spielregeln gehalten. Natürlich schwindet im Zuge der globalen Erwärmung die Zahl der gelegentlichen Frosteinbrüche, der eine ganze Generation von Jungpflanzen zum Opfer fallen könnte. Aber die höheren Temperaturen schaffen einen erhöhten Wasserbedarf in den heißen Jahreszeiten. Setzlinge können nicht so viel Wasser speichern wie reifere Pflanzen. Gibt es mehr und längere Dürren mit höheren Temperaturen, nimmt

OBEN
Zeit der Fülle: Kakteenwald im Saguaro National Monument, um 1960, Arizona, USA.

die Zahl der Kakteen ab. Zwischen 1950 und 2010 ist die jährliche Durchschnittstemperatur im Südwesten der USA um 1,2 Grad gestiegen. Das, wurde errechnet, wäre so, als würde man den gesamten Nationalpark 250 Kilometer in den Süden verlegen. Damit ist natürlich noch nicht das Ende erreicht. Man nimmt an, dass bis 2100 die Temperaturen um weitere drei bis fünf Grad steigen.

Es gibt Hoffnungsschimmer. Es wurde festgestellt, dass die Zahl der Kakteen, die an steilen Felsflächen siedeln, wo Regenfälle nicht so schnell verdunsten, weniger stark zurückgegangen ist. Die Situation aber bleibt höchst prekär. Kakteen gehören überall auf der Welt in Zeiten des Klimawandels zu den am stärksten gefährdeten Pflanzen. Der Saguaro-Kaktus ist essentiell für das Leben in der Wüste. Mehr als hundert andere Arten sind von ihm abhängig. Damit ist er eine Schlüsselart: Entfernt man sie, kollabiert das gesamte Leben in diesem Habitat. Wir haben das Stadium erreicht, in dem die echten *tough guys* geschützt werden müssen.

OBEN
Zeit der Ausdünnung: David Attenborough an der Stelle, wo das vorherige Bild aufgenommen wurde, sechzig Jahre später.

JAHRESZEITLICHE WELTEN

Wer mit den Jahreszeiten lebt, findet nichts Ungewöhnliches daran, wenn sich im Lauf eines Jahres alles unaufhörlich wandelt. Es erscheint uns als der natürliche, unvermeidliche Rhythmus des Lebens. Suchen wir das Bemerkenswerte, wenden wir uns Wüsten oder Regenwäldern zu. Der uns so vertraute Übergang vom Winter zum Frühling, vom Frühling zum Sommer und zum Herbst und wieder zum Winter erfüllt uns vielleicht mit einer tiefempfundenen Zufriedenheit, versetzt uns aber kaum in Erstaunen.

Vielleicht sollte es das aber. *Betrachten* wir unsere Lieblingslandschaft von Jahreszeit zu Jahreszeit mit frischem Blick, werden wir Veränderungen wahrnehmen, die so drastisch, so radikal sind, dass man meinen könnte, man befände sich ganz woanders. Dort, wo alles gedeiht und sprießt, wo es vor Leben nur so summt und brummt, kann ein halbes Jahr später eine weiße Wildnis herrschen. Eine öde, graue Landschaft kann in wenigen Wochen ergrünen und eine völlig andere Färbung annehmen. Sie klingt dann auch ganz anders. Eine Klanglandschaft, die aus pfeifendem Wind und dem gelegentlichen Krächzen von Krähen besteht, kann sich mit Vogelgesang und dem Summen von Insekten füllen. Ein freundlicher, einladender Ort kann sich feindselig und einschüchternd geben. Ein Ort, wo das Leben vor Freude schier bersten will, kann zu einem Ort des Todes werden, wo alles, was man zu Gesicht bekommt, ruht oder abgestorben ist. An solchen Orten scheint das Leben sich selbst wie einen Wasserhahn auf- und zuzudrehen.

Will man in einer Landschaft mit so enormen Gegensätzen überleben, muss man in der Lage sein, sich dem jahreszeitlichen Rhythmus anzupassen. Man muss eine Strategie entwickeln, um mit Extremen zurechtzukommen. Wir sind es gewohnt, das Leben an den Meeresküsten zu bewundern, das sich auf Ebbe und Flut einzustellen hat: Alles, was dort lebt, ist der Sonne und dem Wind ausgesetzt und versinkt regelmäßig im Wasser, Tag für Tag. Die jahreszeitlichen Veränderungen der gemäßigten Zonen sind aber vielleicht noch extremer. Was kann gegensätzlicher sein zu einem milden Sommertag auf einer von Schmetterlingen umflatterten Blumenwiese am Rand eines Laubwalds – die Luft erfüllt von Vogelgezwitscher, auf dem Boden Spuren herumstreifender Säugetiere – als der gleiche Ort ein halbes Jahr später, wenn der Wind von Norden her bläst, kein Blatt mehr an den Bäumen ist, keine Blume mehr auf der Wiese, keine Insekten mehr zu hören sind und die wenigen Vögel, die man sehen kann, mit nichts anderem beschäftigt zu sein scheinen als damit, wie sie den nächsten Tag überleben sollen?

Die Wunder, die direkt vor unserer Nase liegen, sind letztlich die bemerkenswertesten, denn will man sie wertschätzen, erfordert das einen radikalen Perspektivwechsel. Der Baum, an dem man jeden Tag auf dem Weg zur Arbeit vorbeikommt, ist ein Wunder

GEGENÜBER
Veränderung folgt auf Veränderung: Eichenblätter in einem winterlichen Bachlauf. Minnesota, USA.

verglichen mit dem gewaltigen Flügelfruchtbaum im Regenwald von Borneo oder dem Saguaro-Kaktus in der amerikanischen Wüste. Vertrautheit erzeugt eher Gleichgültigkeit als Geringschätzung; für jene unter uns, die in den gemäßigten Zonen leben, wird dieses Kapitel daher von den Wundern des alltäglichen Lebens handeln. Der Baum, an dem Sie vorbeikommen, hat vielleicht hundert Winter hinter sich, hat hundert Frühlinge auf dem Weg zu hundert Sommern durchschritten und sich dabei jedes Mal rundweg erneuert. Wie kommt er mit solchen Veränderungen zurecht? Wie geht er damit um? Ein solcher Baum benötigt eine Anpassungsfähigkeit, an die kein Baum im Regenwald heranreicht. Nahezu jede Pflanze der gemäßigten Zonen muss eine Meisterin der Anpassung sein: Sie muss Aussehen, Farbe und Lebensweise ändern. Manche überleben, indem sie in den schlechten Zeiten ruhen, andere sterben ab … damit ihr Nachwuchs im Frühling von

OBEN
Es wird nicht so bleiben: schneebedeckte Bäume nahe des Polarkreises. Kuntivaara, Finnland.

Neuem austreiben kann. Immergrüne Pflanzen haben eine andere Strategie. Als ich im Frühjahr die Nadelwälder des Nordens besuchte, war ich für einen kalten englischen Wintertag gekleidet – und musste feststellen, dass mir damit mindestens eine Kleiderschicht fehlte. Es ist ein hartes Klima, und die Bäume, die den Winter überleben, müssen dafür besonders ausgestattet sein. Hier findet man die ausgedehnten borealen Nadelwälder, auch Taiga genannt. Die zugespitzte »Weihnachtsbaum«-Gestalt ist eine solche Anpassung. Sie erlaubt dem Schnee, leicht abzurutschen, ohne den Baum übermäßig zu belasten. Das funktioniert nicht immer. Die Kombination einer Warmfront, die nassen Schnee bringt, mit Temperaturen knapp über dem Nullpunkt und heftigem Wind kann große, potenziell gefährliche Schneemassen auf einem Baum abladen. Die Blätter der Koniferen, der Nadelbäume, sehen nicht mehr aus wie Blätter, weshalb sie als Nadeln

bezeichnet werden. Sie sind so angepasst, dass sie dem Wasserverlust widerstehen, deshalb kann der Baum Energie sparen, wenn er sie den Winter über behält; mehr dazu ein wenig später. Ein wichtiger Vorteil dieser Strategie ist, dass der Baum bereits voll belaubt ist, wenn endlich der Frühling kommt. Die nördlichen Koniferen – Bäume, die Zapfen tragen – sind in der Lage, ihre internen biochemischen Vorgänge so zu regeln, dass sie nicht erfrieren. Sie kommen mit einem hohen Dehydrationsgrad zurecht. Sie haben eine dicke Rinde als Schutz für das empfindlichere Innere. Die Kiefernzapfen schützen die Samen darin. Dazu schützt der Wald als Ganzes die Bäume. Die von dichten Wäldern erzeugte Wärme hilft den Bäumen, den Winter zu überstehen.

Der Winter ist daher meistens eine Zeit des Wartens. Des Nichtsterbens. Wem die monumentale Leistung gelingt, nicht abzusterben während der brutalen Winter (die immer brutaler werden, je weiter man nach Norden kommt), der muss bereit sein, wenn

OBEN
Jahreszeit des Wachstums: ein Ahornschössling zwischen Buschwindröschen im April; Neubrandenburg, Deutschland.

das Leben wieder leichter wird – denn es wird nicht ewig so leicht bleiben. Man kann den Winter auf der gesamten Nordhalbkugel als eine verlängerte Wartezeit sehen, ähnlich wie bei Läufern, die im Startblock kauern, regungslos, aber bereit – und auf den Startschuss des Frühlings warten. Wie der britische Sprinter Linford Christie sagte: Beim P des »Peng« muss man los. Wer zurückbleibt, gehört zu den Verlierern. Je weiter man nach Norden kommt, desto schmaler wird das Zeitfenster für die Fortpflanzung. Auf das lange Warten folgt die schnelle Reaktion und entschiedenes Handeln. Die Bäume müssen von zähem Durchhalten auf die hektischste Aktivität des Jahres umschalten und sich dabei beeilen. Den einen Moment: nichts. Den anderen: alles. Der Schnee schmilzt, und dann gilt es, jetzt oder nie. »Peng«!

Es gibt eine geografische Linie, bei der die optimale Strategie für Bäume sich ändert. Man kann sie auf einer Karte einzeichnen, solange man nicht vergisst, dass sie eine Vereinfachung der Wirklichkeit darstellt. Nördlich dieser fiktiven Linie findet man vorwiegend Nadelbäume, südlich davon meist Laubbäume, die im Winter ihre Blätter abwerfen. Laubbäume müssen daher darauf vorbereitet sein, beim Wechsel der Jahreszeit wieder Blätter zu bilden. Sie müssen darauf vorbereitet sein, beim P des »Peng« loszulegen – in dem Bewusstsein, dass ein Fehlstart ihnen alles andere als guttut. Reagieren sie übereifrig auf jeden ungewöhnlich warmen Wintertag, werden sie in Schwierigkeiten geraten, wenn die Kälte zurückkehrt: im Keim erstickt, buchstäblich, wenn Frost und extreme Kälte die verletzlichen Knospen absterben lassen. Statt auf das falsche Versprechen unzeitgemäßer Wärme hereinzufallen, warten die Bäume auf den richtigen Frühlingsanfang. Wie sie das tun, ist bislang nicht ganz klar, jedenfalls zählen sie die Wochen herunter und reagieren auf die immer helleren und längeren Tage.

Es lohnt sich, darüber nachzudenken, dass ein Laubbaum sich selbst verändert – sein gesamtes Wesen. Er wird von einem Abschnitt des Jahres zum nächsten zu einem ganz anderen Lebewesen. Tiere können ihre Ernährung umstellen, viele Tiere, vor allem Vögel, ziehen von einem Lebensraum zum anderen und tauschen ihre Umgebung aus. Ein Baum, der nicht fortziehen kann, muss in einer Umgebung, die extremen Änderungen ausgesetzt ist, von einer Lebensweise in eine andere wechseln. (Hier sollte man anmerken, dass diese Strategie nicht mehr weiterhilft, wenn sich das Klima insgesamt ändert, sondern in die Irre führt und alles verrücktspielen lässt; so, als würde man Wasser über seinen Laptop schütten.)

Aber wenn der Frühling kommt, treten die Bäume in Aktion – sie agieren, auch wenn sie sich von Natur aus nicht bewegen können. Sie geben Wärme ab, die den Schnee

schmelzen lässt, und absorbieren die Wärme der Sonne. Wir Menschen genießen den Sonnenschein nach langen Kälteperioden, Bäume reagieren darauf sehr viel grundlegender. Die Sonne bringt das Leben. Die Bäume kehren nach dem vorgetäuschten Tod des Winters zum Leben zurück, so wie Dornröschen, wobei der Sonne die Rolle des schönen Prinzen zufällt. Für einen Baum bedeutet der Winter Rückzug. Das Gesetz der maximalen Außenseite wird aufgehoben, die Bäume werfen ihre Blätter ab und stellen im Grunde ihre Funktionsweise als lebende Pflanzen ein, da sie ohne Blätter keine Fotosynthese mehr betreiben können. Dafür speichern sie. Es ist nichts mehr da, was dem Leben im Wald zur Verfügung stünde; alles, Wasser und Nährstoffe, ist unter der Erde im Wurzelsystem gespeichert. Aber wenn der Startschuss ertönt, muss der Baum das Leben von den Wurzeln wieder in seine Spitzen verlagern. Es steigt auf in Form von Saft – mit lebensspendendem Zucker getränktes Wasser. Der Saft verleiht der Pflanze die Energie, die sie zur Bildung neuer Blätter braucht. Sind die neuen Blätter ausgebildet, kann die Pflanze

GEGENÜBER
Jahreszeitliche Ressourcen: ein Gelbbauch-Saftlecker an einem Zucker-Ahorn in Texas, USA, wenn im Frühling der Zuckersaft fließt.

OBEN
Bohrungen voller Energie: ein Gelbbauch-Saftlecker vor den Löchern, die der Vogel auf der Suche nach dem süßen Saft anlegt.

durchatmen und wieder Nährstoffe produzieren. Der Saft steigt aufgrund des Drucks, den das Wasser in den Wurzeln entwickelt, im Baum nach oben. Der Baum – der ganze Wald – regt sich wieder. Grund dafür ist allein der nach oben steigende Saft, der von den längeren Tagen und der wärmeren Sonne angeregt wurde.

Der Saft schenkt dem Baum neues Leben, aber auch allen anderen, die an ihn herankommen. Die Bäume machen es ihnen nicht unbedingt leicht, aber manche Tiere durchdringen die Verteidigung des Baums, was essenziell ist für den Fortbestand des Waldlebens. In den Wäldern Nordamerikas entlang der Linie, an der der Nadelwald in den Laubwald übergeht, werden Zucker-Ahornbäume von Gelbbauch-Saftleckern aufgesucht. Diese Spechtart ernährt sich nicht wie andere Verwandte primär von Insekten und anderen Wirbellosen in der Baumrinde, sondern meißelt tiefe Löcher in den Baum, um an den Saft heranzukommen. Die Spechte schaffen eine Reihe von sauber gebohrten Öffnungen im Stamm eines gesunden Baums.

Der Saft ist die einzige Nahrungsressource in den wenigen Wochen des beginnenden Frühlings, bevor Insekten, Knospen, Blätter und Blüten erscheinen, damit ist er für viele Arten eine wichtige Nahrungsquelle. Rubinkehlkolibris machen sich über ihn her, solange es noch keinen Nektar gibt. Fänden sie nicht genügend Saft, würden sie sterben. Sie nutzen die Saftlöcher der Gelbbauch-Saftlecker und verteidigen sie vehement gegen Artgenossen, da ihr Leben davon abhängt. Streifenhörnchen, Eichhörnchen und *Dolichovespula maculata*, eine Langkopfwespenart, suchen ebenfalls diese Löcher auf, während Bären gelegentlich aus ihrem Winterschlaf aufwachen und sich in einem sehr viel größeren Maß am Ahorn gütlich tun.

Der Baum verteidigt sich, indem er die Löcher versiegelt; die Saftlecker öffnen sie wieder. Die Bäume wachen mit der Sonne und den wärmeren Tagen auf, und Saftlecker machen das erneuerte Leben anderen Arten zugänglich. Saftlecker plündern sie aus, aber die Bäume überstehen den Schaden – gerade so –, wachsen und gedeihen trotzdem, sodass im darauffolgenden Jahr erneut geplündert werden und sich das Leben von einer Jahreszeit zur nächsten und von einem Jahr zum nächsten fortsetzen kann. Systeme wie diese können mit einem geschickten Jongleur verglichen werden, der eine ganze Menge schöner und zerbrechlicher Dinge von Hand zu Hand fliegen und sie durch die Luft sausen lässt, was so elegant und mühelos aussieht, dass man denken möchte, es könne nie etwas schiefgehen. Aber eine kleine Unachtsamkeit des Jongleurs, und das gesamte System bricht zusammen, die Gegenstände fallen zu Boden und zerbrechen, und der Jongleur kann mit seinem Kunststück nicht mehr fortfahren.

GEGENÜBER

OBEN *Andere Arten wie dieses Eichhörnchen profitieren von der Arbeit des Saftleckers.*

UNTEN *Noch gibt es keine Blüten: Der Rubinkehlkolibri kann überleben, weil er Saftlöcher nutzt.*

Wenn der Startschuss für den Frühling fällt, muss alles, was die Jahreszeit und darüber hinaus zu überleben hofft, für sich einen Platz finden und ihn behaupten. Ein Territorium. Wir sind dieses Konzept von Tieren gewohnt. Im Frühling stimmen Vögel ihren Gesang an, um sich einen Ort zu sichern, wo sie sich ernähren, paaren und ihren Nachwuchs aufziehen können. Säugetiere wie Otter hinterlassen an markanten Stellen ihre Exkremente, um anderen ihren Anspruch auf das Gebiet zu signalisieren. Pflanzen müssen Ähnliches tun: einen Platz für sich beanspruchen. Ohne Platz gibt es schließlich keine Pflanze.

Für Pflanzen ist das sogar noch wichtiger als für Tiere. Hat sich eine Pflanze erst einmal niedergelassen, kommt sie nicht mehr weg. Sie steckt fest mit dem, was sie bekommen hat; sie kann es nicht weiter unten an der Straße noch mal probieren, wo es vielleicht etwas besser aussieht. Den Konkurrenzkampf um den Platz haben wir zum Teil bereits im Regenwald gesehen, wo umstürzende Baumriesen eine Lichtung schlagen. Der Frühlingsbeginn ist in den jahreszeitlich geprägten Gebieten der Erde eine ähnliche Gelegenheit, nur vorhersagbarer. Sehen wir uns also ein Stück offene Landschaft in England an. In den kalten Monaten liegt das Leben, zuweilen wortwörtlich, auf Eis, die Pflanzen aber wetteifern gegeneinander, um das Beste aus den Gegebenheiten zu machen, wenn die Wärme zurückkehrt. Efeu, Brombeeren, Hopfen, Brennnesseln und viele andere Arten streben dem lebensspendenden Licht entgegen, wobei sie sich häufig gegenseitig als Stütze nutzen. Für sie ist es ein Wettkampf auf Leben und Tod; für uns ist es die herrliche Überfülle des Lebens. Genau darüber schrieb Charles Darwin im eindringlichen Schlusskapitel von *Über den Ursprung der Arten*, in dem er eine »zugewucherte Böschung« feiert, in der sich die unterschiedlichsten Arten wiederfinden, die alle nach den von ihm skizzierten Prinzipien agieren. »In diesem Anblick des Lebens liegt Größe«, verkündete er zurecht.

Dieser Anblick des Lebens schließt auch die Betrüger mit ein. Im vorigen Kapitel haben wir die Wüsten-Mistel gepriesen; in England folgt eine Pflanze namens Seide demselben Prinzip. (Das tut sie auch an vielen anderen Orten; weltweit sind mehr als zweihundert Seidearten bekannt.) Oft findet man Seide an überwucherten Böschungen, wo sie als ein verblüffendes Gewirr roter Fäden auftritt, für deren Existenz es keinen Grund zu geben scheint. Der Volksmund hat sich eine Reihe von Namen für die Pflanze einfallen lassen: Jungfernhaar, Kletterhur, Schmarotzerseide, Hexenseide. Die sichtbaren Fäden, die Stängel, heften an den umliegenden Pflanzen, von denen die Seide Wasser und die nötigen Nährstoffe bezieht. Allein schon von der Farbe – rot oder

gelb oder orange, nicht grün – ist klar, dass sie keine Fotosynthese betreibt; die Blätter sind stark reduziert und kaum auszumachen. Sie scheint ausschließlich aus Fäden zu bestehen. Aber sie produziert Blüten und zahllose winzige Samen, die vom Wind fortgeweht werden.

Hat ein Seidesamen ausgetrieben, muss der Keimling innerhalb von fünf bis sechs Tagen eine Wirtspflanze finden, sonst stirbt er ab. Aber er verlässt sich dazu nicht blindlings auf den Zufall. Die junge Pflanze ist dazu in der Lage, eine potenzielle Wirtspflanze anhand chemischer Hinweise zu lokalisieren und ihr entgegenzuwachsen. In etwa so, als könnte sie sie riechen: Die Pflanze reagiert auf chemosensorische Reize und handelt entsprechend. Laborexperimente haben gezeigt, dass Seide zwischen unterschiedlichen Wirtspflanzen unterscheiden kann. Vor die Wahl gestellt zwischen einer Tomate, einer sehr guten Wirtspflanze, und Weizen, einer sehr schlechten Wirtspflanze, wächst die Seide

OBEN
Andere die Arbeit machen lassen: die parasitische Nesselseide auf Grauer Heide. Exmoor, England.

der Tomate entgegen. Wird die Tomate entfernt und bleibt nur ihr flüchtiger chemischer Abdruck erhalten, wächst die Seide trotzdem in ihre Richtung – sie erschnüffelt sich den Weg zum Erfolg.

Bei Kontakt mit der Wirtspflanze durchdringt die Seide, genau wie die Wüsten-Mistel, mittels Haustorien (Saugfortsätzen) den Stängel und dringt damit in das vaskuläre (Gefäß-)System des Wirts ein, von dem sie sich dann, so lange er lebt, ernährt. Die Wurzeln verwelken schnell, da die Seide für sie keine Verwendung mehr hat. Die Pflanze windet sich um den Wirt und streckt die Fühler nach benachbarten Pflanzen aus. Findet sie welche, saugt sie sich auch an ihnen fest. Auf diese Weise kann sie mehrere Pflanzen gleichzeitig ausbeuten und ist nicht von einer allein abhängig. Ebenfalls wurde herausgefunden, dass Seide nicht aus eigenem Antrieb blüht, sondern ihre Blütezeit mit der der Wirtspflanze in Einklang bringt; im Grunde kann sie ihre Wirtspflanze ausspionieren, um sie noch effizienter zu nutzen. Die von der Seide befallenen Pflanzen können den Schmarotzer aber auch als Kommunikationsverbindung verwenden. Sie können die Information übertragen, dass sie von Raupen angeknabbert werden, eine Warnung, die ihren

OBEN
Parasitische Schönheit: Nesselseide in Blüte. Runnymede, Surrey, England.

Nachbarn Zeit einräumt, sich gegen die Raupen zu wappnen und sich ungenießbar zu machen. Die mächtigen Gesetze Darwins sind an einer englischen Böschung ebenso wirksam und lebendig wie im tropischen Regenwald oder in der Wüste.

Ebenso wichtig wie der Ort ist die Zeit. Im Reich der Jahreszeiten entscheidet das Timing über Leben und Tod. Es kommt die Zeit, zu der Wärme, Licht, Wasser und Nährstoffe auf ihrem jeweiligen Höhepunkt sind, dann, wenn der Frühling einen Gang zulegt, die Tage länger und die Temperaturen zuverlässig warm werden. Das Problem für jede einzelne Pflanze: Dieser magische Augenblick ist nicht unbedingt ein Geheimnis. Wenn der richtige Zeitpunkt ansteht, werden viele Pflanzen versuchen, dies auszunutzen. Daher blühen viele Pflanzen in einem Anfall von ekstatischem Konkurrenzdenken zur selben Zeit und erzeugen eines der angenehmsten Schauspiele für das menschliche Auge.

Es ist, als wollte die Welt angeben und alles tun, um dem Auge der dominierenden Art zu gefallen. Überall auf der Welt kommt es zu dieser Explosion von Farben und Gerüchen, als wollte die Natur uns sagen: »Wir möchten gefallen.« In England pilgern Scharen in die mit »Bluebells«, mit Atlantischen Hasenglöckchen, überzogenen Wälder – das

OBEN
Erfolgreiche Ausbeutung: Die Schuppenwurz entzieht sich den Mühen der Fotosynthese, indem sie an einer alten Hasel schmarotzt; die Blüte ist der einzige sichtbare Teil der Pflanze. Peak District National Park, Derbyshire, England.

blaueste Blau, das man je gesehen hat. Man nimmt das Boot von der Küste in Pembrokeshire zur Insel Skomer, um das jährliche »Bluebell«-Spektakel zu sehen, als hätte sich eine ganze Insel einfach nur deshalb blau gefärbt, um anderen eine Freude zu bereiten. Überall auf der Welt finden sich Gegenden mit üppigen Wildblumenblüten: Lupinen in Neuseeland und Island, »Bluebonnets« in Texas, Afrikanischer Rosmarin in Südafrika und die Aprikosenbaumblüte in China.

Der Punkt dabei aber ist: Sie sind wirklich alle da, um zu gefallen. Es gibt nicht nur einen Wettlauf um Wärme, Licht, Wasser und Nährstoffe, sondern auch um Bestäuber. Die Blüten sind da, um Bienen und andere Bestäuber anzuziehen. Eine Blüte hat nur eine Aufgabe: attraktiv zu sein; ihre biologische Funktion: hinreißend auszusehen. Dass wir Menschen Blumen ebenfalls schön finden, ist vielleicht nicht ganz dem Zufall geschuldet. Blumen müssen attraktiv sein, im Gegensatz zu den Wurzeln der Pflanze, für die das nicht gilt. Eine Wurzel ist alles andere als hinreißend, nur wenige Menschen tragen eine Wurzel im Ansteckstäußchen oder im Knopfloch. Blumen sind ein Beispiel für die natürliche

OBEN
Explosion der Schönheit: Besucher kommen aus dem ganzen Land, um die Aprikosenbaumblüte in der Provinz Huocheng im Nordwesten von China zu erleben.

GEGENÜBER
Konkurrenz oder Kooperation? Ein wenig von beidem: Büffelklee (Sandyland Bluebonnet) und Castilleja. Hull Country, Texas, USA.

UMSEITIG
Wenn es an der Zeit ist: Wald mit blauen Hasenglöckchen zur Hochzeit der Blüte. Belgien.

Auslese nach dem Faktor Schönheit: Überleben der Liebreizendsten. Viele Arten im Tierreich reagieren auf die Schönheit einer Blume, wenn sie Nektar und Pollen suchen. Manchmal – häufig – ist das zum Vorteil der Pflanze.

Konkurrenz liegt diesem Spektakel der Schönheit zugrunde, aber es ist doch etwas komplexer. Die Pflanzen konkurrieren um Bestäuber, in gewisser Weise arbeiten sie dadurch aber auch zusammen. Eine große Zahl von Pflanzen, die alle zur selben Zeit in Blüte stehen, werden alles in allem eine riesige Zahl von Bestäubern anlocken. Es ist im Interesse jeder einzelnen Pflanze, dass die Bestäuber auch andere Pflanzen besuchen, Pflanzen der eigenen Art, sonst würde der für die Fortpflanzung nötige Sex nicht stattfinden. Die großen Blütenspektakel sind also gleichermaßen der Konkurrenz und der Zusammenarbeit geschuldet: eine für alle und gleichzeitig jede Pflanze für sich.

Aber woher wissen sie das? Das bleibt eine der großen Fragen über Pflanzen in den Gegenden mit Jahreszeiten. Sie müssen über eine Art Wintergedächtnis verfügen, damit sie ihre Vernalisationsreaktion auslösen können, wie Wissenschaftler die Fähigkeit bezeichnen, im Frühling wieder zum Leben zu erwachen. Die Pflanzen müssen dazu eine Art »Kälteuhr« haben, die auf niedrige Temperaturen und die Tageslänge reagiert. Die

variierende Tageslänge ist in diesen Breitengraden ebenso wichtig wie die Änderungen der Temperatur. Auf den Shetland-Inseln vor der Nordküste Schottlands bringt der Sommer mehr als neunzehn Stunden Sonnenlicht, während im Winter weniger als sechs Stunden Tageslicht zu genießen sind.

Manche Samen keimen erst, wenn sie längere Kälteperioden durchlebt haben. Schließlich ist es ziemlich sinnlos, voller Optimismus an einem warmen Novembertag auszutreiben. Die Samen zählen die Tage herunter und reagieren auf das länger anhaltende Tageslicht, sodass sie zum richtigen Zeitpunkt die Erde durchbrechen, um die Sonne, die Wärme und die Überfülle an Bestäubern einzufangen.

Pflanzen, die sich nicht der planlosen Windbestäubung aussetzen, begeben sich in die Abhängigkeit von Tieren. Sie sind auf sie angewiesen – große Teile des Pflanzenreichs sind vom Tierreich abhängig. Was aber nicht so schlimm ist, wie es sich anhört. Wie bereits gesehen, ist das gesamte Tierreich direkt oder indirekt vom Pflanzenreich abhängig, während das Pilzreich wesentlich ist für den Fortbestand des Lebens in all seinen Formen, wie wir später in diesem Kapitel noch sehen werden.

Eine Pflanze muss alles in ihrer Macht Stehende tun, um Tierbestäuber anzuziehen. Sie muss eine angemessen ansehnliche Blüte ausbilden, vielleicht mit einem Duft versehen, der die Botschaft der Ansehnlichkeit noch weiter verbreitet, ein Merkmal, das besonders nützlich ist, wenn man es auf nächtliche Bestäuber abgesehen hat. Es hilft auch, wenn man einen lebensspendenden Schluck Nektar anzubieten hat. Aber bei Besuchern, die man wegen des Nektars allein anlockt, muss sichergestellt sein, dass sie daneben auch noch ihren Job der Bestäubung verrichten. Wenn sie nur den Nektar trinken und sich, staublos, aus dem Staub machen, hat die Pflanze viel Energie verschwendet, ohne sich selbst Gutes getan zu haben.

Aus diesem Grund haben manche Pflanzen die Strategie der explosiven Pollendarbietung entwickelt: Sie überschütten den Besucher mit Pollen, der, wenn alles gut läuft, diese zur nächsten Pflanze trägt. Die Juckbohne wendet diesen Trick an, wenn sie von nektarsuchenden Flughunden besucht wird. Die Pflanze findet sich in den Altwelttropen und wird oft als Futterpflanze angebaut. Ein nahrungssuchender Flughund bewirkt, dass die Blüte aufspringt und damit das Staubblatt (Stamen) mit dem Staubbeutel (Anthere) und somit die Pollen freilegt. Überraschenderweise gedeiht die Pflanze auch nördlich der Tropen bis nach Japan, wo allerdings keine Flughunde die Bestäubung vornehmen. Hier haben Japanmakaken die Fertigkeit erworben, die Blüten per Hand zu öffnen und damit die Freisetzung der Pollen auszulösen. Eine Strategie, die für eine Tierart entwickelt wurde,

kann unter ganz anderen Umständen auch für eine andere funktionieren. Solche glücklichen Zufälle finden sich zuhauf in der Evolution.

Manche Hummelarten haben eine so enge Beziehung zu ihren Nahrungspflanzen entwickelt, dass sie diese in Aktion versetzen können. Sie können bei diesen Pflanzen durch ihr Summen – die Frequenz, mit der sie ihre Flügel bewegen – die Pollenfreigabe auslösen. Außerdem können sie die Frequenz ändern, um der Blume damit entgegenzukommen. Mit einer Stimmgabel lässt sich dieser Trick nachstellen. Das Phänomen selbst nennt sich Vibrationsbestäubung: Die Pflanze reagiert auf die Frequenz, durch die die Pollen aus dem Staubbeutel herausgeschüttelt werden. Manche der Pollen dienen als Nahrung für die Larven im Nest, aber genügend werden von Pflanze zu Pflanze getragen und sichern die Fortpflanzung, ein klassisches Beispiel für gerechten Austausch und

OBEN
Gegenseitige Abhängigkeit: Ein Spitzmaus-Langzüngler bei der Nahrungsaufnahme im Tiefland-Regenwald, Costa Rica.

gegenseitigen Vorteil. Honigbienen, auch die vom Menschen domestizierten Formen, sind dazu nicht in der Lage. Insekten als Bestäuber sind nicht beliebig austauschbar. Honigbienen sind zum Beispiel schlechte und unzuverlässige Bestäuber für Tomaten, Blaubeeren und Moosbeeren. Wildlebende Bestäuber sind unverzichtbar. Sie lassen sich nicht einfach durch domestizierte Bienen ersetzen, die zu diesem Zweck verliehen und herumgekarrt werden, wie es in vielen Teilen der Welt, besonders in den USA, mittlerweile üblich ist, wo wildlebende Bestäuber durch übermäßigen Insektizideinsatz ausgerottet wurden.

Bestäuber anzulocken ist entscheidend für die Reproduktion vieler Pflanzen. Nur wenige unternehmen aufwendigere Maßnahmen als die Orchideen. Mitglieder dieser Familie scheinen ständig Blüten zu produzieren, die in ihrem Begehren, bestäubt zu werden, sogar übertreiben und eine nachgerade theatralische Beziehung zu der Art eingehen, die ihre Pollen verbreitet. Eines der extremsten Beispiele dafür findet sich in der Kwongan-Region im Südwesten Australiens.

Das mediterrane Klima, ein klassisches jahreszeitliches Klima, findet sich in vielen Gegenden der Welt und zeichnet sich durch kühle, feuchte Winter und heiße, trockene Sommer aus. Alle Formen von Jahreszeiten beinhalten extreme Kontraste, hier sind die Extreme nur etwas anders gelagert als weiter nördlich in Mittel- und Nordeuropa und den nördlichen USA und Kanada. Mediterranes Klima findet man natürlich in den 21 Ländern rund um das Mittelmeer, aber auch in Kalifornien, in Baja California in Mexiko, in Chile und Argentinien, in Südafrika am Kap, im westlichen Pakistan und in Südwestaustralien. Das Kwongan-Heideland umfasst eine Fläche von der Größe Englands und ist Heimat einer erstaunlichen Pflanzenvielfalt: mehr als 7000 vaskuläre Pflanzen finden sich dort (verglichen mit 1500 in England), von denen achtzig Prozent nirgends sonst heimisch sind (verglichen mit nur 47 endemischen Arten in England).

An solchen Orten gibt es gern extreme Formen der Anpassung, die Hammerorchidee (*Drakaea*) reiht sich mühelos in diese Kategorie ein. Die Erde in der Kwongan-Region ist karg, Pflanzen müssen daher Nährstoffe speichern und sich ansonsten aufs Warten verlegen. In jedem jahreszeitlich geprägten Habitat ist das richtige Timing entscheidend, die Blüte zum genau richtigen Zeitpunkt ist eine Frage von Leben und Tod. Die außergewöhnlichen Grasbäume recken ihre stacheligen Blütenstände erst dann, wenn die äußeren Bedingungen stimmen. Dies fällt mit dem Erscheinen kleiner Wespen zusammen, die sich auf Nektarsuche begeben. So weit, so normal. Die Hammerorchidee aber hat eine ganz eigene Strategie entwickelt, um die Wespen von ihrem eigentlichen Ziel wegzulocken.

GEGENÜBER

OBEN LINKS *Vibrationsbestäubung: Eine Chilenische Wachsglocke reagiert auf die Frequenz und entlädt ihre Pollen.*

OBEN RECHTS *Ein Schneeglöckchen gibt den Pollen frei, nachdem es mit einer Stimmgabel dazu stimuliert wurde.*

UNTEN *Eine metallisch grün schimmernde Schweißbiene bestäubt einen Stachel-Nachtschatten: Die Vibrationen der Flügel setzen die Pollen frei. Arizona, USA.*

Die Blumen imitieren nämlich die Beschaffenheit und den Duft der flügellosen weiblichen Wespen. Diese Täuschung gelingt so perfekt, dass die Männchen, wie verzaubert von der Weibchenparodie, das Imitat der richtigen Wespe vorziehen. Die Orchideenblüte ist darüber hinaus mit einem Scharnier versehen; packt das Männchen die Wespenimitation und versucht mit ihr, wie es das sonst tut, zur Kopulation zu einem Grasbaum fortzufliegen, gibt das Scharnier durch die Vorwärtsbewegung nach, das Männchen wird dadurch nach oben und über die Blüte gehoben und schließlich mit der Oberseite auf den einzelnen Stamen gehämmert. Zwei Pollenpakete, Pollinien, kleben danach am Rücken der Wespe. Das Männchen wird wiederholt versuchen, sich mit dem angeblichen Weibchen in die Lüfte zu erheben, wird aber jedes Mal wieder gegen die Blume geschleudert. Irgendwann wird es loslassen, und nachdem es sich von seinem Abenteuer erholt hat und die Lust wiederkehrt, fliegt es taumelnd zur nächsten Hammerorchidee. Erneut

OBEN
Perfekte Position: Drakaea livida, *die Warzige Hammerorchidee, bugsiert mittels eines Scharniermechanismus Insekten in die optimale Lage, um den Pollen aufzunehmen. Südlich von Perth, Australien.*

findet sich die Wespe auf den Rücken geworfen, diesmal aber werden die Pollenpakete gegen den Stempel gepresst. Frustriert und zerschlagen setzt es sein sexuelles Abenteuer fort – um lediglich zur nächsten Orchidee zu gelangen. Das Männchen bekommt nichts, das Weibchen bleibt unbegattet und hungrig. Die brillante Mimikry der Orchidee hat diesen alljährlichen Triumph herbeigeführt.

Für die Wespe ist das in mehrfacher Hinsicht nicht unbedingt günstig, nicht zuletzt wegen der Weibchen, die auf Männchen angewiesen sind, um auf einen blühenden Grasbaum zu gelangen, wo sie fressen und Eier ablegen können. Das langfristige Überleben der Orchideen verlangt allerdings das jährliche Auftreten gutgläubiger Wespen. Würden also alle in die Irre geführt und daran gehindert werden, sich mit wirklichen Weibchen zu paaren, wäre das kontraproduktiv. Aber das geschieht nicht, da die Blütezeit der Orchidee kurz, sehr viel kürzer ist als die der Grasbäume. Irgendwann kommen die

OBEN
Zur Orgie verführt: männliche Wespen beim Bestäuben auf einer Hammerorchidee, die sich als weibliche Wespe ausgibt. Jaarra Forest, Westaustralien.

männlichen Wespen wieder in die richtige Spur. Werden sie nicht mehr von den Orchideen getäuscht, wenden sie sich den – als vielleicht zweitbestem Ziel – richtigen Weibchen zu. Die im nächsten Jahr auftretende Generation ist dann wieder bereit, den Bedürfnissen der Hammerorchidee während deren kurzen Blütezeit zu entsprechen. Um dann erneut ihre Aufmerksamkeit auf die richtigen Weibchen und Grasbäume zu richten.

Der Wettstreit um Bestäuber nimmt in den südafrikanischen Provinzen Westkap und Ostkap vielleicht noch dramatischere Formen an. Hier, wo ebenfalls mediterranes Klima herrscht, findet man die sogenannte Fynbosflora mit ihrer erstaunlichen Pflanzenvielfalt. Es gibt auf diesem relativ kleinen Gebiet so viele und so unterschiedliche Arten, dass sie als eine der lediglich sechs Florenregionen der Welt angesehen wird (manchmal auch Florenreiche genannt) und die höchste Artenvielfalt überhaupt aufweist. Sie umfasst einen schmalen Gürtel, nie breiter als zweihundert Kilometer, der sich von Küste zu Küste erstreckt. Die Fynbosvegetation macht flächenmäßig etwa die Hälfte dieses Streifens aus, aber achtzig Prozent der Pflanzenarten der Florenregion sind dort zu finden. Schätzungen über die Artenvielfalt schwanken, man geht von etwa 9000 Pflanzenarten aus, die zur Fynbosflora gerechnet werden, fast siebzig Prozent davon finden sich nirgends sonst auf

OBEN
Reinigung und Erneuerung: Brand in der Fynbosregion. Kapregion, Südafrika.

GEGENÜBER
Cyrtanthus ventricosus. *Kapregion, Südafrika.*

der Welt. Dazu gehört auch der Rooibos oder Rotbusch, der in seiner kultivierten Form einen ausgezeichneten koffeinfreien Tee liefert.

In einer so stark jahreszeitlich geprägten Umgebung kommt es damit zwangsläufig Jahr für Jahr zu einer eindrucksvollen gleichzeitigen Blüte, wobei es eher eine Frage der persönlichen Vorliebe oder des Lokalpatriotismus ist, ob man sie noch eindrucksvoller findet als die im Kwongan. Die Pflanzen des Fynbos wetteifern (und kooperieren vielleicht) darum, Bestäuber anzulocken und sie zur Mitarbeit zu bewegen: eine extravagante Vorführung von floralem Sex, wie man sie sonst nirgends auf der Welt findet. Aber während wir uns an dieser faszinierenden Show der Biodiversität und Bioabundanz erfreuen, sollten wir uns auch eine Außenseiterin ansehen: *Cyrtanthus ventricosus*, deren Trivialname im Englischen auch *fire lily*, Feuer-Lilie, lautet (obwohl sie zu den Amaryllis-

OBEN
Feuer als Gelegenheit: Cyrtanthus ventricosus *kann zwanzig Jahre in der Erde warten, bevor sie durch ein Buschfeuer zum Leben erweckt wird. Kapregion, Südafrika.*

gewächsen gehört). Lässt sich der Konkurrenzkampf noch mehr steigern als durch die Entscheidung, sich auf diese Konkurrenz gar nicht erst einzulassen? *Cyrtanthus ventricosus* ist die Aussteigerin, die Pflanze, die sich gegen das System stellt – aber nur, um das System ebenso wirkungsvoll für sich zu nutzen, wie das auch die anderen Pflanzen der Fynbosflora tun.

Der Clou liegt schon im englischen Namen: im Feuer. Fynbos ist eine Heidelandschaft: trockene Sommer und ein magerer Boden erzeugen eine Flora, die von strauchigen Hartlaubgewächsen dominiert wird. Eine solche Landschaft ist anfällig für Buschfeuer, wobei ein großer Teil dieser Brände natürliche Ursachen hat. Wie andere Heidelandschaften ist auch der Fynbos im Lauf der Jahrtausende immer wieder abgebrannt und hat sich immer wieder erholt. Schätzungen zufolge brennen jedes Jahr 340 Millionen Hektar des Fynbos: Feuer gehören zum Naturzustand der Region. Viele Arten sind in ihrem Lebenszyklus auf Brände angewiesen. Daher findet man auch kaum Pflanzen, die älter als zwanzig Jahre sind. Ein weiterer Aspekt, der Einfluss hat auf das richtige Timing. Anders als die Pflanzen im Regenwald oder in der Wüste können es sich die Pflanzen im Fynbos nicht leisten, sich Zeit zu lassen. Dieses Ökosystem befindet sich in einem Zustand ständiger Hast, über dem immer die Drohung eines Buschfeuers und der Auslöschung schwebt, sodass jede Pflanze gezwungen ist, relativ früh in ihrem Leben den Reifezustand zu erreichen – oder die Konsequenzen zu tragen, sprich, auf die Fortpflanzung zu verzichten.

Aus diesem System ist *Cyrtanthus ventricosus* ausgestiegen. Während oben, über der Erde, der jährliche Blütentaumel stattfindet, ruht *Cyrtanthus ventricosus* unten in der Erde, fast, als würde sie schmollen. Sie tut das in Form einer Zwiebel, eines modifizierten Sprosses, die die Nahrungsreserven enthält, die die Pflanze zum Überleben braucht. Eine Zwiebel muss nicht erst aus einem Samen keimen; sie ist bereits startbereit. Diese Strategie verleiht Zwiebelpflanzen einen Vorsprung vor anderen: Narzissen springen beim ersten Frühlingshauch aus ihrer Zwiebel, während andere, die sich aus Samen entwickeln, länger warten müssen. Auch *Cyrtanthus ventricosus* wartet, aber nicht auf den Frühling, sondern auf ein Feuer.

Rast ein Feuer über den Fynbos, auf dem oft Hunderte von Arten gleichzeitig in Blüte stehen, wird der Boden freigeräumt. Vier Tage nach dem Feuer ragen die ersten grünen Sprossen von *Cyrtanthus ventricosus* aus dem Boden. Ihr Wachstum wird nicht von der Hitze, sondern vom Rauch ausgelöst. Bald darauf stehen sie in Blüte: als einzige Blume im kilometerweiten Umkreis. Die Blüten sind nicht groß und hätten einen schwe-

ren Stand, wenn sie mit der übrigen Fynbosflora in Wettstreit treten würden. Aber das tun sie nicht. Sie sind die kleinen Farbtupfer in einer rußgeschwärzten Landschaft und als Anlocksignal ebenso wirksam wie die extravagantesten Blüten der Fynbosflora. Es gibt jetzt keinen Wettbewerb um Bestäuber – die Welt gehört ihnen ganz allein. Die Pflanze gibt ihre Samen ab, verwelkt und stirbt, während sich die übrige Fynbosflora aus den im Boden liegenden Samenbanken wieder zu regenerieren beginnt. Der Kreislauf fängt von Neuem an. Der Fynbos erneuert sich und schafft eine vielfältige Umgebung, die jeden Menschen – und jede Biene –, die zufällig vorbeikommen, in Erstaunen versetzt, während die bescheidene *Cyrtanthus ventricosus* sich erneut in die Erde zurückzieht und darauf wartet, dass Rauchschwaden die Landschaft durchziehen, ein Ereignis, das vielleicht zwanzig Jahre in der Zukunft liegt.

Im Lauf dieser Reise durch das Pflanzenreich ist es uns immer leichter gefallen, Pflanzen als etwas zu beschreiben, das einen Willen hat, das Entscheidungen trifft, auf Reize reagiert, Handlungen anstößt und sich Vorteile sichert. Gleichzeitig ist immer weniger klar geworden, inwieweit es sich dabei tatsächlich um lediglich bequeme sprachliche Bilder handelt, die alles andere als wortgetreu eine Erklärung für bestimmte Vorgänge liefern. Brauchen wir wirklich Anführungszeichen, wenn wir sagen, eine Pflanze »entscheidet« oder eine Pflanze »denkt«? Wir bewegen uns hier in gefährlichen Gewässern – in das uns die Pflanzen selbst geführt haben.

Nach der geläufigen Vorstellung sind Pflanzen vollkommen passive, bewegungsunfähige Wesen – sieht man vom Wachstum ab. Diese vermeintliche Gewissheit wurde im 4. Jahrhundert v. Chr. von Aristoteles formuliert, geht aber vielleicht bis in die Anfänge der Menschheit zurück. Es erscheint intuitiv richtig, weil wir Menschen alles nur durch unseren menschlichen Blick wahrnehmen und nur auf der menschlichen Zeitskala agieren können. Erst im vergangenen Jahrhundert wurden durch fotografische Zeitrafferaufnahmen die Bewegungen von Pflanzen anschaulich und für uns verständlich gemacht; bei den Filmaufnahmen für *Unser grüner Planet* wurden solche Techniken über die bisherigen Grenzen hinausgeführt. Jetzt können wir verstehen – mehr noch, wir können sehen –, dass eine so vertraute Pflanze wie das Gänseblümchen, das im Vorgarten steht, ein dynamisches, mobiles Wesen ist.

Die Triffids, John Wyndhams Roman von 1951, ist eine albtraumhafte Fantasie über Pflanzen, die sich bewegen, denken, sich absprechen und natürlich Menschen angreifen können. Allein die Vorstellung, eine Pflanze könne sich bewegen, ist so schräg, dass sie einem Angst machen kann; die Vorstellung, sie könne sich zielgerichtet bewegen, ist in

GEGENÜBER
Pflanzen mit zweckgerichteten Bewegungen: sonnesuchende Margeriten.

Wyndhams literarischer Darstellung nichts weniger als grauenerregend. (Triffids werden wegen ihres kostbaren Öls angebaut; die Vision einer durch die Gier nach Öl ausgelösten Apokalypse ist uns in den letzten Jahren noch vertrauter geworden.) Millionen Menschen kennen das: Pflanzen, die kommen, um einen zu holen – obwohl die wenigsten das Buch gelesen oder überhaupt davon gehört haben dürften. Und dennoch bewegt sich das Gänseblümchen jeden Tag ihres kurzen Daseins zweck- und zielgerichtet.

Das Gänseblümchen, auch Augenblümchen, Sonnenblume, Sonnenblümchen genannt, hat die Gestalt der Sonne, die das Auge des Tages ist (»bald scheint zu heiß des Himmels Auge«, wie Shakespeare in seinem berühmtesten Sonett, Sonett 18, sagt). Auch Gänseblümchen öffnen und schließen sich täglich; nachts schließen sie ihr Auge, um sich vor Kälte und Feuchtigkeit zu schützen, und öffnen es wieder am nächsten Tag, um so viel wie möglich von der Sonne abzubekommen.

Das Öffnen und Schließen der Blüte ist eine Form der Bewegung, aber lange nicht die einzige. Gänseblümchen verdrehen im Lauf des Tages auch ihren Kopf und folgen dem Lauf der Sonne am Himmel. Das nennt sich Heliotropismus: sich der Sonne zuwenden. Nachts sieht man, dass die geschlossenen Blüten (streng genommen handelt es sich um einen Blütenstand, Infloreszenz, der aus mehr als einer Blüte besteht) in zufällige Richtungen zeigen; bei Licht agieren sie wieder als ein Ganzes und wenden sich der Sonne zu.

Unterhalb der Blüte, in einem flexiblen Segment, dem sogenannten Pulvinus, befinden sich Motorzellen, die diese Bewegung ausführen. Die Bewegung entsteht durch Änderung des Wanddrucks der Zellen, indem Kaliumionen in nahes Gewebe gepumpt werden. Zwei Vorteile ergeben sich daraus in kalten Klimaten. Erstens, durch die Hinwendung zur Sonne wird der Blütenstand gewärmt, was als Belohnung für den Bestäuber zu verstehen ist. An einem kühlen Tag ist es einfach angenehmer und weniger energieaufwendig, auf einer warmen Blume tätig zu werden und nicht auf einer kalten. Warme Blüten geben Energie ab, kalte nehmen Energie auf. Zweitens, die Wärme der Sonne stimuliert die Pollenproduktion. Eine Pflanze, die der Sonne folgt, kann Bestäubern mehr Pollen anbieten, und noch dazu zu angenehmeren Bedingungen. Ein weiteres Beispiel dafür, wie ein Lebensbereich einem anderen Lebensbereich Nahrung zuführt und zugleich von ihm abhängig ist, wie er ausbeutet und gleichzeitig ausgebeutet wird. Es handelt sich um den grundlegendsten Mechanismus des Lebens.

Dieses Prinzip zeigt sich auch im Leben der Polarfüchse – Tiere, die den Boden bestellen und Gärten anlegen. Von diesen Gärten profitieren die Pflanzengemeinschaften

der Gegend und alles andere, was hier lebt. Polarfüchse sind die Landschaftsgärtner des hohen Nordens. Die Gärten entstehen nicht absichtlich, sind aber von grundlegender Bedeutung für viele Pflanzen- und Tierarten. Die Zeit, in der es warm genug ist, damit Pflanzen wachsen, Blüten austreiben und Samen bilden können, ist hier nur kurz; für manche sogar unmöglich kurz, da es im arktischen Boden an notwendigen Nährstoffen fehlt. Für jene aber, die die von den Polarfüchsen geschaffenen Gärten nutzen können, steigen die Fortpflanzungschancen. Die Erde im Umkreis eines Fuchsbaus ist sehr viel nährstoffreicher als überall sonst. Die Regionen um den Polarkreis sind nicht nur stärker jahreszeitlich geprägt als alle anderen auf der Erde, der Boden ist auch so mager, dass die Landschaft ebenso gut unter dem vorherigen Wüsten-Kapitel hätte eingeordnet werden können. Die Pflanzen stehen hier vor einer doppelten Herausforderung: Das Zeitfenster, in dem sie agieren können, ist extrem schmal, dazu ist der Boden extrem mager.

OBEN
Gärtner der Arktis: Polarfüchse errichten lebensspendende Gärten in der Tundra. Svalbard, Norwegen.

UMSEITIG
Füchse und ihre Sommergärten: Polarfuchsjunges im Juli. Hornstrandir-Naturreservat, Island.

Viele der arktischen Pflanzen produzieren Unmengen an Samen und schicken sie mit dem Wind über enorme Distanzen. Diese scheinbar auf den Zufall setzende Strategie ist nichts anderes als ein Spiel mit Zahlen: Je mehr Samen produziert werden, desto größer ist die Wahrscheinlichkeit, dass ein oder zwei davon auf einer vielversprechenden Stelle landen, die mehr Nährstoffe enthält als der durchschnittliche Quadratmeter in der Tundra. Zum Beispiel eine Stelle in einem Polarfuchsgarten.

In den wärmeren Monaten suchen sich die Füchse einen Bau. Meistens sind es alte Bauten, die schon vor langer Zeit angelegt und mehrmals benutzt, erweitert, vergrößert und repariert wurden. Wichtig ist, dass ihn bereits viele Füchse bewohnt haben. Der Bau ist das Zentrum des Fuchslebens in den helleren Monaten des Jahres, hier werden die Jungen aufgezogen. Ein Wurf kann bis zu fünfundzwanzig Jungtiere umfassen und ist damit der größte in der Ordnung der Carnivora. Das Areal im Umkreis des Baus, etwa zwanzig Meter im Radius, ist der Bereich, auf den die Füchse bei der Aufzucht der Jungen ihre Energie konzentrieren. Hier urinieren und defäkieren sie und reichern damit die Erde mit Nährstoffen an, so wie die Tölpel es in den Kakteenwäldern auf der Isla San Pedro Mártir tun. Daneben tragen die Füchse ihre Beute zum Bau. Im Sommer besteht diese aus Schneegänsen, die zum Brüten so hoch in den Norden ziehen; ganzjährig stehen Lemminge auf dem Speiseplan. Knochen und nicht vertilgte Teile der Beute gehen ebenfalls in den Boden ein und tragen dazu bei, den Umkreis der Fuchsbauten mit Nährstoffen zu düngen.

Solche Fuchsgärten haben bereits zig Fuchsgenerationen beherbergt und können gut hundert Jahre, wahrscheinlich viel älter sein. Im hohen Norden außerhalb des menschlichen Siedlungskreises ändert sich kaum etwas. Die Bauten liegen oft an etwas erhöhten Hängen, die einen guten Blick auf Beutetiere und Feinde ermöglichen. Es ist anzunehmen, dass ein guter Bau an einem guten Standort von Jahr zu Jahr aufgesucht wird und die Füchse ihre unwillkürlichen Gärten stetig anreichern. Sie sind damit Ökosystem-Ingenieure, um den Begriff zu nennen, der die Tätigkeit der Füchse beschreibt. Die Bauten sind aus der Luft leicht zu erkennen, es sind runde Oasen der Fruchtbarkeit in der weitläufigen Ödnis des hohen Nordens. Hier findet man Strandroggen, *Salix planifolia* (eine Weidenart), Steinbrech, den Arktischen Enzian und andere Arten.

Diese Standorte ziehen natürlich Pflanzenfresser an. Manche wie das Karibu oder Rentier kommen als Beute für den Fuchs nicht in Betracht, aber diese Tiere fressen in diesen Vegetationszonen und hinterlassen ihren eigenen Kot. Andere wie Lemminge und Schneehasen fallen aber durchaus ins Beuteschema der Füchse – die Gärten sind daher so etwas wie Speisekammern: Die Füchse düngen die Pflanzen, die Nahrung von Pflanzenfressern sind, die wiederum Nahrung der Füchse sind. Für die Lemminge ergibt sich noch ein zusätzlicher Vorteil. Im Winter kann der Schnee im Umkreis von Fuchsbauten wegen der Vegetationsschicht bis zu viermal höher liegen als sonst. Damit werden sie für Lemminge wichtig, die in dieser Jahreszeit Nester unter dem Schnee anlegen. Für die Füchse spielt das keine Rolle, da diese im Winter auf Wanderung gehen und Eisbären folgen, um sich vom Aas von deren Beute zu ernähren. In ihrer Abwesenheit aber ernähren ihre Gärten die Lemmingpopulation. Lemminge sind Tiere mit starken Populationsschwankungen, was natürlich auch Einfluss auf ihre beständigsten Feinde, die Polarfüchse, hat. Deshalb ist es im ureigenen Interesse der Füchse, für eine gesunde Lemmingpopulation zu sorgen. Ihre Gärten, basierend auf den Knochen und Ausscheidungen, die ganze Fuchsgenerationen hinterlassen haben – darunter nicht wenige Lemmingknochen –, tragen zum Wohlergehen der Lemminge bei. Die Lemminge ziehen Vorteil aus ihrem

OBEN
Fenster der Gelegenheit: Viele Arten versuchen, zur selben Zeit im Juni zu blühen. Alpenwiese, Nordtirol, Österreich.

größten Feind und leben oft genug direkt über einem Fuchsbau. Und hier, wenn der Frühling wieder ansteht, finden die vom Wind fortgetragenen Samen von Pflanzen, die in einem Fuchsgarten standen, eine Stelle in einem anderen Garten, wo sie wegen der Nährstoffe im Boden wachsen, blühen und Samen ausbilden; und wenn diese vom Wind fortgetragen werden, werden manche davon wieder in einem der von Polarfüchsen geschaffenen Gärten landen.

Das jahreszeitliche Leben sorgt für die aufsehenerregenden üppigen Massenblüten. Das ist alles schön und gut, soweit es die Pflanzen betrifft, aber die Wachstumsphase endet schließlich mit der massenhaften Aussaat von Samen. Grob gesagt besteht das Ziel einer Pflanze darin, Samen zu produzieren und sich fortzupflanzen. Nachdem die Pflanzen Blüten entwickelt und hart um die Dienste der Bestäuber gewetteifert haben, müssen sie Samen erzeugen und für diese um den besten Platz im Boden wetteifern. Das muss mit einer gewissen Eile und Effizienz betrieben werden: Der arktische Winter ist nicht mehr fern, dann gefriert der Boden, und es wird zu kalt für die Pflanzen.

OBEN
Aufbruch in die Ferne: Loslösung eines Silberbaum-Samens. Der schwarze Same hängt an einem rosafarbenen Fallschirm und kann bei günstigen Windverhältnissen viele Kilometer zurücklegen. Südafrika.

Erstes Ziel ist es, die Samen in einer vernünftigen Entfernung zur Elternpflanze zu platzieren. Eine Pflanze will, dass es dem Nachwuchs gut geht, ausdauernde oder perennierende Pflanzen – die den Ehrgeiz haben, mehrere Jahre alt zu werden – finden es jedoch nicht sehr vorteilhaft, vom eigenen Nachwuchs Konkurrenz zu bekommen. Das in Kanada und den USA heimische Prärieveilchen bewerkstelligt das durch eine kontrollierte Explosion. Dadurch werden die Samen über den näheren Umkreis der Elternpflanze geschleudert, was einen zweifachen Vorteil hat: Die Samen landen mit hoher Wahrscheinlichkeit im gleichen Habitat (oder Mikrohabitat), das schon die Elternpflanze ernährt hat und daher ein guter Platz ist; gleichzeitig wird aber die Elternpflanze nicht bedroht. Es handelt sich um eine relativ simple und wirkungsvolle Strategie. Der gleiche Schleudermechanismus findet sich auch beim Drüsigen Springkraut oder der Spritzgurke.

Die Verbreitung über größere Entfernungen kann aber zum Vorteil für die Pflanzen sein. Damit ergeben sich weitere Optionen, die Wahrscheinlichkeit, neue geeignete Standorte zu finden, steigt. Natürlich hilft es dabei, wenn die Samen ein Habitat ansteuern

OBEN
Freundliche Explosion: Das Drüsige Springkraut kann seine Samen bis zu sieben Meter weit schleudern. Surrey, England.

können, das jenem gleicht, in dem schon sie erzeugt wurden. Kann eine Pflanze ein Wesen finden, das ihm den Gefallen erweist, es zum Beispiel von einem Prärieabschnitt zu einem anderen Prärieabschnitt zu bringen, ist das nicht von Nachteil. Deshalb haben sich viele Präriepflanzen Bisons zunutze gemacht. Manche Pflanzen haben Kletten, Häkchen oder Klebstoffe entwickelt, mit denen sich die Samen an die Gliedmaßen der grasenden Bisons heften. Andere Samen ohne solche Vorrichtungen können sich im Fell verfangen und werden somit weitergetragen. Die Samen haften eine gewisse Zeit an den Tieren, die damit häufig auch eine gewisse Strecke zurücklegen. Bisons folgen bei ihren Wanderungen dem Lauf der Jahreszeiten; im Frühjahr ziehen sie auf der Suche nach frischem Gras in den Norden, und wenn sich das Wetter ändert und die Gräser absterben, wieder in den Süden.

Sie erkennen das Problem bei dieser Strategie: die radikale Abnahme der Bisonbestände. Zu Beginn des 19. Jahrhunderts gab es in Nordamerika 60 Millionen Bisons; hundert Jahre später zählte man in den USA noch dreihundert. Seitdem hat sich der Bestand etwas erholt, aber das System, das über zahllose Jahrtausende Bestand hatte, ist zusammengebrochen. Nur fünf Prozent der wilden Prärie, die es vor Ankunft der Europäer gab, sind noch intakt; und das, was vorhanden ist, existiert nur noch in voneinander abgetrennten Inseln. Das macht es nicht nur für die Bisons schwer, sondern auch für die von ihnen abhängigen Pflanzen. Es ist ein klassisches Beispiel dafür, wie der Mensch sich nicht an die evolutionären Spielregeln gehalten hat.

Es gibt weniger Bisons, dafür immer noch viele Tornados. Offene Graslandschaften sind von Natur aus windig, extreme Wetterkonstellationen kommen ziemlich regelmäßig vor. Man kann eine Nord-Süd-Linie mitten durch die USA ziehen, von South Dakota zum nördlichen Texas: Dieses Gebiet wird traditionell als die Tornado Alley bezeichnet. Wie die Habubs im vorherigen Kapitel bietet dieses zerstörerische Wetterphänomen eine Gelegenheit für Pflanzen, sich zu verbreiten. Im Bereich innerhalb der Tornado Alley muss man auf 25000 Quadratkilometern mit zehn Tornados pro Jahr rechnen, es handelt sich also um ein Ausnahmeereignis, auf das man sich allerdings verlassen kann. Im Durchschnitt haben die Tornados Windgeschwindigkeiten um die 170 km/h und ziehen als eine etwa drei Kilometer breite Front an die hundert Kilometer weit. Eine bessere Gelegenheit für Samen gibt es kaum. Sie werden hoch in die Lüfte gesogen und kommen zufällig irgendwo wieder herunter. Als es eine noch ausgedehntere Prärielandschaft gab, stellte das ein höchst effizientes Verbreitungssystem dar. Die Effizienz hat mittlerweile abgenommen, aber nach wie vor gilt die Regel: Je mehr Samen man produziert, desto größer ist die Wahrscheinlichkeit, dass einer davon auf geeigneten Boden fällt. Die Fortpflanzungswahrscheinlichkeit hat in den vergangenen zwei Jahrhunderten abgenommen, aber noch immer betreiben die Pflanzen ihr Spiel mit den Wahrscheinlichkeiten.

Falls das alles klingt, als würde ich Pflanzen Intelligenz und bewusstes Kalkül zuschreiben, führt das in die Irre. Aber die Versuchung, Pflanzen als umsichtige, intelligente Wesen zu beschreiben, ist geradezu unwiderstehlich, wenn man auf eine Pflanze trifft, deren Lebensweise so ausgefeilt ist wie die von *Ceratocaryum argenteum*, einem Seilgrasgewächs. Man findet sie in der Fynbosregion Südafrikas, die in diesem Kapitel bereits im Zusammenhang mit *Cyrtanthus ventricosus* aufgetaucht ist. Die Region ist stark den Jahreszeiten unterworfen und häufigen Feuern ausgesetzt. *Ceratocaryum argenteum* blüht im Hochsommer und wirft, wenn der Regen einsetzt, die Samen ab. Wie immer in den jahreszeitlichen Welten ist das Timing von großer Bedeutung, in diesen Fall ist der Grund dafür

OBEN
Wieder betrogen: Das ist kein Antilopenkot, sondern ein Same, der den Kot imitiert, um den Mistkäfer dazu zu animieren, ihn zu vergraben. De Hoop Nature Reserve, Südafrika.

allerdings höchst ungewöhnlich. Es geht um eine hochentwickelte Form von Täuschung, wie man sie sonst kaum in der Natur findet. Die Pflanze wirft ihre Samen ab, wenn die Mistkäfer besonders aktiv sind. Dabei täuschen sie die Mistkäfer und bringen sie dazu, ihre Samen zu vergraben.

Mistkäfer haben die Menschen schon immer fasziniert. Sie mühen sich mit Kotböllern ab, die oftmals größer als sie selbst sind, schieben sie über schwieriges und unebenes Terrain und vergraben sie schließlich. In die warme, verrottende Masse legen sie dann ihre Eier. Ihr Verhalten scheint alle Charakterzüge zusammenzufassen, die wir gemeinhin bewundern: Aufopferung, elterliche Fürsorge, Fleiß.

Ceratocaryum argenteum nutzt dies für ihre eigenen Zwecke. Jede Pflanze wirft an die fünfzig Samen ab, alle sehen aus wie die Köttel, die von den in diesem Abschnitt der Fynbosregion lebenden Antilopen, Elenantilopen und Buntböcken stammen könnten. Mehr noch, die Samen riechen auch wie Dung. Diese doppelte Täuschung genügt, um sogar zwei Mistkäferarten anzusprechen. Und die Samen sehen nicht nur aus wie Dung und riechen auch so, sie sind dazu auch noch runder und lassen sich verführerisch leicht rollen. Jeder hat etwa einen Zentimeter Durchmesser und ist damit der begehrenswerteste Gegenstand in der Welt der Mistkäfer.

Sie rollen die Samen also fort und vergraben sie. Die kleinere der beiden Käferarten vergräbt jeden Samen einzeln, was für die Pflanze besser ist, die größere Art in Ansammlungen von zehn oder noch mehr Samen. Keiner der beiden Käfer schafft sie weit von der Elternpflanze fort, aber das ist kein Problem. Wie bei vielen Pflanzen der Fynbosregion werden die Samen erst nach einem Feuer keimen, durch das die Elternpflanze zerstört wird. Die Käfer selbst bemerken erst, dass sie getäuscht wurden, wenn sie am Gegenstand, an dem sie sich so abgemüht haben, fressen oder darin Eier ablegen wollen. Wenn ihnen aufgeht, dass sie hinters Licht geführt wurden, werden sie sich nach einer weiteren Möglichkeit umsehen und wohl oder übel den nächsten *Ceratocaryum argenteum*-Samen ansteuern. So begehrenswert sind die Samen, dass die Käfer sogar um sie und das Recht, sich hereinlegen zu lassen, kämpfen.

Nachdem eine Pflanze ihre Samen abgegeben hat, ist ihre Aufgabe erledigt. Zumindest vorerst. Manche Pflanzen sprießen, welken und sterben innerhalb einer kurzen Saison und lassen nur ihre Samen zurück, in der Hoffnung, dass der nachfolgenden Generation ein ebenso kurzes wie produktives Leben zuteil wird: eines, das sich in Wochen bemessen lässt. Solche Pflanzen müssen den Winter nicht fürchten. Sie sind dann nicht mehr da, außer in Form von vergrabenen Samen. Pflanzen, die das alles langfristiger

GEGENÜBER
Steter Wandel: Laubwald im Herbst. Acadia National Park, Maine, USA.

UMSEITIG
Erster Schnee: Oktober im Hochland von Maine, USA.

angehen, müssen sich etwas anderes einfallen lassen. Denn in Gebieten mit ausgeprägten Jahreszeiten stellt der Winter Pflanzen vor scheinbar unüberwindbare Herausforderungen.

Wie ungewöhnlich, wie extrem anders ist die sommerliche Landschaft als die im Winter. Selbst landwirtschaftliche Anbauflächen sind anders. Die Getreidefelder sind abgeerntet, ersetzt von nackter Erde oder den dünnen Sprossen des Wintergetreides, oft von einer weißen Frostschicht umhüllt, zuweilen von Schnee bedeckt. Die verbliebenen Wälder in diesen Ländern müssen sich grundlegend wandeln ... so grundlegend wie vielleicht Superman, wenn er seine Identität als Clark Kent annimmt.

Wer den jahreszeitlichen Rhythmus nicht kennt, den muten diese Veränderungen so massiv an, dass sie als unsinnig erscheinen könnten. Der Winter ist eine jährlich wiederkehrende Krise; jeder Baum muss eine Möglichkeit finden, damit umzugehen, sofern er nicht absterben will. Während des Kalten Krieges gab es in den USA Überlegungen, im Fall eines drohenden Atomschlags große Teile der (zumeist städtischen) Bevölkerung zu evakuieren; dahinter stand der Gedanke, dass die Menschen bei Eintritt der Krise dann woanders sind. Diese Chance ergreifen viele Vogelarten, die Zugvögel. Wenn in den von ihnen aufgesuchten Regionen der sommerlichen Fülle der Winter bevorsteht, sind sie schon woanders.

Eine tolle Option, für die man allerdings Flügel braucht. Manche kleine Säugetiere finden für sich einen Platz, in dem sich sich vergraben und verstecken können. Dort verschlafen sie den Winter, leben von ihren Fettreserven und wachen erst aus ihrem Winterschlaf auf, wenn Sonne und Wärme zurückkehren. Bäume können nicht fliegen, Bäume können sich nicht verstecken – und sie können sich im Winter auch nicht ernähren. So, wie sie sind, würden sie nicht überleben. Also werden sie zu etwas anderem.

Bäume beziehen ihr Leben aus den Blättern. Blätter erlauben ihnen die Fotosynthese. Damit stellen sie ihre Nahrung her. Im Winter aber wird das, was sonst ihr Leben ermöglicht, zu einer Belastung. Durch die niedrigen Temperaturen gefriert die Feuchtigkeit in den Blättern, sie dehnt sich aus und zerstört die Zellwände. Selbst wenn dem nicht so wäre, würden Bäume von der Wintersonne und den kurzen Tagen nur selten genug Energie beziehen, um Fotosynthese überhaupt zu ermöglichen. Die immergrünen Bäume, die Koniferen, kommen damit zurecht, weil ihre dünnen Blätter – die Nadeln – von Resin, einer wächsernen Schicht, überzogen sind, die sie gegen Wasserverlust und Erfrieren schützt. (Manche dieser Nadelbäume – weltweit etwa 300 Millionen jährlich – werden als Symbol für das Fortbestehen des Lebens während der winterlichen Krise als Weihnachtsbäume ins Haus geholt.)

GEGENÜBER
Der jährliche Tod: Farbveränderung von Eichenblättern im Herbst.

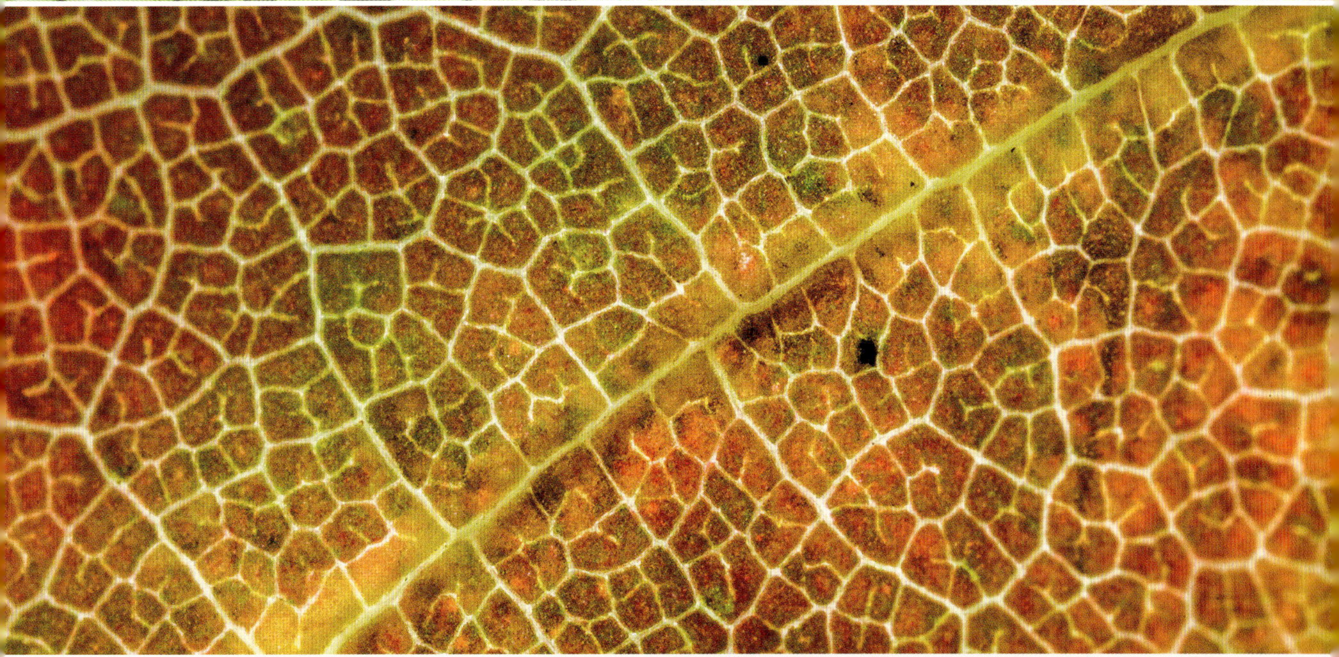
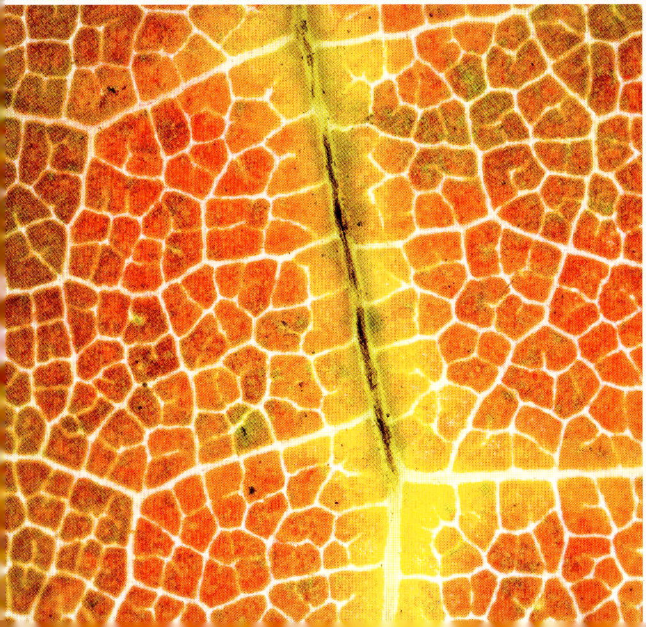

Aber die Laubbäume – deren Blätter so perfekt dafür geschaffen sind, das Licht an den langen, lichterfüllten Sommertagen einzufangen; die Pflanzen, die so perfekt das Prinzip der maximalen Außenseite demonstrieren – müssen sich etwas anderes einfallen lassen. Daher stellen sie sich mehr oder weniger auf den Kopf. Sie ziehen alles aus den Blättern ab und schicken es hinab in die Wurzeln, das genaue Gegenteil dessen, was im Frühling passiert. Saft, Nährstoffe, Wasser, Zucker: All das geht jetzt in die Tiefe. Der Saft, der im Frühjahr nach oben fließt und in Amerika den Gelbbauch-Saftlecker nährt, sinkt jetzt wieder nach unten.

Chlorophyll ist das Molekül, das die Energie der Sonne absorbiert und Fotosynthese ermöglicht. Natürlich ist es grün. Chlorophyll ist eines der ersten Moleküle, die während der Vorbereitung des Baums auf den Winter aufgebrochen werden. Das geschieht, damit die Pflanze die eigenen Nährstoffe reabsorbieren kann und sie nicht verschwenden muss. Daher ist der Baum oder, besser, das Laub danach nicht mehr grün. Nachdem das Chlorophyll aus den Blättern abgezogen ist, kommen die darunter liegenden gelben und orangefarbenen Schichten zum Vorschein. Dieser komplizierte Prozess setzt Jahr für Jahr ein Schauspiel des Todes und das Versprechen auf Erneuerung in Gang.

Jeder Baum schickt dabei an jedes Blatt eine chemische Botschaft, worauf die Zellen an der Blattbasis ihre Zellwände schwächen, während sich andere Zellen ausdehnen. Die damit erzielte Wirkung ist mit perforiertem Papier zu vergleichen: Im Grunde ist es eine Einladung, entlang dieser Perforationslinie abzureißen. So werden die Blätter von ihren Zweigen geschubst – streng genommen fallen sie nicht, sondern werden abgestoßen.

Der blattlose Zustand bringt weitere Vorteile mit sich. Ohne die große Segelfläche der Blätter ist der Baum weniger angreifbar für den Wind, damit sinkt die Gefahr, umgeblasen zu werden. Wenn der Frühling naht, entwickeln manche Bäume bereits Blüten, ohne dass sie schon Blätter besitzen. Für die Windbestäubung ist es von Vorteil, wenn den fliegenden Pollen keine Blätter im Weg sind; und bei Pflanzen, die von Insekten oder anderen Tieren bestäubt werden, ist es für die Bestäuber leichter, die Blüten zu finden.

Das Abwerfen der Blätter wird Abszission genannt. Die Bäume sind dann nackt und unfähig zur Nahrungsaufnahme. Sie müssen mit den unterirdisch gespeicherten Ressourcen auskommen, bis sich die Jahreszeit wieder ändert, die Tage länger und wärmer werden und sie wieder Blätter bilden können, die das Sonnenlicht einfangen und verwerten, das Stunde für Stunde, Tag für Tag auf sie fällt – bis die Erde sich weitergedreht hat und der jahreszeitliche Kreislauf von Neuem beginnt.

Es besteht die Versuchung, bei der Beschreibung dieser außerordentlichen Vorgänge in der Natur alles so darzustellen, als wäre es auf das Vollkommenste eingerichtet und als könnte nie etwas schiefgehen; als wäre die Natur das perfekte Perpetuum mobile, das ewig weiterlaufen würde. Das ist nicht der Fall. Ständig treten Veränderungen auf, ständig geschehen Dinge, auf die die einzelnen Organismen keinen Einfluss haben. Sich verändernde Umweltbedingungen sind für manche Arten eine Katastrophe, für andere können sich daraus wunderbare Gelegenheiten ergeben. Wir haben über das perfekte Timing gesprochen, in jahreszeitlichen, vom Timing abhängigen Systemen kommt es aber immer wieder zu temporären oder permanenten Abänderungen des jahreszeitlichen Ablaufs, manchmal verpasst ein Organismus auch schlicht und einfach den richtigen Augenblick und findet das Zeitfenster der Gelegenheit geschlossen vor. So wie ein scheinbar perfekter Sportler wie Usain Bolt sein Timing durcheinanderbringt – bei der Leichtathletik-WM 2011 wurde er beim Hundert-Meter-Finallauf der Herren wegen Fehlstarts disqualifiziert –, so werden manchmal auch Arten, die sonst ihre jahreszeitliche Nische hervorragend zu nutzen verstehen, von den äußeren Bedingungen überrascht. Einmal sah ich Ende November in England noch eine Schwalbe. Sie hatte den Moment für den Aufbruch nach Afrika verpasst. Der Mangel an fliegenden Insekten im Winter dürfte bald darauf zum Tod des leichtsinnigen Daheimbleibers geführt haben.

OBEN
Wunderschöne Katastrophe: Eine Eisblüte lässt bei einem Herbstfrost den Stängel dieser Verbesina virginica *zerbersten. Mingo Swamp, Missouri, USA.*

Pflanzen – Wildpflanzen, nicht die zarten Lieblinge frohgemuter Gärtner – können von plötzlichen und gravierenden Temperaturänderungen überrascht werden. Im Spätherbst und zu Beginn des Winters kann es in den gemäßigten Zonen der Erde manchmal vorkommen, dass die Temperaturen abrupt fallen, weit unter den Gefrierpunkt, während der Boden aber noch lauschig warm ist. Unter diesen Umständen ist die Pflanze, deren Wurzeln sicher in der Erde stehen, bestrebt, die Lebensprozesse aufrechtzuerhalten, das Wetter oben aber macht diesen Versuch sinnlos und selbstzerstörerisch.

Bei solchen Kälteeinbrüchen kann man die Bildung von Eisblüten oder Frostblüten beobachten. Mit Blüten allerdings haben sie nichts gemein. Eher handelt es sich um die ästhetische Darstellung eines Todeskampfes, ähnlich dem poetischen Totenbettmonolog eines shakespeareschen Helden. Der Saft in der Pflanze oberhalb des Bodens gefriert – was nur wieder deutlich macht, warum Bäume so darauf erpicht sind, ihre Blätter zu verlieren – und dehnt sich aus, wie Wasser es tut, wenn es zu Eis wird. Dadurch entstehen entlang des Stängels feine Risse. Durch Kapillarkräfte, Prozesse, die wir im ersten Kapitel beschrieben haben, wird Wasser zu diesen Rissen gesogen und gefriert, sobald es in Kontakt mit der kalten Luft kommt. Weiteres Wasser drängt von hinten nach und schiebt

das Eis vom Stängel weg, sodass faszinierende Formen entstehen. Sie sehen aus wie Blüten und sind von makabrer, flüchtiger Schönheit.

Während des gesamten Kapitels loben wir die Pflanzen in den jahreszeitlichen Welten für ihr Timing. Hier ist ein kleines, schön anzuschauendes, verstörendes Beispiel, was passieren kann, wenn das Timing nicht ganz passt, wenn die Pflanzen die Jahreszeit nicht ganz richtig einschätzen, wenn sie durch kurzzeitige Veränderungen ausgehebelt werden. Manches kann auch schieflaufen, wenn sich das jahreszeitliche Muster im Ganzen verschiebt – genau das, was mittlerweile weltweit passiert. Wir werden gleich darauf zurückkommen. Aber vergessen Sie nicht die Eisblüten, die uns zeigen, was geschieht, wenn Pflanzen und Jahreszeiten aus dem Takt geraten.

Wir haben gesehen, wie Bäume im Frühling erwachen, wie der Saft nach oben steigt und viele andere Lebewesen sich das zunutze machen. Der umgekehrte Prozess ist für das Leben im Wald generell ebenfalls wichtig. Wenn der Saft sich wieder in die Wurzeln zurückzieht, schafft das Gelegenheiten für eine ganz andere Gruppe von Lebewesen: für

GEGENÜBER
Unterirdische Partnerschaft: Steinpilz im New Forst National Park, England.

OBEN
Teuflische Perfektion: Fliegenpilz im Nadelwald nahe Inverness, schottisches Hochland.

die Pilze. Der Herbst ist die Zeit, in der Waldspaziergänger das massenhafte Auftreten von Pilzen beobachten können. Sie wachsen aus dem Stamm, bilden Ringe um Wurzeln, tauchen auf und verschwinden auf ihre unvermittelte Weise. Wir bemerken sie das eine oder andere Mal; wenn wir das nächste Mal an der gleichen Stelle vorbeikommen, sind sie nicht mehr zu sehen. Zu Recht dürfen wir uns über diese seltsame Lebensweise wundern: heute hier, morgen fort.

Tatsache ist, dass Pilze immer da sind – und lebenswichtig für die Bäume sind. Der Pilz, das, was auf dem Waldboden zu sehen ist, ist nicht der gesamte Organismus, sondern nur der Fruchtkörper und kann mit der Frucht an einem Baum verglichen werden. Wir verwechseln ja auch nicht den Apfel mit dem Apfelbaum oder die Eichel mit der Eiche. Ebenso ist der sichtbare Körper des Pilzes nur ein kleiner Teil des Ganzen.

Traditionell sah man in den Pilzen Feinde der Bäume, die ihnen Energie rauben und Krankheiten bringen. Je weniger Pilze, desto besser wäre es für den Wald. Das genaue

OBEN
Der eigentliche Pilz: Fäden des Myzels auf den Wurzeln einer Kiefer; eines der mächtigsten Beziehungsgeflechte der Natur.

Gegenteil ist der Fall. Ohne Pilze wäre der Wald nicht der Wald, der er ist, wahrscheinlich könnte er ohne sie noch nicht einmal existieren.

Um das zu verstehen, müssen wir uns von der traditionellen Vorstellung verabschieden, was ein Pilz überhaupt ist. Er ist jedenfalls nicht das, was in einem Plastikschälchen im Supermarkt liegt und darauf wartet, ins Risotto gerührt zu werden, oder der rot-weiße Pilz im Wald mit seinem tödlichen Gift. Die Pilze, die wir sehen, im Wald oder auf dem Teller, sind die Fruchtkörper, die da sind, um die Sporen in die Luft abzugeben, und die der Fortpflanzung dienen. Der Rest des Pilzes – der eigentliche Pilz – ist ein Faden. Diese verborgenen Fäden sind das Herz und die Seele des Pilzes, dessen, was er tut und wofür er da ist. Das, was wir sehen, sind mehr oder weniger die Anhängsel. Die Fäden nennt man Myzel, und das Erste, was man verstehen muss, ist ihre Anzahl, die den Verstand übersteigt. Viele dieser Fäden sind so fein, dass sie mit dem bloßen Auge nicht zu erkennen sind. In einem einzigen Gramm – sagen wir, einem Teelöffel – Erde kann man sechshundert Meter Myzel finden. Greift man sich eine ganze Handvoll davon, hält man einige Kilometer Myzel in der Hand. Leben in dieser Form übersteigt unser gewöhnliches Verständnis, aber es greift durch die Erde und schließt sich an die Wurzeln der Bäume an.

Damit errichtet es eines der außergewöhnlichsten Beziehungsgeflechte in der Natur, eines, das zum Nutzen beider Beteiligter ist. Pilze sind, wie bereits gesagt, keine Pflanzen und näher mit den Tieren verwandt – wie wir sind sie Konsumenten, während Pflanzen Nahrung produzieren. Pilze nehmen die Kohlehydrate, die sie konsumieren, von den Pflanzen auf, die sie herstellen – gleichzeitig bezieht die Pflanze aber Wasser von den Pilzen und mit ihm Nährstoffe wie Stickstoff und Phosphor. Die Pilze bekommen diese aus dem Boden und können sie weiterleiten, weil sie Enzyme besitzen, die die Pflanzen nicht haben. Beide Parteien in dieser Beziehung gewinnen. Jede Partei ermöglicht vielleicht erst die Existenz der jeweils anderen.

Das unterirdische Myzel-Netzwerk erstreckt sich in alle Richtungen. Es verbindet einen Baum mit dem nächsten, manchmal Bäume einer Art, manchmal ganz unterschiedliche Arten. Die Fäden zwischen den Baumwurzeln verbinden Baum mit Baum, und das im ganzen Wald. Die Bäume können sich nicht untereinander berühren, aber sie können über das Netzwerk der Pilze miteinander kommunizieren. Das ist, als wäre jeder Baum in einem Lockdown, wie wir ihn während der Covid-19-Pandemie erfahren haben, aber in einer ständig laufenden Videokonferenz mit jedem Baum im Wald verbunden – mehr noch, mysteriöserweise reißt hier nie die Verbindung ab, wenn man zum wichtigsten Punkt der Tagesordnung kommt.

Auf diese Weise können große, erfolgreiche Bäume, die ihr Laub in der Krone weit ausgebreitet haben, Nährstoffe an Pflanzen an suboptimalen Standorten abgeben – an Bäume in der Nähe, die nicht groß genug sind, um Zugang zum direkten Sonnenlicht zu haben. Es ist wie die Umkehrung des Schmarotzertums: eine Pflanze, die einer anderen nichts wegnimmt, sondern ihr etwas zukommen lässt. Dieser scheinbare Altruismus ist verblüffend, aber kleine Pflanzen, die im Schatten des Riesen keimen, sind höchstwahrscheinlich die eigenen Sprösslinge. Sucht der Riese also vorzugsweise und absichtlich den eigenen Nachwuchs aus, um ihm großzügig seine Gaben zukommen zu lassen? Bei dieser Frage kann einem schwindlig werden, aber das trifft auf alles zu, was mit dem Netzwerk der Pilze zu tun hat.

Jeder Wald der Welt profitiert von der eigenen Größe: Je größer er ist, desto besser ist jeder individuelle Baum vor gravierenden Wetterereignissen geschützt; je weiter ein Baum vom Waldrand entfernt steht, desto sicherer ist er. Ein Baum, der dem Wald hilft, größer zu werden, verfolgt damit eigene Interessen.

OBEN
Familie von Riesen: Stamm eines Mammutbaums mit kleineren Individuen dahinter. Sequoia National Park, Kalifornien, USA.

Wird ein Baum im Wald von einer Krankheit befallen, wird diese Information über das Pilznetzwerk an die anderen Bäume weitergeleitet. Das erlaubt den noch nicht befallenen Bäumen, ihr Immunsystem hochzufahren. Informationen über eine Krankheit lösen in Bäumen die Produktion von krankheitsabwehrenden Chemikalien aus. Man könnte von präventiver Medikation sprechen. Sollte die Krankheit zuschlagen, kann jeder ans Pilznetzwerk angeschlossene Baum schneller und wirkungsvoller darauf reagieren.

Das Kommunikationssystem funktioniert auch bei schädlichen Tieren – bei denen, die Förster oder ein Baum als Schädling ansehen würden. Unter Laborbedingungen wurde gezeigt, dass Ackerbohnen, die über das Pilznetzwerk verbunden sind, sich darüber in Kenntnis setzen, wenn ein Individuum von Blattläusen angegriffen wird. Nachbarpflanzen reagieren mit der Herstellung entsprechender chemischer Gegenmittel. Sollten die Blattläuse dann eintreffen, ist die Pflanze auf sie vorbereitet.

Dieses außergewöhnliche Kommunikationssystem hat aber auch eine Seite, die einen schaudern lässt. Manchmal schicken Pflanzen Toxine durch das Pilznetzwerk, die es einem

Konkurrenten in der Nachbarschaft schwer bis unmöglich machen, sich dort festzusetzen. Wenn es hier eine Moral gibt, dann, dass die Natur nicht dazu da ist, dem Menschen moralische Lehren zu erteilen. Wenn es uns um moralische Lehren geht, sollten wir uns an jene wenden, die zu moralischen Entscheidungen fähig sind.

Die Lehre, die wir aus der Entdeckung des Wood Wide Web und unserem vorläufigen – noch sehr groben – Verständnis davon ziehen sollten, betrifft die Biodiversität: die Einsicht, dass zur Schaffung eines Ökosystems viele unterschiedliche Arten nötig sind, die sich jeweils gegenseitig beeinflussen, auf eine Art und Weise, die nur schwer nachzuvollziehen, geschweige denn zu berechnen ist. Pilze brauchen Bäume, aber Bäume brauchen auch Pilze. In der Diversität liegen Stärke und Resilienz. Große, mächtige Lebewesen sind oft von winzigen, anscheinend unbedeutenden Dingen abhängig, wenn sie weiterhin existieren wollen: Das gehört zur großen Struktur der Biodiversität. Wenden wir uns daher einigen der größten, ältesten und zähesten Lebewesen zu, die es jemals auf der Erde gegeben hat, und sehen wir uns an, wie es ihnen ergeht.

Die Riesenmammutbäume, *Sequoiadendron giganteum*, in Kalifornien sind immergrüne Nadelbäume. Sie behalten ihre Blätter – ihre Nadeln – im Winter, in dieser Zeit blühen sie auch und verbreiten ihre Samen. Einst gab es sie an vielen anderen Standorten, aufgrund von Klimaveränderungen im Lauf der Jahrtausende sind sie mittlerweile nur noch in einem kleinen Teil von Kalifornien zu finden. Sie sind nicht ganz die höchsten Bäume der Erde – diese Ehre gebührt ihren nahen Verwandten, den Küstenmammutbäumen, *Sequoia sempervirens* –, aber sie sind die Bäume mit dem größten Stammvolumen. Sie sind die größten Lebewesen auf der Erde, wahrscheinlich die größten, die es jemals gegeben hat (das Great Barrier Reef ist vom Weltall aus sichtbar, besteht aber aus Millionen von Individuen).

Daraus folgt, dass ein reifer Riesenmammutbaum eine enorme Menge Wasser enthält. Ein neunzig Meter hoher Riese braucht am Tag 2000 Liter Wasser, besser geht es ihm mit 4000 Litern. Mengen in dieser Größenordnung können nicht jeden Tag garantiert werden; damit die Bäume ihr unvorstellbar hohes Alter erreichen – 3000 Jahre sind für sie durchaus im Bereich des Möglichen –, müssen sie mit einem gehörigen Maß an Toleranz und Resilienz ausgestattet sein. Sie ziehen Wasser aus unterirdischen Speichern und können periodische Trockenheiten überstehen. Man erreicht nicht diese Höhe, ohne mit Veränderungen und den Schwierigkeiten, die sie mit sich bringen, zurechtzukommen.

Oder, um es anders zu formulieren, es muss schon einiges zusammenkommen, um Mammutbäume aus der Fassung zu bringen. Sie haben alles gesehen, haben schlechte Zeiten erlebt, haben sie immer überstanden und auf die guten Zeiten gewartet. Jetzt aber,

GEGENÜBER
Besuch in einer Kathedrale: David Attenborough im Sequoia National Park, Kalifornien, USA.

es lässt sich nicht leugnen, sind sie aus der Fassung gebracht. Denn es ist einiges zusammengekommen. Sie zeigen es, indem sie Nadeln oder sogar Zweige abwerfen. Laubbäume werfen Blätter ab, um ihre Ressourcen zu schonen und die verlässlich vorhersehbare harte Zeit des Winters zu überstehen. Nadelbäume werfen ebenfalls die Blätter – die Nadeln – ab, aber aus Selbstschutz und nicht als Teil des normalen jahreszeitlichen Rhythmus. Es ist eine außergewöhnliche Reaktion.

Das Abwerfen der Blätter ist der Versuch, Wasser zu konservieren. So wie Weihnachtsbäume im Wohnzimmer der Familie ihre Nadeln verteilen, wenn sie absterben, so werfen Mammutbäume Nadeln ab, um weiterhin am Leben zu bleiben. Sie sind es gewohnt, ihr Wasser von der Schneeschmelze in der Sierra Nevada zu beziehen, einer sechshundert Kilometer langen Bergkette, die sich zum größten Teil auf dem Gebiet von Kalifornien befindet. Die Berge sind, soweit es die Bäume betrifft, immer schon hier gewesen, ein weitläufiger Wasserspeicher, der langsam und im Einklang mit der sich das gesamte Jahr hinziehenden Schneeschmelze sein Wasser abgibt, das die Bäume aufnehmen können. Jetzt aber fällt wesentlich weniger Schnee, der dazu noch sehr viel schneller schmilzt. Das unterirdisch gespeicherte Wasser ist aufgebraucht. Messungen, die über längere Zeiträume

OBEN

Das Filmteam bei der Begutachtung von Aufnahmen im Sequoia National Park, Kalifornien, USA. Von links nach rechts: Produzentin Rosie Thomas, Produzent der TV-Reihe Rupert Barrington, Kameramann Robin Fox, Sir David Attenborough, Produktionsassistent Alistair Tones.

durchgeführt wurden, zeigen, dass Mammutbäume mit Dürreperioden weniger gut umgehen können als noch ein Jahrzehnt zuvor. Das alles tritt in Kombination mit anderen Problemen auf, die mit der Zerstörung großer Teile der ursprünglichen Landschaft und dem unterdrückten natürlichen Waldbrandzyklus zu tun haben. Das Problem aber, das die Mammutbäume aus der Fassung bringt, ist der Klimawandel.

Wir haben mit dem unvorstellbar komplexen System, das den Planeten antreibt, Schindluder getrieben. Allmählich erschließen sich uns die unbeabsichtigten Folgen unseres Tuns und unserer Entscheidungen. Seit mehr als zwei Jahrzehnten weisen Wissenschaftler und Naturschützer mit zunehmender Dringlichkeit auf den Ernst der Lage hin. David Attenborough hat den Klimawandel als »unsere größte Bedrohung seit Jahrtausenden beschrieben«: das heißt, größer als die Pest, größer als die Weltkriege. Die große Herausforderung für die Menschheit besteht darin, zu erkennen, dass es jetzt passiert und dass es wirklich wichtig ist. Die größten Bäume der Erde, die Tausende von Jahren überlebt haben, die zähesten Wesen, die es jemals gegeben hat, werfen ihre Äste ab, weil sie nicht mehr mit dem zurechtkommen, was wir angerichtet haben. Hilft uns das zu begreifen, wie real diese Krise ist?

OBEN
In den Himmel aufragend: Riesenmammutbaum im Sequoia National Forest, Kalifornien, USA.

WASSERWELTEN

Das Leben hat im Meer angefangen und ist an Land gegangen. Diesen Übergang beschreiben wir gern mit heroischen Begriffen: als Eroberung des Landes, als hätten unsere Vorfahren schreckliche Kämpfe zu bestehen gehabt, bis der Mensch schließlich so leben konnte, wie wir es heute tun. Im Allgemeinen vergessen wir, dass alles mit Pflanzen begonnen hat. Natürlich. Warum sollten Tiere oder Pilze an Land gehen, wenn es dort keine Pflanzen gibt, von denen sie sich ernähren können? Es war ein langer, komplizierter Prozess, aber die fossilen Überreste von Laubmoosen und Lebermoosen lassen sich auf ein Alter von 470 Millionen Jahren datieren. Auf diese Pflanzen folgten Tiere, erst kleine Wirbellose, schließlich, vor 367,5 Millionen Jahren – eine Datumsangabe von irritierender Genauigkeit –, wandelten dann die ersten Lebewesen mit einer Wirbelsäule, die Tetrapoden, über die Erde.

Aber dieser heroische Fortschritt – dieses vermeintliche Fortschreiten in immer eine Richtung – geriet durcheinander. Manche Landlebewesen kehrten ins Wasser zurück und zeigen uns auf verblüffende Weise, dass die Evolution eben nicht geradlinig verläuft und nicht auf das spezifische Ziel, die Erschaffung des Menschen, ausgerichtet ist. Das Leben nimmt die Formen an, die die Bedingungen ihm diktieren. Ist eine Lebensweise möglich, die regressiv erscheint, ist es sehr wahrscheinlich, dass irgendein Lebewesen sie auch ergreifen wird. Anhand der Wüsten-Mistel aus dem zweiten Kapitel haben wir bereits gesehen, dass die Evolution jederzeit bereit ist, Komplexität zugunsten von Einfachheit aufzugeben, wenn das Einfache Vorteile mit sich bringt. Und immer wieder konnten wir sehen, dass Lebewesen, die an Land lebten, zurück ins Wasser gingen und den Schritt nie bereut haben.

Wir Säugetiere sind evolutionär dem Land angepasst, dennoch gibt es viele im Wasser lebende Säugetiere, unter ihnen Otter, die ihre Beine behalten haben und an Land genauso zurechtkommen wie im Wasser, Robben, deren Gliedmaßen zu Flossen umgewandelt wurden, die zur Geburt aber ans Land müssen, sowie Wale und Delfine, die sich ausschließlich im Wasser aufhalten und mit dem Land so wenig wie möglich zu tun haben.

Die gleiche Geschichte der gegenläufigen Evolution, eine Rückkehr ins Wasser, findet sich auch im Pflanzenreich. Die Geschichten hier sind weniger bekannt und weniger offensichtlich, aber auch hier haben Pflanzen, die ans Land angepasst sind, Arten hervorgebracht, die das Wasser zu ihrem Lebensraum erkoren haben. Die Vorteile und Herausforderungen, mit denen sie konfrontiert werden, sind ebenso faszinierend und, wenn man so will, heroisch wie die der Pflanzen, die es bevorzugen, ihre Füße trocken zu halten.

GEGENÜBER
Salatdiät: Schermaus beim Verspeisen von Wasserpflanzen. Kent, England.

Auf den ersten Blick spricht einiges dafür, dass eine Pflanze ins Wasser zurückkehrt. Der erste und offensichtlichste Vorteil ist der ununterbrochene Zugang zu Wasser. Das Leben der Wasserpflanzen hat nur wenig mit dem der Kakteen und der anderen Wüstenpflanzen aus dem zweiten Kapitel gemein. Es besteht keine Notwendigkeit, Wasser zu speichern und es zu schützen, wenn man in jeder Sekunde seines Daseins von ihm umspült wird. Viele Fließgewässer sind reich an Sauerstoff und Nährstoffen, sie müssen nicht erst mühsam, mittels großartiger Anpassungen gewonnen werden. Eine Pflanze auf einer offenen Wasseroberfläche ist weit vom Schatten der Bäume entfernt; den Konkurrenzkampf ums Licht, wie er im ersten Kapitel über die Regenwälder beschrieben wurde, gibt es für die Pflanzen, die ins Wasser zurückgekehrt sind, nicht – obwohl hier, abhängig von der Wassertiefe, Pflanzen an der Oberfläche die unten lebenden verschatten können.

Jede Umgebung hat ihre eigenen Herausforderungen, denen sich die unterschiedlichen Lebensformen anpassen, um mit ihnen zurechtzukommen. Ein schnell fließender Bach

OBEN
Festgehalten: blühende Apinagia *in den Peti-Stromschnellen, Gran Rio, Surinam.*

ist eine der herausforderndsten Umgebungen, die sich eine Pflanze aussuchen kann. In einem Bergbach rauscht das Wasser mit Tausenden Litern pro Stunde an der Pflanze vorbei. Das Problem dabei: Das Wasser kann die Pflanze mitsamt ihren Wurzeln losreißen und sie flussabwärts spülen. Bergbäche haben große zerstörerische Kraft, sie führen wirbelndes Treibgut und Geröll mit sich; Pflanzen ohne festen Halt sind verloren. Sie müssen immensen Kräften standhalten, unter Bedingungen, die einem erwachsenen Menschen die Beine wegziehen.

Man sagt, etwas sei »rein wie ein Bergbach«, was tatsächlich eine gute Entsprechung ist. Bergbäche sind so rein, dass sie nur sehr wenige Nährstoffe enthalten. Eine weitere Herausforderung für Wasserpflanzen: Sie müssen Nährstoffe aufgreifen, die von immensen Wassermassen in winzigen Mengen angespült werden. Dann stellt sich die Frage nach dem Licht. Licht wird von Wasser stärker absorbiert als von der Luft. Ein Unterwasserfotograf wird Ihnen erzählen, dass Wasser »das Licht frisst«. Je tiefer eine Pflanze unter der Wasseroberfläche lebt, desto weniger Licht bekommt sie. Bei Sedimenten im Gewässer vergrößert sich dieses Problem noch, aber alle Pflanzen im Wasser müssen mit dem Umstand zurechtkommen, dass die Fotosynthese – zur Nahrungserzeugung – umso schwieriger wird, je tiefer die Blätter unter der Oberfläche liegen. Dazu kommt, dass der Wasserstand im Einklang mit den Jahreszeiten häufig schwanken kann. Eine Pflanze, die eine für ihre weitere Existenz ideale Höhe erreicht hat, kann sich mit einem Mal tief unter der Wasseroberfläche befinden oder vollständig der Sonne ausgesetzt sein. In einer solchen Umgebung ist Flexibilität die Grundbedingung fürs Überleben.

Das zeigt sich in geradezu fantastischem Ausmaß auf einem hundert Kilometer langen Abschnitt des kolumbianischen Flusses Caño Cristales, eines Nebenflusses des Guayabero, der zum Orinoco-System gehört. Nach dem Ende der Unruhen in Kolumbien, nachdem das Land wieder sicher zu bereisen war, hat man erkannt, dass der Caño Cristales zu den großen Naturwundern der Welt gehört. Ihm wurden zahlreiche Namen verliehen: Regenbogenfluss, flüssiger Regenbogen, Fluss der fünf Farben, Fluss, der im Himmel entsprungen ist, oder einfach schönster Fluss der Welt.

Seine Fließgeschwindigkeit ist hoch, er hat viele Stromschnellen und Katarakte. Der Wasserspiegel variiert von Jahreszeit zu Jahreszeit. Die dominierende Pflanze in diesem Gewässer ist *Macarenia clavigera*, deren größte Aufgabe es meistens ist, sich an die Felsen zu krallen. Stellen sich aber optimale Bedingungen ein, ändert sich alles – dann blüht die Pflanze. Herrschen die genau richtigen Lichtverhältnisse und die richtige Temperatur, sinkt der Wasserspiegel auf den genau richtigen Stand und strömt das Wasser klar und blau über die schwarzen Felsen und den gelben Sand, zeichnen sich die Pflanzen in einem Grün- und einem erstaunlichen Rotton ab – wahrscheinlich die letzte Farbe, die man zumindest in dieser Intensität in einem Fluss erwarten würde. Einige wenige Wochen lang ergibt dieses Farbspiel eines der herrlichsten Naturspektakel der Welt. Die normalen, üblichen Farben des Flusses treten in den Hintergrund, und vor einem liegt eine Flusslandschaft aus Gelb, Grün, Blau, Schwarz und knalligem Rot.

Diese Pflanzen, die die außerordentlich schwierige, sich schnell bewegende Umgebung nutzen, sind Ökosystem-Ingenieure: Sie schaffen die Grundlage für die Ansiedlung vieler anderer Arten. Wirbellose und Fische sind abhängig von den Nährstoffen, die die Pflanzen in ihrem Gewebe speichern.

Angesichts der außergewöhnlichen Schönheit, die sich dem Betrachter auftut, erscheint es beckmesserisch und vorsätzlich mäkelig, wenn man zu bedenken gibt, dass es dieses Schauspiel möglicherweise nicht mehr lange geben wird. Aber es ist Aufgabe der Natur-

GEGENÜBER
Der flüssige Regenbogen bei voller Strömung: zwei Aufnahmen des Caño Cristales. La Macarena, Kolumbien.

schützer, die Welt zu betrachten, wie sie ist, nicht, wie wir sie gern hätten. Es sei also angemerkt, dass der Fluss, der dem Himmel entsprungen ist, durch die Suche nach Erdölvorkommen und Waldrodungen im Oberlauf gefährdet ist.

Man würde meinen, das sauberste, frischeste, reinste Wasser wäre für Pflanzen der Himmel auf Erden. Aber Wasser ist nur ein Teil der Bedürfnisse. Pflanzen brauchen auch Mineralien und Nährstoffe, unter anderem Stickstoff für die Herstellung von Chlorophyll, was die Fotosynthese erst ermöglicht; Phosphor zum Wachstum der Wurzeln und Blüten; Kalium für die Festigkeit, das frühe Wachstum und die Wasserspeicherung; Magnesium für die Grünfärbung, die essenziell ist für die Fotosynthese; Schwefel für die Samenerzeugung und die Widerstandskraft gegen Krankheiten; sowie Kalzium für das Wachstum und die Entwicklung der Zellwände. Weitere Nährstoffe in Form von Spurenelementen sind ebenfalls wichtig. Unter Normalbedingungen zieht die Pflanze diese lebenswichtigen Dinge aus der Erde; deshalb muss der Mensch, der domestizierte Pflanzen anbaut, Nährstoffe dem Boden zugeben, will er anhaltende Erträge haben. Dies geschieht in Form von natürlichen Düngern wie Mist oder Knochenmehl oder der zahllosen synthetischen Dünger.

Wildpflanzen allerdings müssen ihre eigenen Nährstoffe finden, was in manchen Fällen ein harter Kampf ist. Gehen wir also weiter zur Landschaft der Tepuis in Venezuela und Guyana: den atemberaubenden Tafelbergen, die Sir Arthur Conan Doyle zu seinem Roman *Die vergessene Welt* inspiriert haben. Dinosaurier sind in den realen Tepuis allerdings nicht zu finden, dafür, wenn man nur näher hinsieht, Stoff für Fantasy im Übermaß.

Es regnet auf diesen Tafelbergen. Es regnet heftig, und es regnet täglich. Der Regen wäscht die sowieso bereits mit nur wenigen Nährstoffen gesegnete Erde auf den Sandsteinplateaus weg. Die Pflanzen, die in dieser Welt des Wassers leben, müssen Herausforderungen meistern, die kaum weniger extrem sind als die in der Wüste. Wasser ist im Überfluss vorhanden, aber es lässt sich nur schwer fassen, weil es kaum Erde gibt, die sie auffängt. Bromelien bilden daher aufrecht stehende Blätter, die um einen Trichter herum gruppiert sind. Sehr schön ist das an der Ananas zu sehen. Man kann den grünen Strunk der Ananasfrucht einpflanzen; wässert man ihn, bemerkt man, dass sich ein Teil des Wassers innerhalb der Blätter sammelt. Es gibt etwa 3500 Bromelienarten, die meisten davon im tropischen Amerika. Manche wachsen als Epiphyten auf den Zweigen der Bäume im Regenwald und sammeln in ihren Trichtern, fernab vom Boden, Wasser, sodass sie gern von Baumfröschen aufgesucht werden.

GEGENÜBER
Umgang mit Nahrungsmangel: Kannenpflanzen und Bromelien auf einem regenumtosten Tepui. Nationalpark Canaima, Bolivar, Venezuela.

Die Bromelienarten auf den Tepuis besitzen ebenfalls diese mit Stacheln versehenen Blattrosetten, mit denen sie Regenwasser sammeln. Die kleinen Trichter sind auch für Insekten attraktiv. Die Blätter dieser Pflanzen sind häufig von leuchtend gelber Farbe und sehr auffällig. Insekten werden dazu verführt, diese Pseudoblüten aufzusuchen, häufig verlieren sie auf der wächsernen Blattoberfläche den Halt, schlittern in den Trichter und ertrinken. Manche Wirbellose können das Wasser in den Trichtern nutzen, ohne dabei umzukommen, hinterlassen aber Nährstoffe durch ihre winzigen Ausscheidungen. Somit brauen sich Bromelien in ihren Blattrosetten eine nährstoffreiche Suppe, die über die Blätter absorbiert wird.

Bromelientrichter sind eine reiche Nahrungsquelle in einer nährstoffarmen Umgebung. Dadurch werden sie für viele andere Lebewesen interessant. Zu ihnen gehört der Wasserschlauch, der sich damit rühmen kann, die schnellste Pflanze der Welt zu sein. Jedenfalls vollführt er die schnellste bekannte Bewegung im Pflanzenreich. Die Pflanze definiert sich überhaupt durch Bewegung, ein Widerspruch, wie wir bereits gesehen haben. Der erste Teil der Bewegung dient der Erkundung: Lange, sensible Luftsprossen bewegen sich von der Pflanze fort und erkunden die in der Nachbarschaft wachsenden Bromelien. Finden sie eine geeignete Pflanze, wachsen sie in den Trichter hinein. Und dort ändern die Luftsprossen ihre Gestalt. Jetzt dienen sie nicht mehr der Erkundung, sondern werden zu einer Falle.

Die Pflanze bildet eine Reihe von kleinen Blasen, aus denen, wenn sie voll entwickelt sind, über Drüsen das für ihre Bildung erforderliche Wasser abgesaugt wird. Damit wird ein partieller Unterdruck erzeugt. Die Blase ist mit einem mit feinen Borsten versehenen Eingang ausgestattet. Wirbellose, die im Trichter leben oder sich daraus zu befreien versuchen, stoßen gegen die Borsten, und, »peng« – wird das Vakuum abgebaut, die Blase implodiert, und das Tier wird eingesogen. Fast so wie in dem Roman *Goldfinger*, wenn James Bonds Gegenspieler durch den Druckunterschied zwischen drinnen und draußen aus einem Flugzeugfenster gesaugt wird. Der Wasserschlauch bereitet dann wieder die Falle vor, während die Pflanze langsam das Mahl verdaut und die dargebotenen Nährstoffe aufnimmt.

Pflanzen, die Tiere fangen, töten und verspeisen, haben immer schon die menschliche Vorstellungskraft angeregt. Manchmal sind sie reine Fantasieprodukte wie die Pflanzen in John Wyndhams *Die Triffids* oder Audrey II in der Musical-Kömodie *Der kleine Horrorladen*. Aber manchmal sind sie real, auch wenn ihre Größe kaum dazu ausreicht, Menschen zu jagen und zu verschlingen. Charles Darwin sagte über die Venusfliegenfalle, sie sei

GEGENÜBER
Die schnellsten Pflanzen der Welt.

OBEN LINKS *Blase eines Wasserschlauchs im Elektronenmikroskop.*

OBEN RECHTS *Gewöhnlicher Wasserschlauch mit gefangener Mückenlarve, deren Kopf gerade noch sichtbar ist.*

UNTEN *Eingang zur Blase.*

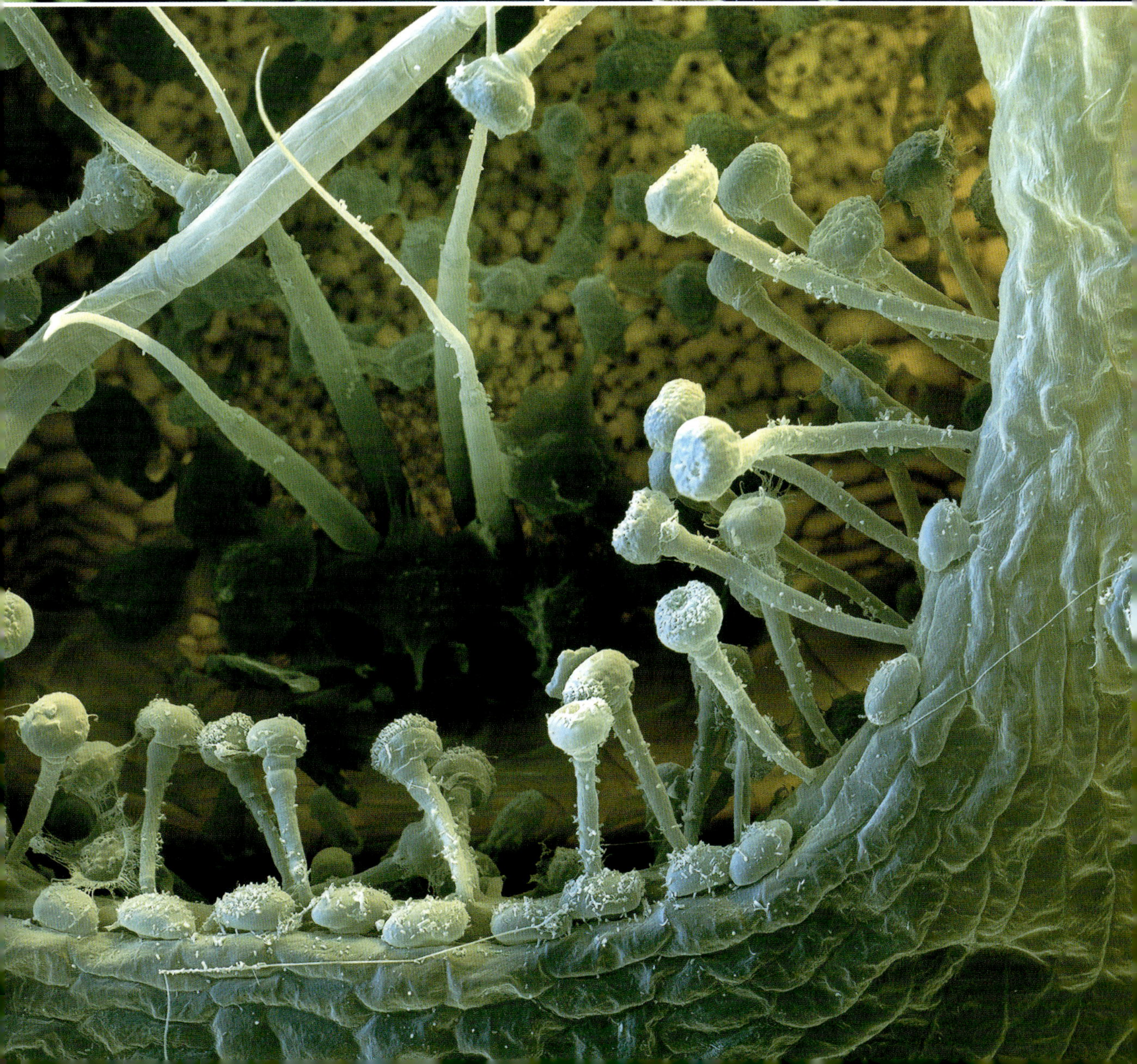

»eine der wunderbarsten Pflanzen der Welt«, er selbst bot seinen Exemplaren hart gekochte Eier und Rindfleisch an, um zu sehen, wie sie damit zurechtkommen.

Das Bild dieser Pflanze mit ihrer stacheligen Falle ist weltbekannt, eine große Errungenschaft für eine kleine Pflanze, die in der Natur nur in den Sümpfen und Feuchtsavannen von North und South Carolina in den USA vorkommt und eine maximale Wuchshöhe von zehn Zentimeter erreicht. Wie wir auf den Tepuis in Südamerika gesehen haben, können Feuchtgebiete anspruchsvolle Habitate für Pflanzen sein. Ein wassergesättigter Boden, in dem Mikroben organische Materie aufbereiten und den Pflanzen Nährstoffe verfügbar machen, ist ein mit sehr viel weniger Stress behaftetes Habitat als Gegenden, in denen fließendes Wasser solche Nährstoffe einfach wegspült.

Eine Lösung dafür ist, ein Fleischfresser zu werden – Tiere zu konsumieren. Die Idee ist so naheliegend, dass sie sich unabhängig voneinander mindestens sechsmal unter

OBEN
Die Pflanze, die zählen kann: David Attenborough und Kameramann Robin Fox in einem Treibhaus der Kew Gardens, London, beim Filmen einer Venusfliegenfalle.

Pflanzen entwickelt hat; weltweit gibt es an die sechshundert Karnivoren – fleischfressende Pflanzen. Zu ihnen gehören der Sonnentau und die Kannenpflanzen, mit denen wir uns schon im ersten Kapital beschäftigt haben. Allerdings gibt es nur zwei Arten, die Klappfallen entwickelt haben: Eine ist die Wasserfalle, die andere die berüchtigte Venusfliegenfalle. Letztere kann innerhalb einer halben Sekunde ihre Klappe zufallen lassen; die Zeit ist variabel und abhängig von lokalen Bedingungen und dem Gesundheitszustand der Pflanze.

Das Zuklappen der Falle benötigt eine gewisse Energie, genau wie das erneute Öffnen. Und auch das Öffnen erfordert seine Zeit. Daraus ergibt sich, dass die Pflanze weder Zeit noch Ressourcen verschwenden möchte, indem sie Dinge in ihrer Klappe fängt, die sie nicht verdauen kann. Will sie effizient funktionieren, muss sie sich daher auf einer gewissen Ebene bewusst sein, was sie tut; sie muss Berechnungen anstellen und eine Reihe von Entscheidungen treffen, genau das, was auch die Triffids in Wyndhams apokalyptischem Meisterwerk tun. Die Venusfliegenfalle ist zu dem allen in der Lage.

Die Fertigkeiten der Venusfliegenfalle wurden in der TV-Reihe von *Unser grüner Planet* auf eindrucksvolle Weise demonstriert. Die Aufnahmen zeigen David Attenboroughs Freude an der Zauberei: nicht an seinen Zauberkräften, sondern an den unglaublichen Fähigkeiten der Natur. Attenborough ist kein Zauberkünstler, er ist viel besser. Er ist derjenige, der die Natur zeigen lässt, was sie am besten kann. In den Royal Botanic Gardens in Kew stellte er sich die Frage: Wie unterscheidet eine Venusfliegenfalle zwischen einem fliegenden Insekt und einem abgerissenen Blattfragment, einem Staubpartikel oder einem herangewehten Samen? Mit einem Pinsel berührte er eine der sensiblen Fühlborsten – wollen Sie raten, was passierte? Die Antwort ist cleverer, als Sie glauben: absolut nichts. Aber wenn er innerhalb von zwanzig Sekunden nach dem ersten noch einen zweiten Borsten berührte – *dann* schnappte die Falle zu, und die Kiefer schlossen sich.

Etwas, das nur einen einzigen Borsten berührt, ist wahrscheinlich unbeweglich: nur Plunder, der zufällig darauf gefallen ist. Aber etwas, das der ersten Berührung eine zweite folgen lässt – das muss etwas sein, was sich aus eigenem Antrieb bewegen kann. Das ist nicht Plunder, das ist Nahrung. Also zuschnappen, schließen und vielen Dank auch.

Die Verdauung selbst aber ist ein energieaufwendiger Prozess. Es hat keinen Sinn, damit zu beginnen, wenn die Beute so klein ist, dass sich der Aufwand nicht lohnt. Deshalb schließt sich die Klappe nur halb. Die Stacheln, die für uns mit Fantasie gesegneten Menschen wie grausame Fang- und Zerquetschwerkzeuge aussehen, sind in Wahrheit Gnadeninstrumente – zumindest ermöglichen sie der Pflanze, in ihrem Interesse zu

agieren, indem nicht gewünschte Beute wieder freigelassen wird. Die Stacheln bilden die Stäbe eines Käfigs, und wenn das Lebewesen klein genug ist, sich dazwischen wieder davonzumachen, dann soll es so sein: dann ist es den Aufwand, es zu verdauen, nicht wert, und kann freigelassen werden. Größere Beute bleibt im Inneren gefangen. Natürlich wird solche Beute versuchen, sich zu befreien, und dabei mit weiteren Fühlborsten in Berührung kommen. Hat eine Beute insgesamt fünfmal die Fühlborsten berührt, ist die Pflanze zufrieden, dass die lebende Beute es wert ist, gefressen zu werden – und die Falle schließt sich vollständig, die Stacheln verzahnen sich, die Falle wird hermetisch versiegelt und wird zu einem Magen. Verdauungssäfte machen sich an die Arbeit, bis die Beute konsumiert ist. Die Pflanze absorbiert die Nährstoffe und bekommt so, Beute für Beute, was sie braucht, um zu blühen und sich fortzupflanzen, also weitere Venusfliegenfallen zu produzieren.

Wir haben hier als nicht nur eine räuberische Pflanze, sondern eine, die über ein Gedächtnis verfügt und zählen kann. Eine Pflanze, die eine Herausforderung darstellt für

OBEN
Zu spät: Fliege in einer sich schließenden Venusfliegenfalle.

GEGENÜBER
Kein Ausweg mehr: Wespe in einer Venusfliegenfalle.

den menschlichen Ordnungssinn: für die von Aristoteles beschriebene *scala naturae*, die aber zweifellos so alt ist wie die Menschheit selbst und in der die Pflanzen über den Steinen, aber unterhalb der Tiere angeordnet sind – mit dem Menschen darüber, über dem dann nur noch die Engel, die Erzengel und Gott stehen.

Linné, der große Inventarisierer der Natur im 18. Jahrhundert – die erste Ausgabe seines großen Werks *Systema Naturae* erschien 1735 –, wies die Idee, dass es sich bei der Venusfliegenfalle um eine Karnivore handelt, kategorisch von sich, weil sie der *scala naturae* widersprach. Er schlug stattdessen vor, dass die Pflanze freundlicherweise Insekten vor dem Regen schütze. Darwin hingegen war, mehr als ein Jahrhundert später, fasziniert von allem, was unsere althergebrachten Grundannahmen infrage stellte. Er schätzte die Venusfliegenfalle und veröffentlichte 1875, sechzehn Jahre nach *Über den Ursprung der Arten*, seinen monumentalen Band *Insektenfressende Pflanzen*, in dem er mehr oder weniger zufällig die unausweichlichen Wahrheiten bekräftigte, die er zuvor schon aufgezeigt hatte.

Aber die Venusfliegenfalle hat ein Problem. Sie muss bestäubt werden und braucht dazu Insekten. Die eigenen potenziellen Bestäuber zu verdauen wäre selbstzerstörerisch. Da die Pflanze blüht, während die Fallen aktiv sind, könnte das zu einer selbst

geschaffenen Falle werden. Die Antwort scheint die räumliche Trennung von Blüten und Fallen zu sein. Die Blüten sitzen oben auf der Pflanze und locken fliegende Insekten, vor allem Bienen und Käfer an; die Falle liegt weiter unten und schnappt sich vor allem Tiere, die sich kriechend nähern. Die Beute besteht aus einem Drittel Ameisen und einem Drittel Spinnen, der Rest sind Grashüpfer, Käfer und andere – darunter auch kleine Frösche. Möglich ist auch, dass der Geruch und die Farben, mit denen Blüten und Fallen Tiere anlocken, auf jeweils unterschiedliche Arten abzielen.

Die Venusfliegenfalle sieht aus wie ein Zauberding, und David Attenborough hatte sicherlich seine Freude daran, ihre Künste vorzuführen. Der Zauber aber geht sehr viel weiter. Die Venusfliegenfalle ist wie ein Lieblingsbuch, ein so wundervolles Buch, dass es Ihnen, seinen hingebungsvollsten Lesern, fast als ein Werk der Zauberei erscheinen mag. Denkt man aber darüber nach, erkennt man, dass der viel größere Zauber darin liegt, dass es überhaupt Bücher gibt, dass Menschen ein Gehirn haben, dass dieses Gehirn die Sprache erschaffen hat und die Sprache Geschichten und Ideen und Lieder entstehen lässt. Ihr Lieblingsbuch ist vielleicht tatsächlich ein Wunder, aber in gewissem Sinn ist jedes Buch, das jemals gelesen wurde, wundervoll genug.

Das Gleiche trifft auf Pflanzen zu. Die Venusfliegenfalle ist in ihrer Art wunderbar und zwingt uns dazu, traditionelle Vorstellungen, was Pflanzen sind und was sie können, zu überdenken. Dennoch gibt es eine noch größere Wahrheit, die auf die Venusfliegenfalle zutrifft und auf jeden noch so bescheidenen grünen Fleck, der jemals auf diesem Planeten existiert hat: Sie können leben. Sie können atmen. Sie können mehr von ihrer Art hervorbringen, sodass sie in gewissem Sinn nie sterben. Verglichen mit diesem Wunder ist eine Pflanze, die zählen kann, die ein Gedächtnis hat und Spinnen frisst, etwas, was man, na ja, eigentlich erwarten könnte, wenn man der Evolution ein paar hundert Millionen Jahre Zeit gibt.

Pflanzen nehmen Kohlendioxid auf und geben Sauerstoff ab, wenn sie den lieben langen Tag mit der Fotosynthese beschäftigt sind. Wir Tiere tun das genaue Gegenteil. Das ist so vollkommen, so – wenn Sie wollen – zauberhaft eingerichtet, dass wir versucht sein könnten, uns mit Professor Pangloss zusammenzutun, der Figur aus Voltaires Roman *Candide*, der glaubt, alles sei zum Besten bestellt in der besten aller Welten: unsere Ohren und Nasen seien so ausgeklügelt gestaltet, damit wir Brillen tragen können.

Die Wahrheit ist ein wenig anders und, wenn Sie wollen, wundervoller. Allgemein hat man sich darauf verständig, dass das Leben vor 3,8 Milliarden Jahren begonnen hat und so, in Form von meist einzelligen Klümpchen, bis vor etwa 900 Millionen Jahren

GEGENÜBER
In Sicherheit: zwei Schwebfliegen auf einer Venusfliegenfalle; die Blüte ist für sie keine Gefahr.

angedauert hat. Wenn Ihnen das wenig unternehmungslustig erscheint, dann lassen Sie sich das noch mal durch den Kopf gehen. Diese Jahre waren nämlich unerlässlich für das größte Ereignis in der Geschichte des Lebens auf der Erde, abgesehen vom Beginn des Lebens selbst. Dieses Ereignis war natürlich die Fotosynthese. Cyanobakterien erwarben die Fähigkeit, Licht in Nahrung umzuwandeln – und als Abfallprodukt Sauerstoff abzugeben.

Im Lauf dieser Jahrmillionen veränderten sie damit die Atmosphäre des gesamten Planeten. Zwangsläufig tauchten Organismen auf, die diese neue und großartige Ressource für sich zu nutzen wussten. Pflanzen entwickelten sich und gaben noch mehr Sauerstoff ab. Ihnen folgten die Tiere an Land und machten sich das zunutze. Die Ankunft Fotosynthese betreibender Pflanzen an Land änderte alles. Pflanzen lieferten – und liefern – uns nicht nur Nahrung. Sie versorgen uns auch mit dem Stoff, der nötig ist, wenn wir länger als eine Minute am Leben bleiben wollen. Sauerstoff erlaubt uns, neue Zellen zu bilden, Energie zu finden, ein effektives Immunsystem zu betreiben. Der gesamte Sauerstoff der Erde, von dem wir so abhängig sind, wird von Pflanzen geliefert. Sie müssen mir das nicht unbedingt glauben. Die Fernsehsendung *Unser grüner Planet* demonstriert diese Tatsache sehr anschaulich, so anschaulich wie Attenborough, der mit dem Pinsel eine Venusfliegenfalle auslöst.

Schauen wir uns dazu einen kleinen Fluss in Brasilien an. Wie erwähnt, kann Wasser für Pflanzen eine schwierige Umgebung sein; Pflanzen brauchen Licht, das von Wasser aber sehr viel schneller absorbiert wird als von Licht. In einer Tiefe von hundert Metern kommt nur noch sehr wenig Licht an, jedenfalls so wenig, dass keine Fotosynthese mehr stattfinden kann. Außerdem befinden sich in vielen Gewässern dicke Sedimentschichten, die alles noch trüber machen.

Dieser brasilianische Fluss aber ist ein Wunder an Klarheit: klar wir Gin, der Boden ist in aller Schärfe sichtbar. Er speist sich aus Quellen, die im Flussbett entspringen und das Wasser mit gelöstem Kohlendioxid anreichern. Die in diesem Fluss ansässigen Pflanzen finden daher optimale Bedingungen für die Fotosynthese vor. Trifft das Sonnenlicht auf die Blätter dieser Wasserpflanzen, kommt es zu einer hocheffizienten Fotosynthese. Ein Blick durch das Mikroskop zeigt ebenfalls verstärkte Aktivität der Chloroplasten in den Zellen; Chloroplasten sind Organellen, die Fotosynthese betreiben, die Energie auffangen, sie umwandeln und speichern. Die Zahl der Chloroplasten in der Zelle schwankt von Pflanze zu Pflanze. In einzelligen Algenarten gibt es eine einzige, im Weizen und im Kohl hundert.

Wenn also um die Mittagszeit, wenn die Sonne am höchsten steht und das Licht am intensivsten ist, in diesem vollkommen klaren Gewässer Fotosynthese stattfindet, läuft dieser wesentliche Prozess im Pflanzenleben extrem verstärkt ab. Und da die Pflanzen im Wasser stehen, können wir das mit eigenen Augen sehen, ohne die Hilfe eines Mikroskops, ohne dass Sie mein Wort einfach als gegeben hinnehmen müssen. In einer Demonstration, die so schön und so zauberhaft ist wie alles, was David Attenborough uns je gezeigt hat – und das will einiges heißen –, vollführen diese Pflanzen ihren eigenen Zaubertrick. Sie sprudeln. Sie geben ihren Sauerstoff ans Wasser ab, das damit zu sprudeln beginnt.

OBEN UND UMSEITIG
Das Geheimnis des Lebens sichtbar gemacht: Pflanzen, die im Zuge der Fotosynthese Sauerstoff erzeugen, in einem Nebenfluss des Rio São Benedito, Bundesstaat Pará, Brasilien.

Sprudelnde Pflanzen, Sauerstoffbläschen im Wasser machen den Prozess der Fotosynthese sichtbar: Ich muss zugeben, für mich war das die anschaulichste Sequenz der insgesamt so wunderbaren Aufnahmen in *Unser grüner Planet*. Vieles mag aufregender klingen, besonders wohl die immer hungrige, kühl kalkulierende Venusfliegenfalle. Aber diese simple Demonstration eines der grundlegenden Lebensprozesse, des einen Prozesses, der alles andere Leben erst ermöglicht, zeichnet sich für mich durch ihre grundlegende

Schönheit und ihre weitgreifende Bedeutung aus. In diesem Gewässer sprudelt das Leben wie Champagner.

Es ist, wenn Sie so wollen, das perfekte Bild der Fotosynthese – dennoch sollten wir uns hüten, der Natur irgendeine Perfektion zuzuschreiben. Wir haben Gefallen daran, den Lauf eines Geparden, eine voll belaubte Eiche oder eine blühende Rose als perfekt zu bezeichnen, aber um Perfektion geht es nicht. Die Evolution hat es nicht auf Perfektion

abgesehen. Es geht immer um die Hoffnung, genug für diesen und für den nächsten Tag zu finden: genug, damit ein Individuum sein Ziel erreichen kann, sich fortzupflanzen. Darauf zielt die Evolution ab, egal wie. Sie hat nicht den Ehrgeiz, ein Meisterwerk zu erschaffen. Vergleichen wir es eher mit dem Kochen, wenn man eingeschneit ist: Man muss mit dem, was gerade im Vorratsschrank vorhanden ist, eine Reihe von Mahlzeiten zubereiten. Manchmal ergibt sich daraus ein kulinarischer Hochgenuss, manchmal entsteht nur ein Essen, das zumindest so nahrhaft ist, um eine ganze Familie satt zu kriegen. Die Evolution beginnt nicht bei null und hat nicht das Ziel, zur Vollkommenheit zu gelangen. Wir haben effiziente Lungen, weil die ersten Wirbeltiere, die sich ans trockene Land aufmachten, Schwimmblasen hatten, die entwickelt wurden, damit sich die Tiere unter

OBEN
Maß nehmen: Marimo oder Algenball im Akan-See, Japan.

Wasser besser bewegen können – diese erwiesen sich dann als ausgesprochen nützlich, wenn statt Wasser Luft einzuatmen war. Der Vorderlauf eines Pferds, die Schwinge einer Fledermaus, die Bauchflosse eines Buckelwals, die Pranke eines Löwen und die Hand, die diese Wörter schreibt, basieren alle auf der gleichen Vorlage.

Es geht also nicht um Perfektion. Perfektion ist eher ein Begriff aus dem Geometrieunterricht an der Schule mit seinen vollkommenen Kreisen und gleichschenkeligen Dreiecken, vielleicht gehört sie auch in die unangreifbare Welt der reinen Mathematik. Wenn wir in der Natur auf etwas stoßen, das aussieht, als wäre es perfekt, sind wir eher fasziniert von seinen Missverhältnissen. Wenn wir etwas erblicken, das aussieht wie eine vollkommen kugelförmige Pflanze, dürfen wir staunen.

Die meisten Pflanzen – sofern sie nicht in Form eines Samens existieren – sind an einem Fleck verankert. So funktionieren sie, aber dadurch sind sie auch gefährdet: In Gewässern kann der Wasserstand schwanken, sie können überflutet werden oder im Trockenen sitzen. Die Marimos im Akan-See in Japan sind in der Lage, sich zu bewegen – die Antwort auf die veränderlichen Bedingungen in ihrem Habitat. Streng genommen sind sie keine Pflanzen, sondern Fotosynthese betreibende Grünalgen, die die Energie der Sonne benötigen, um Nahrung herzustellen. Sie sind beliebt bei Aquarienfreunden, die sie als Japanische Mooskugeln kennen. Marimos finden sich im gesamten Winter als flache, grüne Klumpen entlang der vereisten Küste des Akan-Sees und sind außer für Algenspezialisten für niemanden von rechtem Interesse.

Aber wenn das Eis taut, werden sie ins Wasser gespült. Was gefährlich sein kann. Der See zieht Schwärme von Singschwänen an. Die Vögel ernähren sich, indem sie mit ihren langen Hälsen unter Wasser gründeln; ein dicht gepacktes Algenbüschel kommt dann wie gerufen. Aber genügend Büschel rollen in die tieferen Seeabschnitte, wo auch die langen Schwanenhälse nicht mehr hinkommen.

Sie rollen, kullern und kollidieren miteinander und werden dabei teilweise abgeschliffen; was dabei abläuft, gleicht der ständigen Bewegung, durch die auch die glatten runden Strandkiesel erzeugt werden, nur geschieht es sehr viel schneller. Hier wie dort werden Dinge erschaffen, die nahe dran sind an perfekten, wenngleich – wie zumindest im Fall der Marimos – etwas flauschigen Kugeln: perfekte runde Lebenskugeln. Die erfolgreichen Individuen finden einen sicheren Platz: weit weg von der Oberfläche, wo sie vor Räubern geschützt sind, aber noch nah genug, um genügend Licht für die Fotosynthese zu erhalten. Viele von ihnen können denselben Standort zur selben Zeit besiedeln. Manchmal kann man Ansammlungen von 10 000 Exemplaren finden; insgesamt wurden für den Akan-See

600 Millionen Marimos geschätzt. Ihr Anblick war mit einer zeitgenössischen Kunstinstallation verglichen worden – jedenfalls sehen sie, so geballt, nicht unbedingt wie ein Naturprodukt aus. Die größten dieser Kugeln können zweihundert Jahre alt werden.

Als Kugeln können sie rollen, was von Vorteil ist. Der Wind setzt das Wasser mehr oder weniger konstant in Bewegung und erzeugt Strömungen, die die Marimos mit sich reißen. Außerdem steigen sie während des Tages an die Oberfläche und sinken in der Nacht zum Seegrund ab. Zum Teil geschieht dies wegen der Fotosynthese. Der dabei erzeugte Sauerstoff ist in Form von Bläschen im Fädengewirr gefangen, weshalb die Kugeln schweben. Und dabei vibrieren, rotieren, sich drehen, sodass ihre gesamte sphärische

OBEN
Unnatürlich aussehende Natur: Wasserströmungen setzen diese Algenklumpen in Bewegung, schleifen die rauen Kanten ab und lassen Marimokugeln entstehen. Akan-See, Japan.

Fläche der Sonne zugewendet und die Fotosynthese befördert wird. Andere Algenarten besiedeln die Marimos, aber da diese in den vom Wind erzeugten Strömungen ständig miteinander kollidieren, werden die konkurrierenden Algen immer wieder abgeschliffen. Könnten sie sich ungehindert festsetzen, würden die invasiven Algen die Marimos vollständig bedecken, das Sonnenlicht blockieren und sie töten. Da die Kugeln aber ständig in Bewegung sind, haben die Invasoren keine Chance.

Das Marimo-Phänomen war früher weltweit verbreitet. Kolonien fanden sich in Nordamerika und Nordeuropa. Damit ist es vorbei. Marimos benötigen zum Überleben flache Seen und konstanten Wind. Bedingungen, die nicht unbedingt anspruchsvoll und

deshalb in vielen Seen der Welt anzutreffen sind. Aber sie brauchen auch unverschmutztes Wasser, und das hat in der modernen Welt mittlerweile Seltenheitswert. Vor einem Jahrhundert gab es noch viele Marimo-Seen. Mittlerweile sind nur noch wenige übrig, in denen uns diese Algenkugeln ihre unheimliche, ans Unnatürliche grenzende Vollkommenheit präsentieren.

Je mehr man sich mit der Natur beschäftigt, desto vertrauter wird das Gefühl des Unwirklichen, das sich immer wieder einstellt. Alle Naturforscher kennen das: wenn es einem schwerfällt, etwas zu glauben, das sich doch klar und deutlich vor den eigenen Augen ereignet. Ein klassisches Beispiel dafür ist der Champagnerfluss in Brasilien, das Gewässer, das uns so bildhaft die sprudelnde, lebensspendende Kraft der Fotosynthese gezeigt hat. In diesem schnell fließenden und wunderbar klaren Wasser müssen sich die Pflanzen am Grund verankern. Manche befestigen sich am Felsgrund, andere an einzelnen Steinen. Der Wasserstand variiert von Jahreszeit zu Jahreszeit und von Jahr zu Jahr, und manchmal, bei Hochwasser, steigt der Wasserspiegel extrem an. Pflanzen, die sonst an

OBEN UND GEGENÜBER
Steinträger: Pflanzen aus der Familie der Pfeifenwurzgewächse heben Steine vom Flussbett eines Nebenflusses des Rio São Benedito, Brasilien.

der Oberfläche treiben, sind nun mit einem Mal in einem Meter Tiefe. Aber Stängel und Blätter, genährt von dem im kristallklaren Wasser verfügbaren Sonnenlicht, sind oft dick und fleischig, weshalb die Pflanzen über einen überraschend großen Auftrieb verfügen. Und so geschieht etwas Seltsames: Die Pflanzen, die an losen Steinen verankert sind, strecken sich hoch zur Oberfläche, treiben hinauf und nehmen die Steine einfach mit sich. Das tun die Pflanzen in großer Zahl, sodass es von unten wie ein Ballonrennen aussieht: anmutige, bauchige Gestalten, von denen jede einen kleinen, angehängten Ballast mit sich führt.

Nur handelt es sich bei diesen prachtvollen Ballonfahrten nicht um eine wundersame Anpassung der Pflanze, die ihrem Überleben dient, sondern um eine Katastrophe. Die einzelnen, nun an der Oberfläche treibenden Pflanzen verheddern sich ineinander, bilden klumpige Inseln und sterben ab … und führen ihre Nährstoffe wieder den Heimatgewässern zu. Denn in der Natur ist kein Tod umsonst. Dieses Treibgut aus verrottender Vegetation lockt Aberhunderte Schmetterlinge an, die wie ein Konfettiregen niedergehen und die Nährstoffe der toten Pflanzen aufsaugen.

Zu den Nachteilen, wenn man das Wasser zu seinem Zuhause macht, gehört es, dass es nicht immer vorhanden ist. Wasserhabitate kommen und gehen manchmal mit den

Jahreszeiten; Teiche, Lagunen, kleine Seen können voller Wasser und Leben und zu anderen Zeiten so trocken sein, als wären sie nie mit Wasser gefüllt gewesen. Trockengefallene Teiche sind möglicherweise über längere Zeitabschnitte ohne Wasser, aber dann tritt eine Veränderung ein; vielleicht ändert der Fluss seinen Lauf, vielleicht wird eine lange Dürreperiode von anhaltenden Regenfällen abgelöst – und alles ist anders. Das Gebiet liegt wieder unter Wasser. Jede Pflanze, die sich hier angesiedelt hat, stellt das natürlich vor gewisse Herausforderungen.

Von der Lotosblume gibt es lediglich zwei Arten, beide gelten in vielen asiatischen Religionen als heilig. Die Blume findet man in der Kunst des Hinduismus, Buddhismus, Sikhismus und Jainismus. Sie wachsen – mit ihren wunderschönen komplexen Blüten, die bis zu dreißig Zentimeter Durchmesser haben können – in Schwemmebenen, langsam fließenden Gewässern und Flussdeltas, finden sich von Indien ausgehend in ganz Ostasien und wurden, wahrscheinlich durch den Menschen, nach Neuguinea und Australien verbreitet. Die Pflanze ist an die Wechselfälle ihrer Umgebung angepasst und hat eine Strategie entwickelt, um mit dem periodisch verschwindenden Wasser zurechtzukommen.

OBEN
Köstliche Mahlzeit: Ein Blaustirn-Blatthühnchen ernährt sich von einer Seerose; Phinda Game Reserve, Südafrika.

GEGENÜBER
Wunderschöner Irrtum: Eine Seerose hat die Blüte unter Wasser geöffnet und ist somit unerreichbar für Bestäuber. Département Ain, Frankreich.

UMSEITIG
Welt des Wassers: jahreszeitlich überschwemmte Felder im Pantanal, südwestliches Brasilien.

Lotosblumen überdauern Trockenzeiten in Form von Samen, die besonders hart und wasserdicht sind und lange Zeit überstehen können. Ein Jahrhundert ist nichts für einen Lotossamen. Der Rekord liegt bei 1300 Jahren. Ein so alter Same wurde tatsächlich wieder zum Leben erweckt.

Andere Wasserpflanzen folgen weniger extremen, aber nicht weniger anspruchsvollen Lebensweisen, ruhen während der Trockenphasen und sprießen erneut, wenn das Wasser zurückkehrt. Geschieht das Jahr für Jahr, ist der Turnus vorhersagbar. Das südamerikanische Pantanal ist das größte Binnenland-Feuchtgebiet der Erde und umfasst eine Fläche von knapp 200 000 Quadratkilometern, ungefähr die doppelte Fläche Portugals. Mehrere Flüsse ergießen sich in dieses Schwemmgebiet und münden nicht ins Meer, sondern in eine weite, grüne Endlosigkeit; zu ihnen gehören die Flüsse Taquari, Miranda, Negro und Cuiaba. Sie schwellen in der Regenzeit enorm an und transportieren riesige Wassermassen ins Pantanal, das jedes Jahr damit zum größten überschwemmten Grasland der Erde wird.

Die Region zeichnet sich durch immense Produktivität, immense Bioabundanz und immense Biodiversität aus. Mehr als 9000 wirbellose Arten wurden hier gezählt, zu den Wirbeltieren gehören 450 Vogelarten, jeweils an die 250 Säugetier- und Fischarten sowie 150 Reptilien- und Amphibienarten. Wie immer würde es diese umfangreiche Tiersammlung nicht ohne die Pflanzen geben. Mit dem Anstieg des Wasserpegels müssen auch die Pflanzen ihre Chance ergreifen: die, die den Wettlauf um den Raum gewinnen, erwerben sich das Recht auf Leben sowie die Chance, sich fortzupflanzen. Das von Ablagerungen dunkel getrübte Wasser ist reich an Mineralien und Nährstoffen. Es bietet dem Leben viele Gelegenheiten, wer sie ergreifen kann, darf sich zu den Gewinnern zählen – und natürlich ist man versucht, diese Arten mit Adjektiven wie aggressiv, kämpferisch oder gar grausam zu belegen.

Die Wasseroberfläche ist der Ort, an dem man zu sein hat. Das Licht kommt nicht weit in diesen trüben Gewässern, man muss also oben sein, wenn man Fotosynthese betreiben will. Das Wasser in dieser großzügigen Menge bleibt nur wenige Monate, Wasserpflanzen müssen sich also beeilen. Lässt man sich Zeit, ist das Habitat bereits wieder verschwunden, bevor man sein biologisches Schicksal erfüllt hat. Und ist man zaghaft und zurückhaltend in seinem Wachstum, wird man den Riesenandrang auf den verfügbaren Platz, um mehr aus sich und von sich zu machen, nicht überleben. Pflanzen haben dazu verschiedene Strategien und Strukturen entwickelt: Schwimmkörper, schwebende Blätter, Blasen an den Wurzeln, alles Dinge, um den Nachbarn wegzudrücken, damit man selbst den

GEGENÜBER
Wenig Platz für Konkurrenten: Amazonas-Riesenseerose. Pantanal, südwestliches Brasilien.

frei gewordenen Platz einnehmen kann. Es ist ein Kampf ums Territorium, was für eine unbewegliche Pflanze gleichbedeutend ist mit dem Recht auf Leben. Manche Pflanzen werden erstickt, andere dorthin geschoben, wo sich neue Möglichkeiten auftun, vielleicht finden sie neue Wasserwege, treiben flussabwärts, wo sich manchmal neue Gelegenheiten ergeben und wo sie manchmal absterben.

Wassersalat ist vielen von uns bekannt. Er hat mit menschlicher Hilfe viele Gewässer in den wärmeren Erdteilen besiedelt und ist zu einem Problem geworden, da er sich über die gesamte Wasseroberfläche ausbreitet und kein Licht mehr durchlässt. Im Pantanal gehört er zu den heimischen Arten und ist dort funktionierender Bestandteil des Ökosystems. Er wächst an der Oberfläche als hübsche kleine grüne Rosette, fast wie richtiger Salat. Aber wie bei einem Eisberg ist das wichtigste Merkmal nicht zu sehen, es liegt unter

OBEN
Nahrung und Schutz: Wasserhyazinthen in ihrer natürlichen Umgebung, Serra do Amolar am Pantanal, Brasilien.

der Wasseroberfläche. Jede Pflanze hat eine Vielzahl langer Wurzeln, die nicht den Boden erreichen, sondern direkt aus dem Wasser die notwendigen Stoffe extrahieren. Diese Wurzeln erscheinen überdimensioniert für die Bedürfnisse der Pflanze, sie scheinen schlichtweg zu viel des Guten zu sein. Aber sie dienen nicht nur der Ernährung, sondern verweigern jeder anderen Pflanze, die sich zu nähern versucht, den Platz; der gesamte Bereich unterhalb der Pflanze wird als persönliche Sphäre beansprucht, wo nichts anderes wachsen kann als die eigenen Wurzeln, sodass sich die Blätter an der Oberfläche entwickeln und die Pflanze schließlich Samen bilden kann.

Außerdem vermehrt sich Wassersalat vegetativ, ungeschlechtlich, indem er sich klont. Eine sich ausbreitende Wassersalatkolonie entwickelt ein dichtes Wurzelgeflecht unter der Wasseroberfläche, das zwangsläufig von anderen Arten genutzt wird. Wassersalatwurzeln

sind die Kinderstube vieler Piranha-Arten, die ebenfalls im Pantanal leben. Ich sollte hier anfügen, dass die meisten Piranha-Legenden nicht wahr sind: Die Fische lauern nicht in großen Gangs in südamerikanischen Flüssen Kühen – und Menschen – auf, um sie bis auf die Knochen fein säuberlich abzunagen. Sie sind Räuber, ja, tun sich aber mit mehreren zusammen, weil der Schwarm Sicherheit bietet und sie vor ihren Feinden schützt. Auch betreiben sie ausgesprochene Brutpflege. Statt Millionen Eier abzulegen und sie sich selbst zu überlassen, wie es viele Fische tun, legen Piranhas ihre Eier in die Wurzeln des Wassersalats, wo sie von beiden Elternteilen bewacht werden, bis die Jungen schlüpfen.

Gleich neben dem Wassersalat wächst die Dickstielige Wasserhyazinthe. Sie konkurriert um den gleichen Standort und wendet eine ähnliche Strategie an: Wachse schnell und breite dich auf der Wasseroberfläche aus, damit du die Kontrolle über deinen Lebensraum gewinnst. Wie der Wassersalat wurde die Wasserhyazinthe weltweit verbreitet und ist zu einem Problem geworden. Die Pflanzen versuchen naturgemäß, jedes Ökosystem zu dominieren, in dem sie sich wiederfinden.

Im Pantanal aber sind sie Teil des natürlichen, jährlichen Ablaufs und Nahrung für viele andere Arten. Wenn das Wasser hoch steht und Leben in Hülle und Fülle vorhanden ist, machen sich seltene Wesen über das Angebot her. Im südlichen Amazonien kommen Affen aus den Wäldern, um sich gütlich zu tun. Unter der Wasseroberfläche lauern viele Gefahren, darunter Kaimane und Anakondas, weshalb sich die Affen vom Wasser zwar fernhalten, die Gelegenheit, sich den Bauch vollzuschlagen, allerdings durchaus ergreifen. Klammeraffen haben ihren Namen vom langen Greifschwanz und den langen Gliedmaßen, mit denen sie sich an Äste klammern und sich durch die Bäume hangeln. Sie können problemlos allein am Schwanz über der Wasseroberfläche hängen und mit beiden Händen Wasserhyazinthen pflücken. Mit ihren geschickten Fingern zerlegen sie die Pflanze und fressen nur das Beste: das fleischige Herz sowie, als zusätzliches Protein, Wirbellose, die häufig darin sitzen.

Der Hoatzin, der sich ebenfalls diese Blätter holt, gehört zu den seltsamsten Vögeln, die jemals geschlüpft sind. In David Attenboroughs erstem großen Blockbuster, *Life on Earth,* von 1979 gab es eine Sequenz, in der der Hoatzin prominent in Szene gesetzt wurde. Diese Sequenz zeichnet die Evolution des Lebens anhand von Tieren nach, die die Zeiten überdauert haben. Archäopteryx, der erste Vogel, hatte laut Fossilfunden Klauen an den Flügeln; solche Klauen haben auch junge Hoatzin. Attenborough zeigte Filmaufnahmen dieser seltsamen Vögel, die wie Affen in den Zweigen klettern.

GEGENÜBER
Leben auf der Überholspur: Wasserhyazinthe im Pantanal, südwestliches Brasilien.

Ihre Ernährungsweise ist ebenso eigen wie die Ausstattung der Flügel ihrer Jungtiere. Sie fressen Blätter und haben ein komplexes, aus mehreren Kammern bestehendes Verdauungssystem, durch das die aufgenommene Vegetation fermentiert wird, fast so wie bei Rindern. Eine solche Ernährung erfordert die Aufnahme großer Nahrungsmengen. Vögel allerdings, die zum Fliegen neigen, vermeiden gewöhnlich, sich mit großen Mengen zu belasten wegen der überschüssigen Zuladung, die jedes Fluggerät beeinträchtigt. Der Magen eines Hoatzin kann bis zu einem Viertel des Gesamtgewichts des Vogels ausmachen. Der Vogel selbst, den Bauch auf einen bequemen Zweig gestützt, muss still sitzen, damit die Darmflora ihr Verdauungswerk verrichten kann. Bei diesem Prozess wird unvermeidlich viel Gas produziert, was dem Vogel den Spitznamen »fliegende Kuh« eingetragen hat – und »Stinkvogel«.

Der Hoatzin verfolgt ein Konzept, das einzigartig ist unter den Vögeln und der Art erlaubt, um einen Platz in der Welt zu konkurrieren. Wettbewerb muss nicht unverhohlen zur Schau gestellt werden oder aggressiv sein: Sich wie eine gefiederte Kuh zu benehmen und zwischen den Mahlzeiten den Bauch auf einen Ast abzulegen hat nichts Kriegerisches an sich, ist aber eine Strategie, die den Hoatzin am Leben erhält.

Andere Arten gehen die Probleme des Lebens aggressiver an. Das trifft auf Pflanzen wie auf Tiere zu, wie wir schon gesehen haben – aber keine Pflanze demonstriert das eindringlicher als die Amazonas-Riesenseerose: Diese Riesin mit ihren enormen schwimmenden Blättern scheint immer mit einem Kleinkind fotografiert zu werden, das dort so sicher ruht wie in den Armen seiner Mutter.

Leser mit langem Gedächtnis erinnern sich vielleicht an die BBC-Sendung *Watch with Mother* für die ganz Kleinen. Jede Folge begann mit einer sich öffnenden Blüte, ein sachter Vorgriff auf die Lieblichkeit dessen, was folgen sollte. Zeitrafferaufnahmen haben uns vielfältige Einblicke in das Leben der Pflanzen geschenkt, das Öffnen einer Blüte ist ein klassisches Beispiel dafür. Aber solche Erinnerungen stehen in starkem Kontrast zu einer Aufnahme in *Unser grüner Planet*, die die Entwicklung einer Riesenseerose zeigt: ein ernsthafter Anwärter auf das furioseste Filmmaterial der gesamten TV-Reihe.

Es beginnt mit dem Auftauchen der bestachelten Knospe im Wasser, die einem mittelalterlichen Morgenstern ähnelt. Der pflanzliche Morgenstern ist ebenso wirksam. Die Zeitrafferaufnahmen offenbaren eine Reihe von Schlägen, kreisförmige Bewegungen des Morgensterns, mit denen das Wasser von konkurrierenden Pflanzen erst einmal gesäubert wird. Daraufhin wachsen die Blätter in den frei gewordenen Raum hinein. Und sie sind riesig: oft mehr als zwei Meter im Durchmesser. An ihrer Unterseite haben sie

GEGENÜBER
Großes entsteht: eine Riesenseerose als Knospe (oben links), als sich entfaltendes Blatt (oben rechts), voll geöffnet (Mitte) und in voller Blüte (unten).

Stacheln, die sie vor Fischen und anderen Lebewesen schützen, die geneigt sind, sich an ihnen zu vergreifen. Die großen Blätter rollen sich über Konkurrenten, blockieren damit das Sonnenlicht oder schieben andere Pflanzen einfach zur Seite.

Die Blätter sind ein Konstruktionswunder. Joseph Paxton wurde durch die Stützrippen der Unterseite zu seinem Meisterwerk inspiriert, dem Crystal Palast, einem riesigen Bauwerk – viermal so groß wie der Petersdom in Rom –, in dem die erste Weltausstellung stattfand. Die Blätter bedecken das Wasser von Lagunen, raffen alles Licht an sich und nützen es für die Fotosynthese. Sie können an einem einzigen Tag bis zu einem halben Meter in der Breite heranwachsen; eine einzige Pflanze kann gut vierzig Blätter besitzen. Die langen, variablen Stängel halten die Pflanze genau dort, wo sie sein muss: auf der Oberfläche, egal, ob der Wasserspiegel steigt oder fällt. Die Blätter sind in der Mitte erhöht, sodass Wasser, das auf ihnen landet, sofort abfließen kann; eine Wasserschicht würde die Effizienz der Fotosynthese mindern. Das abgeflossene Wasser wird über zylindrische Poren, Stomatoden genannt, abgeleitet.

OBEN
David Attenborough mit Gewöhnlichem Wasserhahnenfuß auf dem Avon, Wiltshire, Großbritannien.

GEGENÜBER
Wasserpflanzen wie der Wasserhahnenfuß müssen ihre Blüten nach oben ins Freie bringen, damit sie bestäubt werden können. Niederlande.

UMSEITIG
Es ist an der Zeit: rote Lotosblüten bei der gemeinsamen Blüte, darüber ein Reiher. Nong Han, Udon Thani, Thailand.

Diese wunderbare Pflanze beherrscht ihr Gewässer wie ein emergenter Regenwaldriese seine Umgebung. Seerosen nehmen es auch mit anderen ihrer Art auf und schieben, immer auf der Suche nach Licht, ihre Blätter über die von Rivalen. Anders als die Regenwaldriesen, denen drei Dimensionen zur Verfügung stehen, können sich Pflanzen auf der Wasseroberfläche nur in zwei Dimensionen ausdehnen.

Die Amazonas-Riesenseerose hat immer schon die menschliche Fantasie angeregt. In England sind sie in den Kew Gardens zu sehen: ein nur dieser Art gewidmetes Haus wurde 1850 eröffnet. Ich erinnere mich an Besuche in der Kindheit, als dieses mysteriöse Haus immer geschlossen schien, da die nicht blühende Pflanze keine Besucher anzog. Und ich erinnere mich an den lang ersehnten Tag, als ich endlich hinein durfte und diese ungewöhnliches Pflanze sehen konnte. Leider erlaubte man mir nicht auszuprobieren, ob die Blätter tatsächlich mein Gewicht trugen.

Wasserpflanzen stoßen manchmal auf Probleme, wenn sie sich fortpflanzen wollen. Die ungeschlechtliche Fortpflanzung – durch Klonen – ist relativ einfach; die geschlechtliche – durch Blüten und Bestäubung – kann sehr viel komplizierter sein. Der Wasserhahnenfuß, der in Europa, dem westlichen Nordamerika und in Nordwestafrika vorkommt,

löst das Problem schwankender Wasserpegel durch seine Biegsamkeit: Die flexiblen Stängel, die meistens unter der Oberfläche sind, bleiben damit immer in Kontakt mit dem Wasser. Für den Stängel ist das in Ordnung, solange das Wasser klar genug ist für die Fotosynthese, aber für die Blüte, die von Fluginsekten bestäubt werden muss, reicht das nicht. Also wechselt die Pflanze ihre Struktur und bildet Blüten aus, die sich an steifen Stielen befinden. Diese ragen über die Wasseroberfläche und locken die für die Fortpflanzung benötigten Insekten an.

In den meisten Umgebungen gibt es einen optimalen Zeitpunkt für die Blüte, wie wir bereits in den Wüsten und den jahreszeitlich geprägten Landschaften gesehen haben. Eine Wasserpflanze muss die für ihre Zwecke geeigneten Wasserbedingungen zu dem Zeitpunkt nutzen, an dem die meisten Bestäuber unterwegs sind. Das ideale Timing ist im Wasser kein größeres Geheimnis als in anderen Umgebungen. Auch Wasserhabitate erzeugen ihr jährliches Blütenschauspiel, bei dem die Pflanzen um die besten Bestäuber konkurrieren und gleichzeitig miteinander kooperieren, um möglichst viele Bestäuber anzulocken. An manchen Standorten folgt die Blüte auf den sinkenden Wasserspiegel der Flüsse, Teiche und Lagunen, wenn das Wasser sich zurückzieht, und lässt Blumenwiesen

entstehen, die das jährliche Flutwasser zurückzudrängen scheinen. All das geschieht in großer Eile, bevor sich die trockene Graslandschaft, die das restliche Jahr über dominiert, wieder ausbreiten kann.

Welche ist nun die spektakulärste Blüte? Nun, die Antwort darauf hängt sicherlich von persönlichen Vorlieben ab, in die engere Wahl fällt aber auf jeden Fall die Massenblüte der Lotosblumen. Diese Pflanzen können zu Tausenden gleichzeitig in Blüte stehen. Außerdem sind sie zu etwas fähig, das noch bemerkenswerter, wenn auch nicht so spektakulär ist. In vielen Gewässern kommen Pflanzen nur sehr schwierig an den nötigen Sauerstoff, dessen Konzentration im Wasser sowieso sehr viel geringer ist als in der Luft. Die Gewässer, in denen man Lotosblumen findet, sind in der Tat sehr sauerstoffarm, der Schlamm, in dem das Rhizom steht, ist fast vollständig anoxisch. Die Pflanze hat dieses Problem mithilfe eines außergewöhnlichen Systems von Gaskanälen gelöst, in denen der

Sauerstoff, den die Blätter über der Wasseroberfläche der Luft entnehmen, nach unten ins Rhizom transportiert wird. Die Luft wird dann über andere Blätter wieder abgegeben; die Wirkungsweise entspricht damit der einer Klimaanlage.

Wasserpflanzen müssen manchmal außergewöhnliche Maßnahmen ergreifen, um sicherzugehen, dass sie bestäubt werden. Auch die Riesenseerose hat entscheidend zum Fortschritt der Pflanzentechnologie beigetragen, um so viel wie möglich aus Bestäubern herauszuholen: Sie produziert Blüten, die faktisch warmblütig sind. Unter den Tieren erzeugen Säugetiere und Vögel ihre eigene Körperwärme; die meisten anderen Arten beziehen ihre Körperwärme vom Licht der Sonne. Wärmeproduktion ist aufgrund der dafür aufgewendeten Ressourcen teuer – die Lebensweise benötigt eine Menge Treibstoff, die wir als Nahrung zu uns nehmen –, Warmblüter erlangen damit aber eine Vielseitigkeit und Flexibilität, an die andere nicht heranreichen. Im vorherigen Kapitel haben wir gesehen, wie Gänseblümchen der Sonne folgen, um der Welt eine hübsche, sonnengewärmte Blüte präsentieren zu können, eine, die für das darauf landende und bestäubende Insekt sehr viel angenehmer ist. Die Riesenseerose bringt dies auf die nächsthöhere Stufe, indem sie ihre eigene Wärme erzeugt.

Die Blüten der Pflanze sind ebenso prachtvoll wie ihre kindertragenden Blätter: Blüten so groß wie Fußbälle. Sie überdauern nur zwei Tage, also müssen sie extrem wirkungsvoll Bestäuber anlocken, die dazu extrem wirkungsvoll ihre Arbeit verrichten müssen. Das erreicht die Pflanze, indem sie die angelockten Bestäuber in Gefangenschaft hält, während sie ihrer Aufgabe des Bestäubens nachgehen.

Thermografieaufnahmen zeigen, dass die Blüten um 10 °C wärmer sind als die Umgebungstemperatur. Das allein macht sie bereits zu einem begehrenswerten Refugium. Durch die Wärme wird aber auch der Blütenduft intensiviert, was für die besuchenden Insekten einen weiteren Anreiz darstellt. Durch diese Doppelstrategie werden spezielle Käfer angezogen, die nach der Landung zum wärmsten Teil der Blüte hinunterkrabbeln, zu ihrer Basis. Auf dem Weg dorthin kommen sie an der Narbe (oder Stigma) vorbei, dem weiblichen Teil der Blüte, der die Pollen aufnimmt, die die Käfer von einer anderen Seerose mitbringen. Haben die Käfer den Grund der Blüte erreicht, schließt sich die Blüte und sperrt sie für einen Tag ein. Für die Käfer ist das nicht weiter schlimm. Ganz im Gegenteil: Ihnen eröffnet sich damit die einmalige Gelegenheit, Nektar zu kosten, miteinander zu kämpfen oder zu kopulieren. Die Käfer schlemmen, kämpfen und paaren sich in der warmen, stickigen Enge der Blüte. Am Folgetag erwärmt sich die Blüte erneut, aber nur an der Spitze, sodass die Käfer nach oben gelockt werden, wo sich ihre Körper

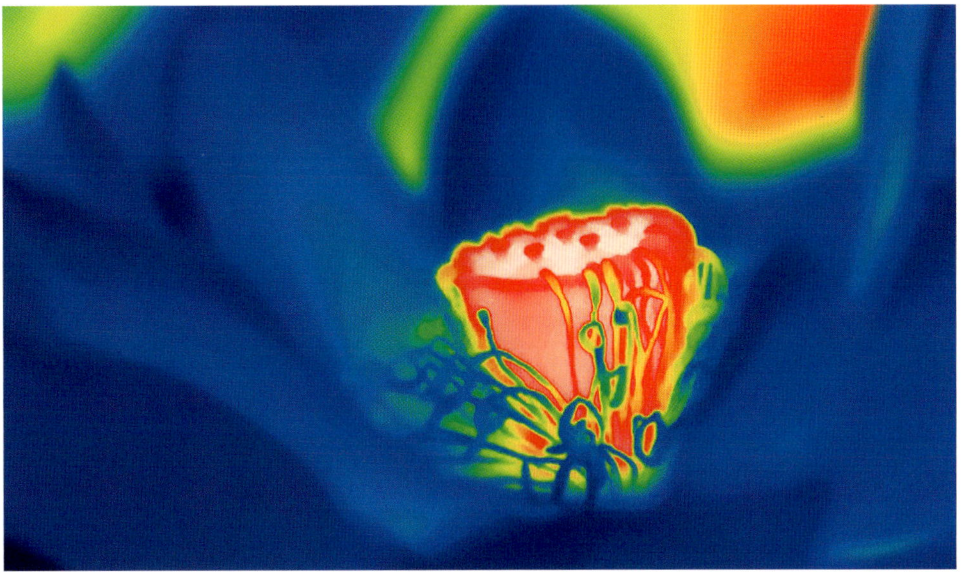

aufwärmen und das Tier, nun energiegeladen, fortfliegen kann. Die Blüte öffnet sich, und die Käfer, mit neuen Pollen eingestaubt, heben ab und suchen sich eine andere Blüte. Mehr kann eine Blüte für ihre Bestäuber kaum tun: Sie nährt sie und hilft ihnen, sich zu den nächsten Blüten auf den Weg zu machen. Danach wird die weiße Seerose rosarot, schließlich lila, sie hat ihre Aufgabe erfüllt und stirbt, während die Samen sich in den Kapseln der verblichenen Blüte entwickeln. Die Pflanze selbst überlebt – und ist mit einigem Glück auf dem besten Weg, mehr von ihrer Art zu erzeugen.

Das fundamentale Lebensprinzip der meisten Pflanzen ist Unbeweglichkeit. Pflanzen sind an einen Ort gebunden, buchstäblich mit ihrem Ort verwurzelt, während um sie herum das übrige Leben stattfindet. Pflanzen sind der Fixpunkt der lebendigen Welt, sie kommen und gehen im Ablauf der Zeit, aber zum größten Teil ihres Lebens sind sie an einen Ort gebunden. Daher, wie wir immer wieder in diesem Buch gesehen haben, müssen Pflanzen erfinderisch sein, wenn es um ihre Fortpflanzung geht. Sie sind auf Mobilität angewiesen, um Pollen zu verbreiten und zu empfangen. Sie borgen sich diese vom Wind oder von zweckdienlichen Tieren, die sie oft mit Nahrung bestechen.

Ebenfalls sind sie auf Mobilität angewiesen, wenn sie ihre Samen verbreiten wollen, auch hier sind der Wind und angemessen bestochene oder übertölpelte Tiere die Lösung.

OBEN
Erwärmte Blüten: Infrarot-Thermografie zeigt die aus sich erzeugte Wärme der heiligen Lotosblume.

Pflanzen am Ufer von Gewässern lassen ihre Samen oft einfach ins Wasser fallen, das sie dann mit sich fortnimmt. Aber die Reise flussabwärts, hin zur Flussmündung, die jedes fließende Gewässer unweigerlich irgendwann ansteuert, ist kontraproduktiv, da die Samen damit einer Zukunft entgegensehen, die ihnen nicht unbedingt förderlich ist. In manchen Fällen ist es das Beste für die Pflanze, wenn die Samen stromaufwärts treiben, gegen die Strömung, hin zur Quelle. Das ist nicht so unmöglich, wie es scheinen mag, denn Pflanzen am Wasser können Tiere rekrutieren, die denen auf dem trockenen Land nicht zur Verfügung stehen. Manche Pflanzen verbreiten ihre Samen, indem sie Fische anheuern.

Eine Fischart, die in der Gegend von Bonito in Brasilien lokal als Piraputanga bekannt ist, schwimmt bei Hochwasser in großer Zahl den Fluss hinauf. Ungewöhnlich für Fische ist ihre große Vorliebe für Früchte. Sie folgen dabei Affentrupps, die sich in den Bäumen am Ufer ernähren; was die Affen von den Früchten fallen lassen, ist Futter für die Fische. Diese passive Methode des Früchtesammelns wäre bereits effektiv genug, aber die Piraputanga können auch selbst Früchte pflücken. Dass sich Fische Früchte holen, scheint ein Widerspruch in sich, ist aber vor allem in Südamerika relativ häufig anzutreffen. Die Piraputanga springen aus dem Wasser und schnappen sich die Früchte an jenen Zweigen, die über den Fluss hängen. Erforderlich dafür sind Kraft und Genauigkeit. Der springende Fisch muss die Entfernung berechnen und damit die unterschiedliche Brechung des Lichts im Wasser und in der Luft berücksichtigen. Und er muss im genau richtigen Moment das Maul schließen, wenn es in Kontakt mit der Frucht kommt. Eine ziemliche Leistung, die dem Fisch, aber auch der Pflanze zugutekommt. Als würde die Pflanze den Fisch ausbeuten, der sich derart anstrengen muss, um die Pflanzensamen zu verbreiten. Aber auch der Fisch, bestochen mit dem nahrhaften Fleisch der Frucht, das die Samen umschließt, kommt auf seine Kosten.

Es dauert einige Tage, bis die mit der Frucht verspeisten Samen den Verdauungstrakt des Fisches durchquert haben. Wenn die Samen am anderen Ende des Fisches ausgeschieden werden, ist der Fisch mit einiger Wahrscheinlichkeit mehrere Kilometer vom Baum entfernt, dessen Frucht er sich geholt hat – mehrere Kilometer flussaufwärts. Der Fisch ist pflichtschuldig gegen den Strom geschwommen, hat sich flussaufwärts gekämpft, und wenn alles gut läuft, werden die Samen an einer Stelle deponiert, die viel besser geeignet ist als ein zufälliger Liegeplatz in der anderen Richtung.

Die Herstellung einer Frucht ist mit großem Aufwand verbunden und verschlingt einiges an Energie und Ressourcen. Die Natur mag oft zynisch erscheinen – wie jemand, der lediglich den Nettowert der Geschenke unter dem Weihnachtsbaum zusammenzählt.

GEGENÜBER
Wie schafft man seine Samen flussaufwärts? Piraputanga leisten diese Arbeit in Bonito, Brasilien: Bei ihrem Zug den Fluss hinauf schnappen sie sich die Früchte und scheiden die Samen später aus.

UMSEITIG
Breitblättrige Rohrkolben und Schilfrohre in einer Wasserlandschaft. Somerset Levels, Großbritannien. Im Hintergrund ist Glastonbury Tor zu sehen.

Es spielt keine Rolle, wie aufmerksam, passend und großzügig die Geschenke ausgewählt wurden: Alles, was zählt, ist der Preis. Die seit unzähligen Jahrtausenden agierende Evolution liefert die rigoroseste Kosten-Nutzen-Rechnung aller Zeiten, ansonsten würden in diesem Fall die Affen und Fische die von der Pflanze benötigten Dienste nicht zur Verfügung stellen, sofern sie nicht dafür bezahlt würden. Andere Pflanzen setzen auf die gegenteilige Strategie und investieren nicht in Qualität, sondern in Quantität. Dazu zählen die Rohrkolben. Ihre Samen werden weit verbreitet, obwohl niemand dafür bezahlt wird – sie nutzen den Wind. Der Wind macht, was er macht, ungeachtet irgendeiner Belohnung.

Die Vorteile, einen Affen oder Fisch zu bezahlen, liegen auf der Hand. Beide Samenkonsumenten werden den Samen wahrscheinlich am richtigen Standort absetzen, einem Ort, an dem der Same alle Chancen zum Keimen und Wachsen hat. Die Affen verteilen die Samen auf dem Waldboden; die Fische tragen sie flussaufwärts und setzen sie im

Wasser ab, wo sie zum Keimen ans Ufer gespült werden. Eine präzise, zielgerichtete Strategie: Die Bäume produzieren vergleichsweise wenige Samen, aber die Chance ist groß, dass ein samenverbreitendes Tier sie am richtigen Ort ablegt. Es ist die Strategie eines Spartenprogramms.

Rohrkolben setzen aufs Vollprogramm. Die attraktiven braunen namensgebenden Kolben sind vollgepackt mit Samen. Ein einziger Kolben kann 220000 Stück davon enthalten – ein wenig ist das, als würde man auf jedes einzelne Feld am Roulettetisch setzen. In einer Sequenz für *Unser grüner Planet* ist Attenborough in Aktion zu sehen, als er den samtenen Fruchtkolben in die Hand nimmt und ihn heftig schüttelt, sodass zahllose Flugsamen in die Luft entlassen werden. Sie werden dort landen, wo immer der Wind sie hinträgt. Klopft man auf den Kolben, kommt es zu einer leisen Explosion, durch die weitere Samenbüschel losgeschickt werden, damit sie ihr Glück versuchen können.

Der Plan beruht zum größten Teil auf simplem Glück, die Rohrkolben haben allerdings eine weitere Strategie, um die Wahrscheinlichkeit zu ihren Gunsten zu drehen. Rohrkolben stehen mit den Füßen im Wasser, daher ist es offensichtlich, dass der Wind viele Samen auf dem Wasser abladen wird. Wachsen die Rohrkolben am Ufer eines halbwegs großen Sees, wird ein beträchtlicher Teil der Samen im Wasser landen. Man kann so viele Samen erzeugen, wie man will, wenn sie alle untergehen, hat man seine Sache nicht recht vorangetrieben.

Die Rohrkolben haben eine Antwort darauf: Sie machen aus Samen, die auf dem Wasser landen, kleine Segelboote. Zunächst versinkt der Same, was für die Pflanze wie eine Katastrophe aussieht. Doch dem untergegangenen Samen wachsen Schleimfäden, mit dessen Auftrieb der Same wieder an die Oberfläche steigt. Und dort oben fungiert der Schleim als eine Art Segel, mit dessen Hilfe der Same über die Wasseroberfläche getrieben wird, bis es nicht mehr weitergeht – sprich, bis er das Ufer erreicht hat. Dort versinkt er wieder, wahrscheinlich in seichtem Wasser, umgeben von der eigenen Art, in der richtigen Umgebung, um zu wachsen und zu gedeihen und erneut einen Kolben zu entwickeln, der fast eine Viertel Millionen Samen dem ewig willigen Wind überantwortet.

Für Pflanzen aber, die sich ganz dem Wasser gewidmet haben – und noch nicht einmal am Uferrand leben –, ist die Ausbildung von Blüten und Samen schwierig und aufwendig. Wie bereits gesehen, erfordert die Erzeugung von Blüten und Früchten viel Energie und viele Nährstoffe, an denen es im Wasser oft genug mangelt. Um die Sache noch schwieriger zu machen, funktionieren Pollen – der männliche Stoff bei der geschlechtlichen Fortpflanzung – bei Nässe nicht. Eine Wasserpflanze scheint also von Anfang an zum Untergang verurteilt. Das ist offensichtlich aber nicht der Fall, auch wenn viele Wasserpflanzen nur selten blühen und Samen erzeugen. Die geschlechtliche Fortpflanzung ist für sie keine lebensnotwendige treibende Kraft, sondern eher eine Backup-Strategie.

Betrachten wir Wasserlinsengewächse, Pflanzen, die auf der Oberfläche stehender oder langsam fließender Gewässer wachsen und sie oftmals vollständig bedecken: ein

GEGENÜBER
Wie viele Samen hat ein einziger Rohrkolben? David Attenborough setzt etwa 20 000 von ihnen frei.

OBEN
Zweitnutzen: Ein Goldwaldsänger sammelt Rohrkolbensamen als Nistmaterial. Montana, USA.

schwimmender Teppich, der im Deutschen als Entengrütze bezeichnet wird. Fast sieht es aus, als könnte man über sie laufen; rudert man aber mit einem Boot durch sie hindurch, teilt man Tausende kleiner Pflanzen und hinterlässt eine breite Spur klaren Wassers, die sich schnell wieder schließt. Wasserlinsen können tatsächlich Blüten und Samen entwickeln, entscheiden sich meistens aber fürs Klonen. Sie stellen Kopien von sich selbst her. Wir haben das beim Kreosotbusch in der Mojave-Wüste bereits gesehen, der sich mit Kopien seiner selbst ringförmig immer weiter ausdehnt, allerdings so langsam, dass dieser Prozess auch 7000 Jahre nach Bildung der Pflanze immer noch anhält. Wasserlinsen tun das Gleiche, nur sehr viel schneller.

OBEN
Eine Nilgans pflügt durch einen Wasserlinsenteppich. Botswana.

Eine einzige Wasserlinse kann innerhalb von zwei Wochen 17500 Kopien von sich selbst erstellen, eine schrecklich genaue und alarmierende Zahl. Exponentielles Wachstum ist ein schwindelerregendes Phänomen: Führt man diese Berechnung weiter, könnte eine einzige Pflanze, sofern sie sich ungestört weiter kopieren könnte – was natürlich nie der Fall ist –, in vier Monaten die gesamte Erdoberfläche bedecken. Ein anschauliches Beispiel für die galoppierende Zunahme, wenn sich die Pflanze von ihren bescheidenen Anfängen zu ihrer Wahnsinnsvermehrung aufmacht.

Also fragt man sich, warum die Wasserlinse nicht einfach immer weitermacht und die gesamte Welt erobert. Ein Grund dafür ist: Die Pflanze ist recht wählerisch in Hinblick auf die Bedingungen, die ihr Habitat erfüllen muss. Das Gewässer darf höchstens langsam fließen und muss nährstoffreich sein. Ein zweiter: Die Pflanze wird gern gefressen. Sie ist für viele Wasservögel, für Enten, Gänse und Schwäne eine proteinreiche Nahrungsquelle. Wasserlinsen enthalten mehr Protein als Sojabohnen. Der grüne Teppich, den sie so großzügig aufs Wasser legen, ist für viele andere Lebewesen von Vorteil. Er bietet Verstecke für die Fischbrut und Schutz für erwachsene Fische und Frösche, reduziert außerdem die Verdunstung und verhindert Algenblüten, unter denen der Teich ersticken könnte.

Das Wesen und die Lebensweise dieser Pflanze ist das perfekte Beispiel für sinnvolle Einfachheit. Ihre Vorfahren waren sehr viel komplexere Pflanzen gewesen, die mit der Zeit zunehmend Vorteile darin sahen, immer einfacher statt komplexer zu werden – so wie wir es auch bei Schmarotzern wie der Seide oder der Wüsten-Mistel gesehen haben. Die Wasserlinse ist eine Pflanze, deren Komplexität im Lauf der Evolution abgeschliffen wurde. Zu diesen Vereinfachungen gehört auch, dass sie sich im Regelfall ungeschlechtlich vermehrt. Gärtner bewirken Ähnliches durch Ableger oder Stecklinge, die zu neuen, genetisch identischen Pflanzen – einem Klon – herangezogen werden.

Die vegetative Vermehrung und ihr Erfolg am Beispiel der die gesamte Welt überwuchernden Wasserlinse stellt uns vor faszinierende Fragen über die Art und Weise, wie das Leben funktioniert. Wenn sich ein so simples System – sich nicht mit der geschlechtlichen Fortpflanzung abplagen, einfach Klone von sich selbst erstellen – als so erfolgreich für die Wasserlinse erweist, warum machen dann nicht alle Pflanzen es so? Warum machen wir Tiere es nicht so? Die Antwort liegt in der Verwundbarkeit der Monokultur, ein Thema, das wir im nächsten Kapitel betrachten werden. Eine ausgedehnte Kolonie genetisch identischer Individuen weist keinerlei Resilienz auf. Sie kann auf nichts zurückgreifen, wenn die Katastrophe eintritt. Wenn eine Krankheit über die Kolonie kommt, gibt es keine Ausreißer, keine Sonderfälle, die immun sind: Wenn einer stirbt, sterben alle. Ändern sich die Bedingungen – wird die Umgebung zum Beispiel spürbar wärmer –, gibt es keine Individuen, die besser an die neuen Verhältnisse angepasst sind. Die Nachteile werden von allen gleichermaßen erfahren, alle sitzen im selben Boot. Man meidet die energieaufwendige Komplexität der geschlechtlichen Vermehrung, aber das geht nur mit Einschränkungen einher. Man muss immer dafür zahlen, und deshalb ist die welterobernde Wasserlinse auch ein sehr fragiles Wesen.

Fragilität im globalen Maßstab ist etwas Neues in der Geschichte des menschlichen Denkens. Tiere, die wir für furchterregend und mächtig gehalten haben, wurden an den

GEGENÜBER
Entwaldung am Oberlauf und die daraus resultierende Erosion; Schlick und Schlamm trüben den Fluss Betsiboka, Madagaskar.

Rand der Ausrottung gebracht; scheinbar endlose, ewig währende Vegetationssysteme wie der Regenwald sind auf einzelne Flecken reduziert worden; der gesamte Planet, von dessen Ressourcen einst angenommen wurde, sie könnten die dominierende Spezies für immer ernähren, leidet unter dem Klimawandel. Der Gedanke, dass die Menschen in der Lage sind, das globale Ökosystem zu zerstören, von dem sie abhängig sind, ist schockierend neu. Die meisten ziehen es immer noch vor, den Blick davor zu verschließen.

Wasserpflanzen sind von Natur aus fragil. So ist es, seitdem sich vor Hunderten von Millionen Jahren die ersten dieser Art entwickelt haben. Die meisten benötigen ganz bestimmte, wenn nicht gar einzigartige Wachstumsbedingungen. Die Wasserlinse fühlt sich nicht besonders wohl, wenn sich das Wasser, auf dem sie treibt, auch nur etwas bewegt oder gar austrocknet. Viele Pflanzen, die am Oberlauf eines Flusses heimisch sind, würden im Mündungsgebiet eingehen. Der Flusslauf ist ihnen in der Nähe der Mündung zu tief, die Strömung ist sehr viel stärker, der im Wasser schwebende Schlick trübt das Licht und macht Fotosynthese nicht mehr möglich. Ändert sich der Fluss, können viele Pflanzen nicht mehr mithalten. So ist das nun mal.

Heutzutage greifen die Menschen ständig verändernd in Flüsse und in alles andere auf der Erde ein, in Süßwasserökosysteme vermutlich besonders stark. Skrupelloses

Abholzen am Oberlauf der Flüsse hat zur Folge, dass die Wassermassen von starken Regenfällen nicht mehr zurückgehalten werden. Sie fließen ungehindert in die Flüsse ab, reißen Sedimente mit sich und trüben einst klare Gewässer. Staudämme beeinflussen den jahreszeitlichen Lauf des Flusses, verändern gravierend die Ökosysteme sowohl oberhalb als auch unterhalb des Damms und die einzigartigen geologischen und chemischen Merkmale des Wasserlaufs. Durch Staudämme, so Mutmaßungen, sind mehr Pflanzen ausgestorben als durch Entwaldung. In den USA gibt es aktuell 9265 Staudämme, in China 23 842. Ihr Bau und ihr Unterhalt setzen Treibhausgase frei. Sie zerstören Kohlenstoffsenken, entziehen Ökosystemen Nährstoffe und vernichten Habitate. Sie werden mit guten Absichten errichtet, aber auch hier macht sich das Gesetz der unbeabsichtigten Folgen bemerkbar.

OBEN
Verschmutzter Nebenfluss des Li Jiang, Guangxi, China. Stadt und Berge sind am Horizont sichtbar.

Die Menschen haben die Fähigkeit, Wunder zu wirken, und tun das Tag für Tag. An manchen Orten haben wir aus Flüssen Wüsten gemacht, zumindest aus der Sicht der Blütenpflanzen. Wenn die Flüsse am Ende ihrer Reise immer langsamer werden, bietet sich dem Pflanzenwachstum eine weitere Gelegenheit. Wo der Fluss ins Meer mündet, werden Sedimente abgelagert, die das Seegras besiedeln kann: eine Familie von Blütenpflanzen, die sich bereits vor 100 Millionen Jahren dem Leben im Wasser angepasst hat. Seegras gedeiht, wo eine gute Sedimentschicht und viel Sonnenlicht für die Fotosynthese vorhanden sind. Die Pflanze ist mit ihren Rhizomen im Meeresboden verankert. An sandigen Plätzen hat Seegras damit einen Vorteil gegenüber Seetang: Durch die Rhizome, die zum Leben an Land entwickelt wurden, kann sich das Seegras am Meeresboden festkrallen, was Seetang verwehrt ist.

OBEN
Unterwasserfelder: mit etwa 4000 Quadratkilometern die größten Seegraswiesen der Welt, Shark Bay, Westaustralien.

OBEN
Halbvegetarischer Hai: Schaufelnasen-Hammerhai bei der Nahrungsaufnahme von Seegras. Florida Keys, USA.

Die Pflanzen vermehren sich vegetativ, indem sie Sprossen an den Rhizomen bilden, aber auch geschlechtlich. Anders als die Wasserpflanzen, mit denen wir uns bislang in diesem Kapital beschäftigt haben, blühen sie unter Wasser, und das nachts, damit die Blüten nicht von Papageifischen gefressen werden. Hier geben sie auch ihre Pollen ab – sie sind also die eine Ausnahme von der Regel, dass Pollen im Nassen nicht funktionieren. Die Pollen werden von der Meeresströmung verbreitet, aber auch von kleinen Krustentieren, denen man den Namen »Unterwasser-Bienen« gegeben hat.

Seegras bildet ausgedehnte Unterwasserwiesen, die als Nahrungsressource den Graslandschaften an Land in nichts nachstehen. Die größten Tiere, die sich davon ernähren, sind die Rundschwanzseekühe (Manatis) und die Gabelschwanzseekühe (Dugongs). Insgesamt vier Arten von großen, sich langsam bewegenden Wasserherbivoren, die auf diesen Wiesen grasen und die Pflanzen mit ihrer gespaltenen Unterlippe abrupfen. Leser mit einem guten Gedächtnis werden sich noch an David Attenboroughs *Das geheime Leben der Säugetiere* von 2002 erinnern, in dem Attenborough im seichten Küstenbereich von Manatis umgeben war und sichtlich zusammenzuckte bei ihrem aromatischen Atem. Sie können am Tag bis zu fünfzig Kilo Seegras verdrücken, mehr als zehn Prozent ihres nicht unbeträchtlichen Körpergewichts. Ebenfalls weiden auf diesen Seegraswiesen Schildkröten und eine halbvegetarische Haiart, der Schaufelnasen-Hammerhai, dessen Ernährung zu sechzig Prozent aus Seegras besteht. Schätzungen zufolge tummeln sich in einem halben Hektar Seegras 40 000 Fische und 50 Millionen Wirbellose.

Seegraswiesen sind wichtige Habitate für uns alle. Sie stabilisieren den Meeresboden, speichern Kohlenstoff und verhindern damit, dass dieses Element als eines der wichtigsten Treibhausgase in die Atmosphäre abgegeben wird (nach einer Berechnung binden alle Seegraswiesen weltweit Kohlenstoff in einer Menge, die sämtliche Autoabgase Großbritanniens pro Jahr aufhebt).

UMSEITIG
Seltener Anblick: eine außergewöhnlich große Dugong-Herde beim Grasen im Seegras. Moreton Bay, Queensland, Ostaustralien.

Seegras bedeckt 0,1 Prozent des Meeresbodens, enthält aber elf Prozent des organischen Kohlenstoffs der Meere.

Es ist die ermüdende Pflicht aller Naturhistoriker, der Darbietung der Wunder einige nüchterne, pessimistische Anmerkungen folgen zu lassen. Nur wenige unter uns machen das gern: Es ist eine traurige Pflicht, der sich zu entziehen aber verantwortungslos wäre. Auch hier muss also gesagt werden, dass dieses wichtige Habitat in Gefahr ist, aufgrund menschlicher Eingriffe, durch Umweltverschmutzung und Überfischung zerstört zu werden. Hier noch eine Berechnung: Im 16. Jahrhundert haben die Seegrasgebiete der Welt zwanzigmal so viele große Weidetiere beherbergt wie der kenianische Nationalpark Masai Mara.

Man muss kein Wissenschaftsgenie sein, um zu erkennen, wie wichtig die Süßwasserreservoire für den Menschen sind. In den westlichen Ländern wurde in den letzten Jahren Wasser zum Fetisch erhoben: Viele machen keinen Schritt mehr außer Haus, ohne eine Plastikflasche mit Wasser mitzunehmen; ist das Wasser getrunken, wird die Flasche weggeworfen. Dass in jüngster Zeit zunehmend wiederverwertbare Behälter verwendet werden, betont dennoch nur die Tatsache, dass der Mensch ohne sauberes Wasser nicht leben kann. Das Gleiche gilt für alle Tierarten außerhalb der Meere. Wasser plus Sonne ist gleich Leben: Diese Grundgleichung ist uns bereits in diesem Buch begegnet. Daraus folgt, die kostbarsten Dinge in unserem Leben sind die Sonne, die 148 Millionen Kilometer entfernt ist, und das Süßwasser, das wir überall auf den Landmassen der Erde finden. Die Sonne ist vorerst ungefährdet, obwohl wir eine ausgefeilte Methode erfunden haben, um die Auswirkungen der Sonneneinstrahlung zu unserem zunehmenden Leidwesen noch weiter zu verstärken. Dennoch, die Sonne liegt außerhalb unserer Reichweite, ihr können wir keinen Schaden zufügen. Bei Süßwasser sieht das leider anders aus.

In diesem Kapitel haben wir einige der aufsehenerregendsten botanischen Schauspiele der Welt betrachtet, von den Pflanzen in tosenden Gebirgsbächen bis zu denen im Mündungsgebiet der Flüsse, wo Land und Meer aufeinandertreffen. In der Farbe – vor allem dem Grün, der Farbe der Fotosynthese – haben wir uns an den Pflanzen erfreut, die Süßwasser zu ihrem Zuhause gemacht haben. Immer wieder weisen sie uns auf die Tatsache hin, dass Süßwasser und Leben für alle landlebenden Spezien untrennbar miteinander verbunden sind.

Süßwasser ist von unschätzbarer Bedeutung für die Menschheit. Ohne täglichen Zugang zu diesem Rohstoff wäre unser Leben nicht möglich. Vielleicht müssen wir also ein fünfjähriges Kind hinzuziehen, das die Dinge offener und unvoreingenommener

GEGENÜBER OBEN
Brücke aus Booten. Wasserhyazinthen haben den Buriganga überwuchert und beeinträchtigen den Bootsverkehr in Dhaka; Pendler auf dem Weg zur Arbeit benutzen diese Behelfsbrücke.

UNTEN
Durch Bootsschrauben verursachte Narben im Seegrasbett, was langfristige Schäden nach sich zieht. Florida Keys, USA.

sieht als die Erwachsenen, und den Fragen zuhören, die es stellen wird: Wenn Süßwasser für uns so wichtig ist, warum zerstören wir dann die Orte, wo es vorkommt? Warum gehören die Süßwasservorkommen zu den am stärksten bedrohten Regionen der Erde? (Und der Wettbewerb unter denen, die sich das auf die Fahnen schreiben dürfen, könnte nicht intensiver sein.)

Umweltverschmutzung, Staudämme, Abholzung der Wälder, vermehrte Sedimentation – all diese Dinge führen nicht unbedingt zur Ausrottung einzelner Pflanzenarten, aber sie zerstören das System, das es Wasserpflanzen überhaupt ermöglicht, Kohlendioxid aufzunehmen, Sauerstoff in die Atmosphäre abzugeben und Kohlenstoff einzulagern. Wir entnehmen der Erde rücksichtslos Wasser und erschöpfen die globalen Wasservorräte. Wir legen Feuchtgebiete trocken für landwirtschaftliche oder andere Nutzflächen. Wir gestatten es, dass Gewässer von fremden Pflanzen- und Tierarten befallen werden. Die erschreckende Beschleunigung der globalen Erwärmung führt zu immer häufigeren Dürren und Überschwemmungen. Auf diese Weise machen wir uns das, was uns am kostbarsten sein sollte, zum Feind.

Letztlich ist der Grund dafür die seit alters her vorhandene Neigung des Menschen, kurzfristig zu denken: Alles, was dich einen weiteren Tag überstehen lässt, muss gut sein. Politiker in den demokratischen Staaten denken nur an die nächsten Wahlen; jene in autokratischen Regierungssystemen tun das, was nach ihrem Dafürhalten ihre Macht bewahrt. Warum sich also die Mühe machen, an die Zukunft der Menschheit zu denken? Warum sollten sie sich die Köpfe zerbrechen mit der Frage, welche Welt ihre Ururenkel einmal erben werden? Unser Umgang mit den Süßwasservorräten der Erde scheint der Maßgabe des alten zynischen Spruchs zu folgen: Was hat die Nachwelt denn jemals für uns getan?

RECHTS
Wo Wasserschildkröten ungestört im Seegras weiden können; im Hintergrund Forscher des Centre for Ocean Research and Education, Bahamas.

DER MENSCH

Die Geschichte der Menschheit ist im Grunde nichts anderes als die Geschichte der Beziehung zwischen Pflanzen und Menschen. Für die ersten Menschen, die aufrecht die afrikanischen Savannen durchstreiften, war diese Beziehung lebenswichtig; ebenso lebenswichtig ist sie für die Menschen in den urbanen Zentren des 21. Jahrhunderts. Pflanzen sorgen für unser Essen. Selbst Nichtvegetarier ernähren sich von Tieren, die mit Pflanzen gefüttert werden. Kein Tier kann Tier, kein Pilz kann Pilz sein ohne Pflanzen. Pflanzen sorgen für die Luft, die wir atmen, und für das Wasser, das wir trinken. Es ist das Zeitalter der Pflanzen, und wir Menschen werden es niemals hinter uns lassen können.

Wir haben den Planeten, auf dem wir leben, bis zur Unkenntlichkeit umgestaltet, damit die Pflanzen, die wir anbauen, dort wachsen können, wo wir es wollen. Pflanzen, die wir nicht wollen, haben unsere Tatkraft, unsere Nachlässigkeit und unsere mangelnde Weitsicht genutzt und wachsen dort, wo wir sie nicht haben wollen. Man findet das aus dem Himalaja stammende Drüsige Springkraut mittlerweile überall in Mitteleuropa, wo es als invasive Art bekämpft wird, oder die südasiatische Kudzu im amerikanischen Süden.

Die Erde ist immer ein grüner Planet gewesen. Seit Anbeginn des Lebens ist sie von Pflanzen angetrieben worden. Die ersten Fotosynthese betreibenden Organismen – Cyanobakterien – werden auf ein Alter von 3,4 Milliarden Jahren datiert. Im jetzigen Jahrhundert ist der gesamte Planet ein Spiegelbild der Entscheidungen, die der Mensch getroffen hat und weiterhin trifft. Was das Leben der ersten Menschen bestimmt hat, gilt nach wie vor: Unsere Reise zwischen Geburt und Tod erfolgt über eine Brücke, die von Pflanzen gebildet wird.

Das leuchtet sofort und ganz konkret ein, wenn wir in den Nordosten Indiens, in den indischen Bundesstaat Meghalaya reisen und die Khasi besuchen, ein indigenes Volk, das in der dortigen bewaldeten Bergregion lebt. Meghalaya bedeutet auf Sanskrit »Heimstatt der Wolken«, was die Landschaft sehr gut umschreibt. Hohe, von Wolken umhüllte Berge mit viel Regen: Mindestens 12 000 Millimeter fallen jedes Jahr und machen die Region zur feuchtesten in ganz Indien. Daneben gibt es tiefe Schluchten, verschwenderische Wasserfälle und steile Hänge, an denen man immer mit Schlamm- und Geröllawinen rechnen muss. Man sollte annehmen, dass es ungemein anstrengend ist, sich in so einer Landschaft von Ort zu Ort zu bewegen. Aber das ist nicht der Fall. Die Wege wurden bequemer gemacht durch die harmonische Beziehung zwischen Menschen und Bäumen.

Viele Feigenbaumarten beginnen ihr Leben auf den Ästen anderer Bäume; ihre Wurzeln wachsen von dort nach unten in Richtung Boden, sie nehmen dabei die Feuchtigkeit der Luft auf und erreichen irgendwann die Erde. Diese Wurzeln sind biegsam,

GEGENÜBER
Freies Wachstum, mit freundlicher Genehmigung des Menschen: Farne, Moose und blühende Azaleen in den Sapsucker Woods, Bundesstaat New York, USA.

stabil und offen zugänglich. Seit Jahrhunderten haben die Khasi damit die Landschaft für ihre Zwecke umgestaltet. Sie haben die Wurzeln in sich verdreht, zu Strängen gebündelt und so ausgerichtet, dass sie den gefährdeten Hängen Halt verleihen gegen Erdrutsche. Zum Teil entstanden aus den Wurzeln auch Leitern, die es ermöglichen, die steil aufragenden Hänge leichter zu erklimmen, vor allem aber wurden daraus Brücken errichtet: Brücken über Schluchten aus den lebenden Wurzeln von Feigenbäumen. Die Wurzeln behalten ihren Durchmesser, solange sie durch die Luft wachsen, verbreitern sich aber, sobald sie auf die Erde treffen. Durch ihre immense Zugkraft übernehmen sie die Kontrolle über ihren Gastbaum – und die Menschen machen sich diese Eigenschaft zum Brückenbau zunutze.

Eine eindrucksvolle Zeitraffersequenz in *Unser grüner Planet* zeigt, wie das vonstattengeht. Die Wurzeln werden durch längs gespaltene Bambushalme geführt, sodass sie entlang des vorgegebenen Wegs wachsen. Dazu muss man zwei Feigenbäume finden, die an den gegenüberliegenden Seiten der zu überspannenden Schlucht stehen. Gibt es keinen

OBEN
Flussüberquerung: eine lebende Doppeldecker-Brücke aus Feigenbäumen vom Volk der Khasi in Nordostindien.

geeigneten Baum, pflanzt man einen. Die Feigenbäume gedeihen, die Wurzeln bemächtigen sich des temporären Bambusgerüsts und wachsen an ihm entlang. Das dauert seine Zeit; die gegenwärtigen Brückenbauer arbeiten für die zukünftigen Generationen. Die größte Spannweite einer solchen Brücke beträgt gut fünfzig Meter; die älteste Brücke ist an die fünfhundert Jahre alt. Diese Brücken sind wesentlich widerstandsfähiger und haltbarer als alles, was man in dieser extremen Landschaft mit ihrem extremen Klima aus Schnittholz oder modernen Materialien herstellen könnte.

Bei den Khasi gibt es eine Legende: Einst konnte man sich zwischen Erde und Himmel frei bewegen, bis aus Dummheit ein heiliger Baum gefällt wurde. Diese Geschichte erzählt vom rechten Leben, zu dem ein vernünftiger, nachhaltiger Umgang mit der Natur gehört. Die lebenden Brücken der Khasi sind ein beeindruckendes Symbol: Ohne lebende Pflanzen stürzen wir alle in den Abgrund.

Die Feigenbäume, aus denen diese Brücken bestehen, werden als Blütenpflanzen klassifiziert, obwohl ihre Blüten – für uns Menschen – nicht das Bedeutendste an ihnen sind. Die meisten Pflanzen haben Blüten. Es gib an die 350 000 Blütenpflanzenarten – Bedecktsamer oder Angiospermen genannt. Sie stellen neunzig Prozent aller Pflanzenarten, zu denen auch viele gehören, mit denen wir nicht unbedingt Blüten assoziieren wie zum Beispiel Gräser (wie Weizen und andere Getreidesorten). Bedecktsamer oder Angiospermen werden sie genannt, weil ihre Samen in einer Frucht eingeschlossen sind. Im Unterschied zu ihnen liegen bei Nacktsamern (Gymnospermen) die Samen offen, »nackt«, zutage.

Die Entwicklung der Blütenpflanzen verlief so graduell wie die des Lebens allgemein, vor 100 Millionen Jahren allerdings kam es zu einer regelrechten Explosion hinsichtlich Vielfalt und Verbreitungsgebiet. Viele Pflanzen bildeten jetzt eindrucksvolle Blüten aus, um Aufmerksamkeit auf sich zu ziehen: Aufmerksamkeit war nichts weniger als der neue Überlebensmechanismus. Die Pflanzen nutzten nicht mehr den Wind, um ihr Genmaterial zu verbreiten, was unvorhersehbar, unkontrollierbar und wenig zielgenau ist. Jetzt fingen sie an, Tierarten einzuspannen, damit sie diese Arbeit erledigten – und zwar präzise erledigten. Die Tiere konnten exakt ins Ziel gelotst werden, wenn man es nur auffallend und nicht verfehlbar gestaltete. Dazu ließen sich die Pflanzen eine neue Blattart einfallen: Blätter mit Farben, die theatralisch aus dem Meer an Grün herausstachen. Diese modifizierten Blätter sind Blütenblätter, die die Geschlechtsorgane der Pflanzen umgeben und den Bestäubern eine eindeutige Botschaft zukommen lassen: *Hier bin ich! Hier musst du landen! Was du willst, ist genau hier!* Die Blütenblätter, die Pracht und Herrlichkeit einer Blume, verführen die Bestäuber dazu, sich auf sie zu konzentrieren und das angebotene Bestechungsgeschenk – oder die gerechte und faire Entlöhnung – in Form des energieverleihenden Nektars und/oder der höchst nahrhaften Pollen anzunehmen. (Auch wenn manche Pflanzen betrügen und mit irreführender Werbung den Nektarsuchenden dazu verleiten, den Job umsonst zu erledigen.) Dann ziehen sie weiter zur nächsten Blume, vorzugsweise derselben Art, um dort das aufgenommene Genmaterial – die Pollen – absichtlich oder zufällig abzuladen. Mit diesem System wird das Genmaterial sehr viel effizienter platziert. Diese Entwicklung führte zur Explosion der Vielfalt. Ursprünglich hatten Pflanzen kleine und unauffällige Geschlechtsorgane. Jetzt bieten sie die größte Show auf Erden, wie wir auf diesen Seiten immer wieder gesehen haben.

Blüten entstanden, um Insekten und andere Bestäuber zufriedenzustellen. Aber auch wir freuen uns an ihnen, sodass wir die wichtigsten Ereignisse unseres Lebens mit Blumen markieren: Liebe, Heirat, Geburt, Tod, die Hoffnung auf ein Leben nach dem Tod und den Wunsch nach Frieden. Der Brautstrauß, die Blumen und Kränze an Denkmälern, die schüchternen Rosen am Valentinstag – Blumen markieren den Lauf des Lebens, in unterschiedlichen Ausprägungen in unterschiedlichen Kulturen, aber oft als ein Geschenk vom Mann an die Frau. Blumen scheinen in diesem Kontext mehr zu sein als nur schöne Dinge. Sie stehen für den Sinn des Lebens.

Blumen spielen eine wichtige Rolle in vielen wichtigen kulturellen Ereignissen. In Mexiko beginnen Ende Oktober die Vorbereitungen für das große Fest *Dia de los Muertos*: der Tag der Toten. Dazu werden Abermillionen Blumen geerntet, meistens Ringelblumen, auch Studentenblumen genannt. Die Art *Tagetes erecta*, die Aufrechte Studentenblume, auch als Mexikanische oder Aztekische Ringelblume bezeichnet, ist in Mexiko heimisch und wird dort in großem Umfang und besonders für den Tag der Tage, an dem die Geister der Toten zur Erde zurückkehren, kommerziell angebaut. Es ist ein Tag der Feier, nicht der Trauer, es geht um die Fortsetzung des Lebens, nicht um dessen Ende, und das alles wird untermalt von den Ringelblumen, Blumen, die für die Wärme und das Licht der Sonne stehen und für das Leben selbst. Mit *Tagetes erecta* werden orange leuchtende Straßen angelegt, die die toten Seelen zum Familienaltar zurückgeleiten sollen; so wie Blüten Bestäuber anlocken, werden hier menschliche Seelen angelockt. Die Zuckerschädel, traditionelle Zutat des Totentags, üben auf Vertreter anderer Kulturen eine besondere Faszination aus, die *Tagetes erecta* aber sind das eigentliche Herz des Fests. Ihr goldenes Orange stellt unmissverständlich klar, dass hier die Liebe und das Leben gefeiert werden.

GEGENÜBER
OBEN *Bester Plan:* Castilleja *lockt keine Bestäuber an, sondern ein Eisgraues Murmeltier, von dem es verzehrt wird. Mount Rainier National Park, Bundesstaat Washington, USA.*

UNTEN *Angenehmer Anblick: Viele Pflanzen erfreuen Insektenbestäuber und, ohne es zu wollen, auch die Menschen; Feuer-Lilie, Wiesensalbei und Kleiner Klappertopf auf einer Almwiese in den Dolomiten, Italien.*

Die Landung der Europäer in Amerika war der Beginn des sogenannten Kolumbianischen Austauschs. *Tagetes erecta* aus Amerika wurde nach Europa und Asien gebracht, zusammen mit Pflanzen wie Paprika, Kartoffeln und Tomaten, während Weizen, Reis, Äpfel und Orangen die Reise in die andere Richtung antraten. *Tagetes erecta* steht mittlerweile im Zentrum des religiösen Lebens in Indien. Es gibt sie dort erst seit ungefähr 350 Jahren, aber es ist, als wäre sie Teil der ältesten religiösen Riten. Ein kleiner geflochtener Kranz aus *Tagetes erecta* kann in Indien so ziemlich allem einen Anflug von Heiligkeit verleihen. Man findet sie an einem Ganesha-Schrein, am Hals von Personen, in der Windschutzscheibe eines LKW. Man kann das als massenweises Plündern der Geschlechtsorgane einer Pflanze ansehen, Pflanzen, die niemals bestäubt werden – das, wofür sie wachsen und ihre prächtigen Blüten bilden. Ebenso kann man sich die riesigen Felder ansehen, auf denen diese Blumen angebaut werden. Es gäbe weltweit wesentlich weniger *Tagetes erecta*, wenn der Mensch sie nicht kultivieren würde – aber sie werden kultiviert, weil wir Menschen sie schön finden und ihnen eine Bedeutung zuschreiben.

Die Auswirkungen der menschlichen Zivilisation auf die Natur machten – oder machen – sich mit katastrophaler Plötzlichkeit spürbar. Vor ungefähr 12 000 Jahren wurde die Landwirtschaft erfunden; auf der Zeitskala der Evolution ist das nicht mehr als ein

GEGENÜBER UND OBEN
Zur Freude der Menschen: Tagetes erecta, *die Aufrechte Studentenblume, spielt eine wichtige Rolle bei dem großen mexikanischen Fest, dem Tag der Toten.*

UMSEITIG
Nachhaltigkeit: Bewährte Gepflogenheiten haben das reichhaltige Ökosystem der Guassa-Grassavannen in Äthiopien für den Menschen und für viele andere Arten bewahrt. Zu den Nutznießern gehören auch Dscheladas oder Blutbrustpaviane.

Wimpernschlag. Die konsequente Umgestaltung des Planeten geschah mit haarsträubender Geschwindigkeit, die sich mit der Industrialisierung der Landwirtschaft und allem anderen verdoppelt und noch mal verdoppelt hat. Die industrielle Revolution hat im Lauf von zwei Jahrhunderten unseren Planeten bis zur Unkenntlichkeit verändert. Diese Veränderungen gingen Hand in Hand mit dem sprunghaften Anstieg der Weltbevölkerung. Jede Pflanze und jede einzelne wildlebende Spezies ist wunderbar angepasst – an die Bedingungen, die geherrscht haben, bevor der Mensch alles übernommen hat. Die Veränderung der Umwelt, die im Grunde über Nacht geschah, die drastische Missachtung der evolutionären Spielregeln haben zu weltweiten Verwerfungen geführt, die jenseits jeder Berechnung liegen.

Hier ein Beispiel: die Grassavannen im äthiopischen Hochland. Sie sind für jede Lebensform eine herausfordernde Umgebung, eine klassische Vier-Jahreszeiten-an-einem-Tag-Landschaft. In den Nächten herrscht regelmäßig Frost, tagsüber steigen die Temperaturen auf über 20 °C, die dünne Atmosphäre sorgt für grelles, brennendes Sonnenlicht.

Die Pflanzen haben dafür besondere Strategien entwickelt. Manche werden durch zusätzliche Schichten geschützt, manche schließen sich in der Nacht und öffnen sich wieder am Morgen, manche haben einen pelzigen oder wächsernen Überzug, manche behalten tote Blätter als zusätzliche Isolierschicht.

Die dominierende Pflanze ist *Festuca*, Schwingel, eine Pflanze der Familie der Süßgräser. Sechzig Prozent der dort heimischen Pflanzengemeinschaft gehören dieser Gattung an, die oft auch für den Garten kultiviert wird. Ist man ein Pflanzenfresser, wird man sich daher hauptsächlich von dieser Pflanze ernähren. Dagegen setzt sie aber ihre Zähigkeit. Sie ist zäh genug, um den widrigen Klimabedingungen zu trotzen, und es erfordert auch

eine gewisse Zähigkeit, wenn man sie fressen will. In die Stängel ist Kieselerde eingelagert, was sie gegen das Wetter und gegen Pflanzenfresser schützt. *Festuca* ist vielleicht die Pflanze, die am häufigsten vorkommt, aber die am wenigsten verträgliche. Als weitere Verteidigungsmasche behält sie ihre Nährstoffe und ihre Triebe unter der Erde, unzugänglich für die meisten Feinde. Ihr weit ausgreifendes Wurzelsystem hält die Erde zusammen und verleiht dem Boden Stabilität, was essenziell ist für jede andere Pflanzenart, die in der hoch gelegenen Landschaft überleben will. *Festuca*-Gräser halten den Dschelada-Pavianen und der Riesenmaulwurfsratte (manchmal auch Afrikanische Maulwurfsratte genannt) stand. Wir haben also ein natürliches Gleichgewicht: Gräser, die aufgrund ihrer Zähigkeit überleben und gedeihen und damit die gesamte Umgebung buchstäblich zusammenhalten.

Auftritt des Menschen:

Für die Pflanzenfresser sind diese Gräser im besten Fall zweite Wahl. Aber die Zähigkeit macht sie begehrlich für den Menschen. *Festuca* eignet sich hervorragend für Strohbedachungen, zum Bau von Hütten, für Matratzen, Kleidung, Seile, als Bodenbelag und Notfall-Weideland für das Nutzvieh. Das Gras ist also höchst nützlich, in vielen Abschnitten des Hochlands haben die Menschen es allerdings ausgerottet, haben es im Übermaß für

OBEN
Ein Ranger wacht über die Grassavannen im Guassa-Hochland in Äthiopien; niemand darf zu viel ernten.

GEGENÜBER
Heimat im Gras: ein männlicher Dschelada im Guassa-Grasland von Äthiopien.

Strohdächer und andere traditionelle Zwecke verwendet und weite Flächen gerodet, um Getreide anzubauen oder bessere Weidegründe für die Millionen Rinder, Schafe und Ziegen zu schaffen. Ohne das Netz der *Festuca*-Wurzeln unter dem unablässigen Hufgetrampel der Nutztiere erodiert die Humusschicht immer schneller. Als Folge davon verschlechtert sich der Boden jedes Jahr zunehmend. Die stetig wachsende Bevölkerung sieht sich damit einem Land gegenüber, das immer weniger Nahrungsmittel hervorbringt, weshalb die Menschen auf die Randbereiche ausweichen und diese ebenfalls zerstören.

Aber nicht in Guassa. Nicht in der Menz-Guassa Community Conservation Area. Hier achtet man seit fünfhundert Jahren auf die Gräser, und was dort entstanden ist – oder eher, was dort bewahrt wurde –, ist eine Insel der Vitalität und Vielfalt inmitten eines Meers der Dezimierung. Wer das lediglich 108 Quadratkilometer große Gebiet besucht – es wohnt hier niemand –, hat sich traditionell schon immer für den Schutz des Grases eingesetzt. Ranger mit Gewehren patrouillieren das Gebiet. Wilderer sind darauf aus, die Wurzeln als Brennholz auszugraben oder die Gräser für traditionelle Zwecke zu stehlen, weil es hier mehr davon gibt als außerhalb. Die Ranger gehen wirkungsvoll dagegen vor, und das Gras wächst. Dem Gras gilt der unmittelbare Schutz, aber wenn das Gras gedeiht, gedeihen auch viele andere Pflanzen- und Tierarten, unter anderem der gefährdete

UMSEITIG
Platz für viele: ein Äthiopischer Wolf, Bale-Mountains-Nationalpark, Äthiopien.

Äthiopische Wolf. Dschelada-Paviane fressen weniger Gräser als anderswo, da im Schutzgebiet andere, für Pflanzenfresser bekömmlichere Pflanzenarten neben *Festuca* ansässig sind. Ein vom Menschen entworfenes System, das darauf abzielt, den Einfluss des Menschen zurückzudrängen, hat dazu geführt, dass die Guassa-Region in ihrem urtümlichen Zustand erhalten blieb und so den Menschen dient.

Es geht immer um die Entscheidungen, die der Mensch trifft. Das gilt für den gesamten Planeten. Die Erfindung der Landwirtschaft war der größte Einzelschritt in der Geschichte der Menschheit. Sie geschah an vielen Orten auf der Welt mehr oder weniger gleichzeitig und veränderte für immer unsere Beziehung zu Pflanzen. Davor, über endlose Jahrtausende, hatten die Menschen Pflanzen gesucht und gesammelt. Jetzt bauten sie sie an. Das war der Moment, an dem die Menschheit die Macht übernahm.

Das Prinzip war ganz einfach: Statt sich auf die Suche nach essbaren Pflanzen zu machen, bringt man die Pflanzen an einen zweckmäßigen Ort, der Schutz und fruchtbaren Boden verbindet – kurz, einen Bauernhof. Die Menschen streifen nicht mehr herum,

OBEN
Outdoor-Fabrik: Bewässerungskreis für den Anbau von Gemüse und Zierpflanzen. Naivasha, Kenia.

GEGENÜBER
Bewässerung in Aktion: intensiver Kartoffelanbau in Norfolk, Großbritannien.

sondern werden sesshaft. Die Menschen haben jetzt einen Ort für sich, eine feste Behausung, und damit bietet sich die Gelegenheit, seinen Nachbarn zu überfallen. Es war der Beginn der Zivilisation und des Krieges; wahrscheinlich sind die beiden untrennbar miteinander verbunden.

Grundgedanke der Landwirtschaft ist es, Pflanzen anzubauen, die man am meisten mag, die am nahrhaftesten sind und den höchsten Ertrag erzielen. Also wählt man, will man für die nächste Ernte aussäen, die Samen der besten Pflanzen aus. In einem langen, immer noch anhaltenden Prozess, der von einer Pflanzengeneration zur nächsten stattfindet, verändern sich diese Pflanzen aufgrund der Entscheidungen der Menschen. Es ist der Prozess der Domestizierung: Man domestiziert sie nicht nur, man verändert sie, und das geschieht durch den Vorgang der Selektion. Charles Darwin nannte sie künstliche Selektion im Unterschied zur natürlichen Selektion, die das Ergebnis des Drucks durch Umweltfaktoren ist. Die Pflanzen, die wir auf Feldern anbauen, gleichen kaum ihren wildlebenden, ursprünglich vom Menschen domestizierten Vorfahren. Eine moderne Weizenvarietät hat mit der Pflanze, die im westlichen Asien ursprünglich kultiviert wurde, so viel zu tun wie ein Yorkshireterrier mit einem Wolf. Manche Pflanzen eigneten sich

sehr gut für das Leben neben dem Menschen und waren dafür erstaunlich gut angepasst. Evolutionsbiologen nennen das Exaptation: die Nutzbarmachung einer Eigenschaft für eine Funktion, für die sie ursprünglich nicht entwickelt wurde. Die Hände des Menschen entwickelten sich, um Äste zu greifen; sie stellten sich aber als sehr nützlich für die Herstellung und den Einsatz von Werkzeugen heraus.

Dies geht so weit, dass viele landwirtschaftliche Nutzpflanzen ohne den Menschen nicht überleben würden. Anschaulich wird das in der TV-Version von *Unser grüner Planet* illustriert, als David Attenborough zeigt, wie Sonnenblumen funktionieren. Zeitrafferaufnahmen demonstrieren, wie sich die große Scheibe einer wilden Sonnenblume mit dem Alter krümmt, sodass sich die Samen lockern und schließlich herausgedrückt werden. Dafür reicht eine Windbö oder der Abflug eines Vogels, der sich auf ihr niedergelassen hat. Sie fallen zu Boden, und wenn alles gut geht, werden ein oder zwei im nachfolgenden Frühjahr keimen, so hoch wie die Elternpflanze heranwachsen und ihrerseits Samen bilden.

Das ist schön für die Sonnenblume, aber schlecht für den Menschen, der die Samen einsammeln und die nahrhaften Kerne verspeisen möchte. Attenborough zeigt uns also die Scheibe einer modernen gezüchteten Sonnenblume, wie sie für die Ölherstellung

OBEN
Festgepinnt: David Attenborough demonstriert, dass kultivierte Sonnenblumen nicht in der Lage sind, ihre Samen abzuwerfen. Ohne menschliche Beihilfe können sie sich nicht fortpflanzen.

oder als Futtermittel angebaut wird. Sie bleibt flach und hat noch alle Samen. Moderne Sonnenblumen sind sehr hoch, sehr schnell wachsend und produzieren riesige Mengen an Samen – aber sie können sich nicht fortpflanzen.

Die wichtigsten Nahrungsmittel der Menschheit sind Gräser: Reis, Mais, Weizen, Gerste, Hafer. Ihre wilden Vorfahren haben ebenso Samen, die abfallen. Noch lästiger für Menschen sind Samen, die einfach fortlaufen und sich verstecken – das ist keine Übertreibung. Der wilde Hafer erzeugt Ährchen mit drei oder vier Samen, von denen jeder mit zwei langen Grannen ausgestattet ist. Die Samen fallen zu Boden. Die Grannen verwinden sich, wenn sie trocknen, und entwinden sich wieder, wenn sie feucht werden. Winzige Härchen an den Grannen krallen sich im Boden fest – was dazu führt, dass sich der Same dadurch in Bewegung setzt. Er geht auf zwei Beinen, wird feucht und trocken, verwindet und entwindet sich, marschiert so über den Boden, bis er gegen einen Stein stößt, der dem ein Ende setzt, oder auf einen Riss im Boden trifft, in den er sich hineinbohrt. Damit hat der herabgefallene Same einen sicheren Ort gefunden, wo er Tieren nicht zum Opfer fallen kann, und mit einigem Glück den idealen Ort, um auszutreiben, wenn die Zeit reif dafür ist.

Samen, die abfallen und fortmarschieren, sind nicht gut für den Menschen. Im Lauf der Zeit wurden daher Getreidesorten mit kleinen Grannen und großen, nicht abfallenden Samen entwickelt. Das hat nach evolutionären Maßstäben in sehr kurzer Zeit stattgefun-

OBEN
Von der Wildnis keine Spur: Kultivierter Hafer hat größere Samen als die wilden Vorfahren, dafür fehlen die Grannen, die den wilden Samen erlauben, sich selbst einzugraben.

den, selbst wenn es nach menschlichem Ermessen in langen Zeiträumen geschehen ist. Es ist nichtsdestotrotz eine Revolution in der Beziehung zwischen Mensch und Pflanze – und zwischen dem Mensch und dem Planeten, auf dem wir leben.

Man kann es als eine Art Deal betrachten. Die Pflanzen erklären sich einverstanden, große, nährstoffreiche Samen zu produzieren und keine Ressourcen zu verschwenden, indem sie sich verstecken oder sich in alle Winde zerstreuen. Die Menschen erklären sich im Gegenzug bereit, für alles zu sorgen, was die Pflanzen benötigen: geeigneten, entsprechend vorbereiteten, bestellten und gedüngten Boden, kurz: den bestmöglichen Standort, an dem die Samen eingesetzt werden können. Wir haben in den vorangegangenen Kapiteln Pflanzen kennengelernt, die Tiere ausbeuten; *Ceratocaryum* bringt Mistkäfer dazu, sie zu vergraben; viele Arten reisen per Anhalter an den haarigen Fesseln von Bisons – es gibt unzählige Beispiele. Hier nutzen Pflanzen den Menschen aus, der für ihre Bedürfnisse aufkommt, dafür haben sie aber ihre Unabhängigkeit aufgegeben.

Diese Beziehung ist für den Menschen keineswegs einseitig. Der Mensch ermöglicht es, dass es bestimmte Pflanzen überhaupt gibt, die Pflanzen wiederum erweisen dem Menschen den gleichen Gefallen. Domestiziertes Getreide muss wachsen und die richtigen Samen produzieren – aber die Menschen müssen dazu die ganze Arbeit verrichten. Das Ende des Jäger- und Sammlerdaseins war nicht nur der Anfang der Landwirtschaft, sondern auch der Arbeit: tagelanger, knochenharter Arbeit. Die Geschichte des Garten Eden

OBEN
Zentral gesteuert: Paprikaanbau im Treibhaus, Niederlande.

kann als Parabel auf den Beginn der Landwirtschaft gelesen werden: Der Mensch muss den Ort (oder die Zeit) des Müßiggangs verlassen und nun jede von Gott gegebene Stunde arbeiten, damit er überleben, gedeihen und sich fortpflanzen kann. Wenn man so will, haben die Pflanzen die Menschheit versklavt, aber diese Versklavung hat es den Menschen ermöglicht, Herrschaft über den Planeten auszuüben, wie es vor ihm noch keiner Art gelungen ist.

Durch technologische Fortschritte in der Landwirtschaft können wir immer mehr Nahrungsmittel erzeugen und so immer mehr Menschen ernähren. Es hat an die 2 Millionen Jahre gedauert, bis die menschliche Bevölkerung die Zahl von einer Milliarde erreicht hat; nur zweihundert Jahre später waren es 7 Milliarden. Im März 2020 betrug die Weltbevölkerung 7,8 Milliarden Menschen, sie soll bis 2030 auf 8,5 Milliarden steigen, bis 2050 auf 9,7 und bis 2100 auf 10,9 Milliarden. Etwa vierzig Prozent aller erzeugten Lebensmittel werden verschwendet, das heißt nicht von Menschen und ihrem Nutztierbestand konsumiert. Etwa achtzig Prozent der landwirtschaftlichen Nutzfläche wird für die Viehhaltung verwendet, damit wir den Großteil unserer Pflanzen nur indirekt, über das Medium einer anderen Tierart konsumieren können.

Die Fortschritte in der Landwirtschaft haben die Art der Arbeit verändert. In Entwicklungsländern arbeiten bis zu achtzig Prozent der Erwachsenen (und dazu viele Kinder) auf dem Land; in den höchstentwickelten Ländern schrumpft dieser Anteil auf weniger als zwei Prozent. Diese drastische Veränderung liegt an den technischen Geräten und am Einsatz synthetischer Herbizide, Fungizide, Insektizide und Dünger. Ein mit Glyphosat getränktes Feld muss man nicht mehr harken. Diese landwirtschaftlichen Anbaumethoden werden von den Staaten durch immense Subventionen unterstützt. Die Verteilung der Subventionen bestimmt dabei, wie der Großteil der landwirtschaftlichen Anbaufläche genutzt wird. 2005 hat die EU begonnen, Subventionen, die sich einzig und allein nach dem Ertrag richten, allmählich auslaufen zu lassen, und Kriterien festgelegt, die weitergehende Umweltfaktoren mit in Betracht ziehen.

Zu den kontroversesten technologischen Neuerungen gehören genmanipulierte Pflanzenvarietäten. In manchen Ländern, vor allem in den USA, Brasilien und Argentinien, nimmt dieser Trend beim Anbau von Kartoffeln, Kürbissen, Alfalfa, Zuckerrüben, Raps, Mais, Soja und Baumwolle immer mehr zu. In der Europäischen Union sind genmanipulierte Lebensmittel meistenteils verboten. Die Fleischproduktion wird mit anderen Methoden gesteigert. Nutztiere, vor allem Rinder und Hühner, werden meistens in geschlossenen Ställen gehalten, oft unter beengten Platzverhältnissen. Statt sich frei auf Weiden bewegen und grasen zu können, werden die Tiere in Ställen mit speziellen Futtermitteln ernährt. Hier zeigt sich die Ökonomie des Raums: mehr Kühe auf weniger Hektar. Es handelt sich nicht um die effizienteste Produktion von Nahrungsmitteln, sondern nur um die effizienteste Produktion von Fleisch. Mancherorts wird bereits vertikale Landwirtschaft betrieben, die Massenproduktion pflanzlicher und tierischer Erzeugnisse in mehrstöckigen Anlagen, in denen die Nahrungserzeugung von der dafür zur Verfügung stehenden Fläche völlig losgelöst ist. Fortschritte wurden auch bei Anbaumethoden wie der Hydrokultur erzielt, die mehr oder weniger ganz auf Erde verzichten kann.

Die Tendenz der vergangenen Jahrtausende, vor allem aber der letzten fünfzig Jahre ging dahin, Monokulturen zu schaffen. Die Landwirtschaft steht im Zeichen der Kontrolle durch den Menschen. Sinnvoll ist es in diesem Zusammenhang, alle Arten mit Ausnahme derer, die man kultiviert, loszuwerden. Das spiegelt sich in den riesigen Flächen der Farmen in der Prärie ebenso wider wie in vorstädtischen Gärten, deren Rasen oft mit Glyphosat behandelt wird, damit so etwas Schädliches wie Gänseblümchen nicht mehr wachsen.

Der Widerstand gegen diese Denkweise nimmt allerdings zu. Die Nachfrage nach »organisch-biologisch« erzeugten Nahrungsmitteln steigt – der Begriff ist alles andere als exakt, da jedes Wachstum von Natur aus organisch-biologisch ist. Gemeint ist damit die drastische Reduzierung invasiver Anbaumethoden, vor allem der Verzicht auf Chemikalien. Monokulturen reduzieren die Zahl der Würmer, die den Boden lockern und anreichern, was negative Auswirkungen auf das Wachstumsmedium und letztlich auf die angebauten Früchte hat. In manchen Ländern ist das eine Generationenfrage: »Junge« Bauern – in ihren Fünfzigern – hängen weit weniger der Vorstellung an, dass Monokulturen die Antwort auf alles sind.

Wer Interesse an Monokulturen hat, sollte unbedingt dem Central Valley, dem kalifornischen Längstal, einen Besuch abstatten. Hier werden auf 6500 Mandelfarmen bis zu achtzig Prozent der weltweit vertriebenen Mandeln erzeugt. Der Traum von der Monokultur wurde hier wie nirgends sonst verwirklicht. Alles, was keine Mandel ist, hat kein Existenzrecht – also existiert es auch nicht. Die Gegend bringt die perfekten Voraussetzungen mit. In den fernen Bergen fällt Wasser in Form von Schnee und wird von der Sonne während der langen, warmen Sommer als Schmelzwasser langsam freigegeben. Mandelfarmer beschreiben das Central Valley als ein riesiges Treibhaus: In der Wachstumsperiode ist es immer warm und sonnig, und das Wasser fließt nur dorthin, wo und wann der Farmer es haben will. Im Februar stehen die Bäume in Blüte: 280 000 Hektar voller Blüten, die Vincent van Gogh im ausgehenden 19. Jahrhundert in Frankreich zu einem seiner Meisterwerke inspiriert haben.

280 000 Hektar voller Blüten – was für ein Gedanke. Es gibt nur einen Haken. Bevor eine Mandel zu einer Mandel werden kann, muss sie erst eine Blüte sein. Und damit aus einer Blüte eine Mandel entstehen kann, muss sie bestäubt werden. Das ist nichts Ungewöhnliches. Jeder dritte Bissen, den wir zu uns nehmen, bedarf eines Tieres, das irgendetwas bestäubt hat. Der Haken im Central Valley ist: Es gibt dort keine Tiere mehr, die bestäuben könnten. Für die Schaffung der Monokulturen wurde alles ausgiebig mit Herbiziden und Insektiziden behandelt. Insektizide töten nicht nur die schädlichen, sondern auch die nützlichen Arten. Und wenn es im gesamten Tal außer den Mandeln keine Blütenpflanzen mehr gibt, wovon sollen die Insekten sich dann außerhalb der zweiwöchigen Mandelblüte ernähren? Es ist für kein Insekt leicht, im Tal sein Auskommen zu finden, völlig ausgeschlossen ist es, dass sie in größerer Zahl vorkommen. Es gibt bei Weitem nicht genügend Insekten, die den vierzehntägigen Bestäubungsnotstand lindern könnten. Das würde sogar der Fall sein, wenn man die jahrzehntelange Ausbringung von Insektiziden rückgängig machen könnte. Die Bäume sind so eng gepflanzt, dass die jährliche Blütenexplosion alle natürlich vorkommenden Insektenpopulationen überfordern würde. An jedem Baum befinden sich an die 20 000 Blüten, etwa 90 Millionen Bäume ergeben 1,8 Billionen Blüten, von denen keine einzige eine Mandel erzeugen kann, wenn nicht ein Insekt den Pollen von der einen zur anderen Blüte transportiert.

Die Antwort darauf ist eine logische Absurdität. Die Mandeln werden von domestizierten Bienen bestäubt, die explizit für diese Aufgabe herangekarrt werden. Sie werden in riesigen LKWs aus Colorado, Utah und anderen Bundesstaaten angeliefert. Für 10 000 Quadratmeter braucht man fünf Bienenstöcke; jeder Bienenstock kostet US$ 200 Miete für den Zeitraum der Bestäubung. In diesen wenigen Wochen gehen die Bienen ihrer Arbeit nach, wie sie es immer schon getan haben: trinken Nektar, nehmen Pollen auf und bringen ihn zum Stock, währenddessen sie unwillkürlich die männlichen Pollen zu den weiblichen Stigmen der von ihnen besuchten Blüten bringen, Blüten, die prächtig und auffällig genug sind, um für die bestäubenden Insekten attraktiv zu sein. Danach werden die Bienenstöcke für andere Aufgaben weggebracht; diese Form der Bestäubung findet auch bei Alfalfa, Klee, Sonnenblumen, Blaubeeren, Wassermelonen und Gurken statt. Die Mandeln aber beherrschen alles; der jährliche Bieneneinsatz im Central Valley ist das größte künstliche Bestäubungsevent der Welt. Die Mandeln sind nur das größte Beispiel für eine vom Menschen gesteuerte Bestäubung. In einer Welt, in der die Insekten immer weniger werden, sind mittlerweile viele Nutzpflanzen in einer ähnlichen Lage.

Allerdings sind damit immer größere Probleme verbunden. Schätzungen zufolge sind die Bienenstöcke nach einem Besuch in Kalifornien um ein Drittel dezimiert. Die Gründe dafür sind noch nicht ganz klar, möglicherweise hat es mit den Chemikalien zu tun, die zum Schutz der Bäume versprüht werden. Zudem fällt es schwer, die Verluste wieder auszugleichen. Zwei Ansätze stehen sich gegenüber: das System durch den Einsatz von noch mehr Bienen zu intensivieren, oder es abzumildern, indem man einheimische Pflanzen ins Ökosystem einführt, die wildlebenden Bestäubern eine Lebensgrundlage liefern und den Einsatz der domestizierten Bienen wirkungsvoller machen würden. Das Central Valley stellt eine Extremform der Landwirtschaft im 21. Jahrhundert dar, bei der die Naturkräfte an die Grenze des Machbaren gebracht wurden. Das Wasser wird über ein kompliziertes Bewässerungssystem gesteuert, die Bestäubung verläuft gesteuert, die Pflanzen selbst werden gesteuert, und dennoch steht das System kurz vor dem Zusammenbruch. Liegt hier die Zukunft, in einem immer größeren, immer invasiveren Technologieeinsatz? Oder liegt sie in einem entspannteren, toleranteren Ansatz? Mittlerweile wurden vierhundert Quadratkilometer mit Mandelbäumen bepflanzt, die sich selbst befruchten und ohne Insekten auskommen. Es ist nicht unbedingt eine ethische Frage. Es hängt auch davon ab, wie weit wir das System noch dehnen können, bevor es reißt, und wie weit die menschliche Bevölkerung zunimmt. Es sind grundlegende Fragen, die in diesem Fall von einer sich aus hübschen rosa und weißen Blüten entwickelnden Nuss mit angenehmem Geschmack aufgeworfen werden.

GEGENÜBER
Landwirtschaft an den Grenzen des Möglichen.

OBEN *Mandelmonokultur in Kalifornien, USA.*

MITTE LINKS *Bienenvölker müssen angeliefert werden, da es nicht genügend natürliche Bestäuber gibt.*

MITTE RECHTS *Domestizierte Honigbiene beim Besuch einer Mandelblüte.*

UNTEN *Mandelbäume in Reih und Glied.*

Wir Menschen überziehen alles, was uns interessiert, mit unserer Vorliebe für Monokulturen. Unser Glaube an die Kontrolle der Natur ist ungebrochen. Wie bei den Mandelbäumen zu sehen, neigen wir dazu, noch extremere Methoden anzuwenden, wenn wir auf ein Problem stoßen. Und da wir für viele Dinge Holz brauchen, ist es naheliegend, die Kontrolle über die Wälder zu übernehmen. Warum Bäume willkürlich wachsen lassen, wenn wir ihnen die Entscheidung abnehmen können? Wir wollen die richtigen Bäume dort, wo wir sie bequem herausnehmen und nutzen können. Wir können riesige Weizenmonokulturen anlegen – warum das Gleiche nicht auch mit Bäumen: hübsche, gerade Stämme, alle zur selben Zeit gepflanzt, alle zur selben Zeit ausgewachsen, alle am gleichen Ort; genau die Art, die wir für unsere Zwecke benötigen, keine fremden Arten, die sich dazwischendrängen und alles verderben. Praktisch gesehen ist das überaus sinnvoll und ökonomisch zweckmäßig. Es liegt auf der Hand: Dem Menschen ist dieses Denken selbstverständliche Gewohnheit. Es ist das Leben, für das wir uns entschieden haben – und so haben wir auch entschieden, den Planeten zu managen. Was kann dabei schon schiefgehen?

Im Westen von Kanada liefert die Küsten-Kiefer genau das richtige Bauholz. Für die Wirtschaft der Region ist sie von immenser Bedeutung. Man sieht sie auf Tausenden von Hektar: so gleichmäßig gepflanzt, dass man sich nicht mehr an einen Wald, sondern eher an ein landwirtschaftliches Feld erinnert fühlt. Hier wird eine Nutzpflanze kultiviert, aber nicht die Umwelt gepflegt. Es gibt keine lästigen Lücken, kaum Bäume anderer Arten. Diese Bäume sind ein Rohstoff: genau das, was wir Menschen wollen; mehr ein Weizenfeld in Brobdingnag als ein Wald.

Auch hier hat die Sache einen Haken. Die Verhältnisse, die wir geschaffen haben, sind der Traum jedes Bergkiefernkäfers. Es ist fast so, als hätten wir einen beträchtlichen Teil der Welt zum ausdrücklichen Zweck geschaffen, dem Bergkiefernkäfer zu Gefallen zu sein. Dieser Borkenkäfer hat sein Leben auf eine einzige Baumart ausgerichtet, die Küsten-Kiefer. Damit wendet er die Alles-auf-eine-Karte-setzen-Strategie an, die aber häufig funktioniert.

Ein weiblicher Bergkiefernkäfer steuert eine Küsten-Kiefer an. Das Tier legt dafür beträchtliche Entfernungen zurück, was heutzutage aber nicht mehr nötig ist. Es bohrt

sich in die Rinde. Der Baum verteidigt sich: Er schüttet ein Harz aus, das den Käfer überwältigt. Der Käfer schluckt davon, so viel er kann, und schüttet es über den Abdomen aus. Gleichzeitig sendet er ein Pheromon aus, das weitere Käfer anlockt. Diese bohren ebenfalls in die Rinde. Der Baum produziert zur Abwehr noch mehr Harz, aber manche Käfer überwinden die Verteidigung und legen ihre Eier ab. Jahrhundertelang befanden sich die beiden Arten in einem dynamischen Gleichgewicht: Die Bäume blieben zum größten Teil gesund, während es den meisten Käfern gelang, die nächste Generation hervorzubringen.

Käfer, die dem Harz entkommen, gelangen unter die schützende Rinde in die weiche Schicht darunter. Dort liegt das Gefäßsystem des Baums, in dem Zucker von den Fotosynthese betreibenden Nadeln nach unten und Wasser und Nährstoffe von den Wurzeln nach oben transportiert werden. In diese Schicht legen die Käfer ihre Eier. Dabei bringen sie einige Sporen eines Blaufäulepilzes mit, der sich vom Holz ernährt. Bis aus dem Ei eine Larve schlüpft, wird durch den Verdauungsprozess des Pilzes das Holz zu einer nährstoffreichen Pampe umgewandelt, die der Larve nun zur Verfügung steht. Es ist eine dieser wunderbaren, fast unglaublichen Strategien, die die Natur gewohnheitsmäßig entwickelt. Die Larve sitzt in einer gemütlichen Kinderstube mit einem endlosen Nahrungsangebot. Der Baum wird also von dem Pilz angegriffen, der ihn verspeist, und gleichzeitig vom Käfer, der das Gefäßsystem schädigt. Eine gewaltige Herausforderung, mit der die Bäume in der Vergangenheit aber zurechtgekommen sind, sodass das Gleichgewicht gewahrt blieb. Mittlerweile haben sich die Dinge geändert.

Vor allem gibt es sehr viel mehr Käfer. Eben weil es sehr viel mehr Küsten-Kiefern gibt. Wird ein Baum attackiert, fallen sehr viel mehr Käfer über die lebenswichtigen Gefäße her. Es gibt aber noch einen zusätzlichen Faktor: den Klimawandel.

Die Larven entwickeln sich in den wärmeren Monaten, verschlingen, was der Pilz großzügig zur Verfügung stellt, und am Ende des Sommers verpuppen sie sich. In dieser Form überwintern sie unter der Rinde und schlüpfen im nächsten Frühjahr als adulte Tiere. Früher starben viele der Puppen während der strengen Wintermonate, die wenigen, die überlebten, reichten aber aus, um die Art zu erhalten. Durch den Klimawandel überleben jedoch sehr viel mehr Puppen als früher, sodass im folgenden Frühjahr mehr und mehr erwachsene Käfer schlüpfen und die Bäume angreifen. Dazu kommt ein weiteres Problem: Die klimatischen Veränderungen haben dieser Region in Kanada eine Reihe von sehr warmen, trockenen Sommern beschert. Diese beanspruchen die Ressourcen der Bäume, denen weniger Wasser zur Verfügung steht – was ihre Harzproduktion einschränkt.

VORHERGEHENDE SEITE
Nichts ist gut: Küsten-Kiefern-Wald, an dem die Schäden durch den Bergkiefernkäfer unübersehbar sind. Colorado, USA.

Der Klimawandel bedeutet mehr Käfer und verringert die Fähigkeit der Bäume, sich selbst zu schützen.

Der Klimawandel hat für alle Arten auf der Erde verheerende Auswirkungen, inklusive der Art, die die Entscheidungen trifft. Besonders schlimm sind allerdings Monokulturen betroffen, die über keine Resilienz verfügen. Die Küsten-Kiefer ist das klassische Beispiel für einen Planeten ohne Plan B.

Die Geschichte der Menschheit handelt vom Bestreben, Kontrolle zu erringen: in der Umwelt nicht nur zu leben, sondern sie zu gestalten. Ein großer Teil der Erde spiegelt das Ausmaß unseres Erfolgs wider. Außerhalb der Antarktis sind etwa siebenundsiebzig Prozent der Landmasse für menschliche Zwecke umgestaltet worden, meistens für forst- und landwirtschaftliche Anbauflächen – und natürlich für Städte. In den Städten findet man die extremsten Auswüchse der menschlichen Kontrolle – und gleichzeitig ist zu sehen, wie sehr wir gescheitert sind. Selbst in Straßen, die nur für eine einzige Spezies errichtet wurden, finden einige nichtmenschliche Arten eine Möglichkeit, sich niederzulassen und dem menschlichen Stolz und Ehrgeiz eine Nase zu drehen.

Das bringt uns zu einer weiteren klassischen TV-Großtat von David Attenborough, mit der er die Fruchtbarkeit auf dramatische Art und Weise anschaulich macht, eine, die

OBEN
Unermüdlich bei der Arbeit: Larven des Bergkiefernkäfers in einer Küsten-Kiefer. Wyoming, USA.

an seine Aussage denken lässt, die wir von ihm auf den Gebirgshöhen des Himalaja, in einem Ballon in der Stratosphäre, einem Tauchboot in den benthischen Tiefen der Meere oder den trockensten Wüsten der Erde gehört haben: »Sogar hier – hier gibt es Leben.« In diesem Fall war es vielleicht noch ungewöhnlicher, den es fand im Herzen von London statt, auf dem Piccadilly Circus. Der Platz ist in Großbritannien sprichwörtlich. Will man zum Ausdruck bringen, dass viel los ist, dass alles hektisch, eng, gedrängt ist, sagt man: »Hier geht es zu wie auf dem Piccadilly Circus.« Dort wimmelt es von Passanten. Der Platz ist ihren Bedürfnissen, ihren Zwecken gewidmet. Alles ist voller greller Werbung, der Verkehr steht nie still. Hier, am urbansten Platz der Innenstadt, war Attenborough und zeigte uns eine wildlebende Pflanze. »Wir nennen sie, wenig freundlich, Unkraut.«

Unkraut. Pflanzen, die uns keinen Respekt erweisen, Pflanzen, die dort wachsen, wo es ihnen gefällt, nicht wo wir es gern hätten, Pflanzen, die sich in das Leben der Menschen einmischen und sich weigern zu sterben. Das tun sie sogar in den Städten, dort, wo es keine Erde gibt, kaum Nährstoffe, wenig Wasser und wo das wenige sofort und so schnell wie möglich weggespült wird. Und dennoch gibt es dort Pflanzen, die sich niederlassen, leben, Samen bilden und sich fortpflanzen können.

Manchen Pflanzen kolonisieren von Natur aus zerstörten Untergrund. Kommt es zu Bränden, Erdrutschen, gefällten Bäumen oder anderen Katastrophen, sehen solche Pflanzen das als ihre Gelegenheit. Sie siedeln sich an, wachsen schnell, bilden ebenso schnell Samen und sterben nach ihrem erfüllten Leben. Beim natürlichen Lauf der Ereignisse,

OBEN
Ein Löwenzahn wächst in der Ritze einer Straße mitten in der Stadt.

unbeeinflusst vom Menschen, folgen auf sie solidere, langsamer wachsende Arten, was als natürliche Sukzession bezeichnet wird, bis schließlich die jeweilige Klimaxvegetation erreicht ist – die auf dem Piccadilly Circus aus dem geschlossenen Kronendach eines Eichenwalds bestehen würde.

Es ist unwahrscheinlich, dass die Vegetation auf dem Piccadilly Circus jemals so weit kommen wird – jedenfalls nicht in den nächsten Jahrhunderten –, bis dahin aber sprießen die Erstankömmlinge, Pionierarten, wann und wo sie eine Chance dazu bekommen. Die ältesten Städte der Welt sind fruchtbarer Boden für die Pioniere, die hier unablässig ihren Neuanfang suchen. Und wendet man ihnen eine Weile den Rücken zu, breiten sie sich aus und schaffen sich ihre Mikrohabitate.

Für eine Pflanze ist eine alte Stadtmauer nichts anderes als eine Felswand. Eine Pflanze, die für das Leben an Felsen angepasst ist, wird es an einer Wand probieren, wenn man ihr die Möglichkeit dazu gibt. Ein Zimbelkrautsame kann in einer winzigen Spalte austreiben und zur Blüte gelangen. Eine Pflanze, die von tagaktiven Fluginsekten bestäubt wird, muss das Licht suchen, wenn sie von ihnen gefunden werden will. Hat dieses glückliche Ereignis jedoch stattgefunden und die Blüte sich zu einem Fruchtstand entwickelt, steht die Pflanze vor der gegenteiligen Herausforderung. Jetzt muss sie Dunkelheit finden. Also wendet sich die Pflanze ab vom Licht und sucht den dunkelsten Ort, den sie finden kann – zum Beispiel eine andere Spalte im selben Felshang oder derselben Mauer. Dort pflanzt sie ihren Samen ein, und die Mauer, bleibt sie unberührt, wird im Lauf der Zeit zu einem Zimbelkrautgarten, in dem jede Pflanze, Generation für Generation, ihre Samen einsetzt.

Das ist eine gute Strategie für eine Pflanze in der Stadt, denn dort muss man davon ausgehen, dass alle Samen, die zu Boden fallen, dem Untergang geweiht sind – dass sie unter Füßen oder Reifen zermalmt, in die Kanalisation gespült werden oder einfach nur an einer Stelle landen, an der nicht einmal die genügsamsten Pflanzen ein Auskommen finden. Wer aber viele Samen erzeugen kann, erhöht seine Chancen. Und kann man auch noch die Schwerkraft aus der Gleichung nehmen, erhöht man seine Reichweite und damit die Vielfalt an Möglichkeiten. Die Gänsedistel ist ein klassisches Beispiel dafür. Jeder Same ist mit einem flaumigen Schirmchen versehen, das nicht nur als Fallschirm, sondern in klassischer Mary-Poppins-Manier als Fluggerät fungiert. Der Same schwebt mit den Luftströmungen und kann kilometerweit reisen. Schwebende Samen wurden schon in 1,5 Kilometer Höhe gefunden, hunderte Kilometer von ihren Elternpflanzen entfernt. Sie sind klassische Pioniere, die sich, wenn sie einen aufgerissenen Boden finden, in ihrer

stacheligen Pracht erheben. Gärtner wissen ein Lied davon zu singen, denn man wird sie nur schwer wieder los.

Eine gewisse Resilienz ist eine nützliche Eigenschaft für jede Stadtpflanze. Oft scheint ein richtiger Kampf ausgebrochen zu sein zwischen den Menschen und den opportunistischen Pflanzen, die uns und unsere Unterkünfte umgeben. Eine Stadt ist kein Platz für ein zartes Pflänzlein. Wer in dieser feindseligen Umgebung überleben will, muss eine gewisse Härte mitbringen. Der Echte Baldrian steht im Ruf, so gut wie unzerstörbar zu sein. Man kann ihm mit einer Pflanzschaufel zu Leibe rücken und ihn mit aller Entschlossenheit ausreißen, aber wenn man nur den Hauch eines Wurzelteils zurücklässt, wächst es wieder zur ganzen Pflanze nach. Er gehört ebenfalls zu den Pflanzen, die sich über das menschliche Streben nach Kontrolle lustig zu machen scheinen.

In den warmen, feuchten Tropen gehört schnelles Wachstum zur Natur der Dinge – das gilt sogar für Städte. Feigenbäume wachsen an den unwahrscheinlichsten Standorten.

OBEN
Vielflieger: Mikrofotografie des Blütenstands einer Gänsedistel; zu erkennen ist das Paragliding-Potenzial jedes Samens.

GEGENÜBER
Wurzeln schlagen: Eine Chinesische Feige findet ihren Lebensraum in Hongkong.

Manche Arten haben Samen, die auf anderen Bäumen keimen – egal welcher Art –, wo sie die Wurzeln in Richtung Boden wachsen lassen und die Blätter zur Sonne hin, wie wir bei den lebenden Brücken der Khasi gesehen haben. Manche Arten siedeln an Felswänden oder Berghängen. Aber in Hongkong und in anderen tropischen Städten keimen Feigen auf Häusern und können dort wunderbarerweise überleben. Ich habe insgesamt vier Jahre in Hongkong gewohnt und durfte jeden Tag erleben, wie in den geschäftigen Straßen, in denen die Wäsche zum Trocknen aufgehängt war, Bäume aus den Wänden wuchsen. Den Feigenbäumen kam dabei zugute, dass man ihnen traditionell mit Respekt begegnet.

Geben wir Gebäude in der Stadt auf und überlassen sie sich selbst, wird aus ihnen in überraschend kurzer Zeit ein Garten. Die Pioniere kommen, so wie die Nacht auf den Tag folgt, und danach ziehen die größeren, langlebigeren Arten ein. Eine für *Unser grüner Planet* gefilmte Sequenz in einem aufgegebenen Stahlwerk zeigt, wie dies vor sich geht. Ein Ort, entstanden zur Verherrlichung der Menschheit, ist jetzt Zeugnis der herrlichen Widerstandsfähigkeit der Pflanzen.

Manche Pflanzenarten kann man nur dafür bewundern, dass sie sich nicht der menschlichen Herrschaft unterwerfen. Opportunistische, schnell wachsende Arten kommen den Menschen manchmal sogar zuvor. Diese Eigenschaft ist allerdings gefährlich. Denn diese

Arten haben das Zeug, ganze Ökosysteme zu verändern. Wir sprechen in diesem Zusammenhang von invasiven Arten, als würden sie wie Attila marodierend in ein Land einfallen. Das aber kaschiert die Tatsache, dass sie nicht zum Plündern kommen, sondern oft genug eingeladen wurden. Sie gefallen den Menschen, die sie von dort, wo sie heimisch sind, mitnehmen und woanders einpflanzen, oft genug am anderen Ende der Welt. Der Grund dafür ist meist, dass sie hübsch aussehen. Andere Arten kommen zufällig per Schiff oder Schuhsohlen.

Darauf verlassen kann man sich aber nicht. Nur sehr wenige Pflanzen gedeihen in der Fremde. Wenn Sie im schottischen Hochland eine Kokosnussplantage anlegen wollen, werden Sie sehr wahrscheinlich keine ökologische Katastrophe heraufbeschwören. Eine grobe Regel besagt: Etwa zehn Prozent fremder Pflanzenarten können am falschen Standort überleben, und von diesen sind wiederum zehn Prozent so erfolgreich, dass sie als invasive Pflanzen einzustufen sind.

Am Anfang steht immer ein gewisser Vorteil: ein Mangel an natürlichen Fressfeinden, an natürlichen Konkurrenten, Parasiten und Krankheiten – das heißt ein Mangel an anderen Arten, die im Lauf der Evolution gelernt haben, sie auszubeuten. In dieser Hinsicht sind sie ein unbeschriebenes Blatt. Aber die Schwierigkeiten an einem fremden Standort sind immens. Die Pflanzen finden sich in einem Habitat wieder, für das sie nicht geschaffen sind. Situationsbedingt fangen sie mit einer kleinen Population an, sie werden also nur schwer andere Pflanzen zur geschlechtlichen Fortpflanzung finden. Es gibt keine natürlichen Bestäuber, niemanden, der ihre Samen verbreitet. Jede invasive Art, egal, wie erfolgreich sie wird, beginnt als Underdog. Die Umsiedlung kann als extremer Test für die Reproduktionsfähigkeit einer Pflanze aufgefasst werden. Zu den erfolgreichen invasiven Pflanzen gehören die Kudzu, die Wasserhyazinthe, der Japanische Staudenknöterich, der Sommerflieder, *Desmodium* (wie wir im ersten Kapitel gesehen haben) und die Dach-Trespe.

Auch *Miconia*. Die Pflanze, die nur den wenigsten bekannt ist, sorgt für weitreichende Verheerungen auf Hawaii. Die Einheimischen bezeichnen sie als grünen Krebs oder lila Pest. Im Zuge zunehmender ökologischer Sensibilität hat sich Hawaii den Ruf als die Aussterbe-Kapitale der Welt erworben. Als solches ist die Insel ein Labormodell für die Auswirkungen des menschlichen Handelns auf die Natur. Jahrtausendelang war die Insel isoliert, bevor sie einer verheerend schnellen Entwicklung ausgesetzt wurde. Es begann mit der Ankunft der Polynesier um 400 n. Chr., einer kurzen Zeitspanne nach evolutionären Maßstäben. Enorme Beschleunigung erfuhr sie, als 1778 die ersten Europäer auf Hawaii anlandeten.

Die Folge dieser Mischung aus langer Isolation und hyperschneller Entwicklung ist eine Aussterbekrise. Man rechnet, dass sich auf Hawaii einhundertzweiundvierzig Vogelarten entwickelt haben, die es sonst nirgends auf der Welt gibt; von diesen sind mittlerweile fünfundneunzig ausgestorben. Der United States Fish and Wildlife Service führt 1225 vom Aussterben bedrohte Arten auf, von denen vierhunderteinundachtzig auf Hawaii vorkommen (die Fläche von Hawaii passt fünfundzwanzigmal in die von Texas). Hawaii wurde auch als warnendes Beispiel für das Festland beschrieben; wir sollten daher auch überlegen, was diese Krise für die ganze Welt bedeutet.

Auf Hawaii gibt es 1400 Arten von Gefäßpflanzen (damit sind Lebermoose, Moose etc. ausgeschlossen); neunzig Prozent davon finden sich nirgends sonst. Diese außergewöhnliche und einzigartige Vielfalt ist von der Invasion durch *Miconia* bedroht. Wie viele andere invasive Arten wurde sie wegen ihres Aussehens auf die Insel gebracht. Die hoch aufragende Pflanze ist sehr imposant, hat breite wächserne Blätter und ist in Mittel- und Südamerika heimisch, wo sie aber eher selten vorkommt. In den 1960ern und 1970ern wurde sie auf Maui eingeführt. Der Standort brachte für die Pflanze einige Vorteile: Sie wächst dort schnell und produziert viele Samen, die von einer geschmackvollen Frucht umgeben sind, die viele der heimischen (und invasiven) Tierarten der herkömmlichen Nahrung vorziehen. Zudem kann sich die Pflanze selbst befruchten; eine einzelne Pflanze braucht daher keine Unterstützung, wenn sie irgendwo einen Neuanfang unternimmt. *Miconia* ist nach hawaiianischen Maßstäben, wo das Kronendach selten über zwanzig Meter aufragt, hoch, sie dominiert daher mühelos die neue Umgebung. Die Blätter sind groß und stellen jeden Konkurrenten in den Schatten. Die Pflanze hat die gesamte Ökologie auf Maui, der zweitgrößten Insel des Archipels, zerrüttet. Mit ihren flachen Wurzeln entnimmt sie dem Boden mehr Grundwasser, als ihm guttut. Sie ist in ein altes und in den letzten Jahren zunehmend fragil gewordenes Habitat mit der ungestümen Kraft eines Elefanten im Porzellanladen gestürmt. *Miconia* bedeckt achtzig Quadratkilometer von Maui. Die Menschen haben die Pflanze gebracht, die Menschen haben ihren Erfolg ermöglicht, indem sie die Umwelt geschwächt und der invasiven Pflanze den Weg geebnet haben.

Die Menschen sind für die Katastrophe verantwortlich; nun ist es an den Menschen, es wieder in Ordnung zu bringen. Aber das ist nicht so einfach. *Miconia* hat viele Steilhänge und von Wasserfällen durchschnittene Klippen der Vulkaninsel überwuchert. Das Gelände ist für Menschen nur schwer zugänglich, und selbst wenn, besteht immer die Gefahr der Kontaminierung durch Schuhsohlen, die unwillkommene Dinge wie Samen woandershin tragen. Die Möglichkeit, *Miconia*-Habitate großflächig mit Herbiziden zu

besprühen, steht nicht zur Disposition. Das wahllose Besprühen würde mehr Schäden verursachen als *Miconia* selbst. Wenn wahlloses, großflächiges Besprühen also nicht infrage kommt, wie steht es dann mit der gezielten Bekämpfung? Und das aus der Luft?

Dieses verwegene Projekt wurde von James Leary von der University of Hawaii ersonnen und umgesetzt. Ausgerüstet mit einer Paintball-Waffe, nähert man sich per Hubschrauber den *Miconia*-Habitaten und verschießt mit Herbiziden gefüllte Projektile. Bei akkurater Anwendung benötigt man nicht viel Herbizid: Der aktive Inhaltsstoff des geladenen Paintballs entspricht etwa der Menge einer Aspirintablette. Leary spricht von »höchster Genauigkeit und chirurgischer Präzision«. Man kann sich bis auf etwa dreißig Meter dem Ziel nähern und den Paintball so sorgfältig platzieren, als würde man ihn mit der Hand ablegen.

Das Projekt wird seit 2012 betrieben, in dieser Zeit wurden 15 000 Ziele bekämpft. Es geht nur langsam voran. Voraussichtlich sind noch weitere drei Jahrzehnte nötig, um die Arbeit abzuschließen. Denn die bescheidenen finanziellen Mittel erlauben nur einhundertzwanzig Flugstunden im Jahr. Das Fliegen und Schießen ist natürlich der aufregende Teil der Aktion, aber wahre Befriedigung findet Leary, wenn er später an den Ort des Geschehens zurückkehrt und feststellen kann, dass die einheimische Vegetation wieder eine Chance bekommen hat.

OBEN
Bewaffneter Naturschutz: Trae Menard, Director of Forest Conservation am Nature Conservancy, feuert eine Paintball-Waffe ab, um invasive Pflanzen mit Herbiziden zu bekämpfen. Maui, Hawaii.

Überall auf der Welt setzen sich Menschen dafür ein, dass die einheimische Vegetation wieder zum Zuge kommt. Denn die Schädigung und der Rückgang der Diversität von Tier- und Pflanzenarten durch den Menschen hält unvermindert an – nur die wenigsten unter uns dürften sich unschuldig fühlen. Das ist nicht nur ein Problem, weil es schlecht und traurig ist, sondern weil die Gesundheit und Resilienz des Lebens auf der Erde abhängig ist von seiner Diversität, wie wir unzählige Male in diesem Buch gesehen haben. Immer deutlicher zeigt sich, dass wir uns nicht einfach zurücklehnen und der Hoffnung hingeben können, dass es irgendwann mal wieder zu einem Umschwung kommen wird. Nirgends zeigt sich das klarer als in Hawaii, wo das Artensterben zu etwas Alltäglichem geworden ist. Von vielen endemischen Pflanzen auf dem Archipel gibt es nur noch wenige Exemplare. Ohne Intervention des Menschen werden sie aussterben, und damit wird die genetische Vielfalt wieder und unwiderruflich um ein Stück ärmer sein. In manchen Regionen der Inseln wurden diese Pflanzen bislang allein durch ihre abgelegene Lage und Unzugänglichkeit geschützt. Was nicht schlecht ist, was es dem Menschen aber auch erschwert, zu ihren Gunsten einzugreifen. Dennoch vollbringen engagierte Sammler wahre Wunder, wenn sie mit Mut und Einfallsreichtum Samen von gefährdeten Pflanzen zusammentragen.

Samen sind außergewöhnliche Dinge. Sie enthalten alles, was die Pflanze über das Leben und die Welt wissen muss, dennoch kann ein Mensch beinahe unendlich viele von ihnen in der Hand halten. Stellen Sie sich vor: zwei Dutzend Eichen in ihren beiden Händen, alle in Form von Eicheln. Samen gibt es in großer Vielfalt, was den ewigen Erfindungsreichtum der Natur widerspiegelt. Sie finden sich in Form von Nieren, Kuben, Pylonen, Dreiecken, Eiern, Scheiben und Kugeln, manche lassen sich mit Flügeln oder Schirmen vom Wind forttragen, manche sind staubkorngroß und schweben in den Luftströmungen, manche treiben auf dem Wasser, manche kletten sich an Tiere, andere arbeiten aktiv darauf hin, von Tieren verschlungen zu werden, und wieder andere – wie die Eicheln – müssen von Tieren vergraben werden. Sie sind in ihrem Formenreichtum von enormer Wichtigkeit: Sie sind der Schlüssel zum Leben.

Fahren wir also mit einer Parabel fort. Vor einigen Jahren untersuchte der niederländische Wissenschaftler Roelof van Gelder ein ledergebundenes Notizbuch, das dem niederländischen Kaufmann Jan Teerlink gehört hatte, der 1803 das Kap der Guten Hoffnung besuchte. Zur Verdeutlichung: Der Gegenstand war vor mehr als zweihundert Jahren zum letzten Mal verwendet worden. Zwischen den Seiten befanden sich noch Samen, die Teerlink dort aufbewahrt hatte. Samen von zweiunddreißig Pflanzenarten. Einige von jeder Sorte wurden an die Millennium Seed Bank in den Kew Gardens in London

geschickt, wo man sich bemühte, sie zum Austreiben zu bringen. Drei von ihnen keimten wirklich. Mit anderen Worten: Trotz der zweihundertjährigen Pause, in der die Samen unter keineswegs optimalen Bedingungen gelagert waren, hatten sie den Funken des Lebens bewahrt. Eine von ihnen, *Leucospermum conocarpodendron*, der Nadelkissenbaum, konnte tatsächlich zur Reife gebracht werden. Pflanzen dieser Art finden Sie im Temperate House (Haus der gemäßigten Klimazonen), und wenn sie blühen, sind sie ein herrlicher Anblick.

Die Moral: Das Leben kann zwei Jahrhunderte lang in einem Samen aufbewahrt werden, unter Bedingungen, die alles andere als günstig sind – unter absolut idealen Bedingungen sollten daher wesentlich längere Zeiträume möglich sein. Dieser Gedanke steht hinter der Millennium Seed Bank. Wenn wir der Diversität des Lebens weiterhin so schreckliche Schäden zufügen, sollten wir wenigstens einen Teil davon in Sicherheit bringen, ihn verwöhnen und verhätscheln und das genetische Erbe bewahren.

David Attenborough hat diese Bank besucht, eine Bank, die größere Schätze aufbewahrt, als sämtliche gewöhnlichen Banken weltweit zusammen. Er durfte, als er ein Exemplar von *Furcraea parmentieri* betrachtete, über die immense Vielfalt der Sammlung staunen. Sie gehört zu den Agavengewächsen, die Sukkulenten sind und oft als Topfpflanzen zu Hause gezogen werden. Diese Art ist an den Hängen des mexikanischen Hochlands heimisch, wo sie durch Brände in Mitleidenschaft gezogen wird. Die Pflanzen sind staatlich geschützt und mittlerweile Teil des großen Back-up-Plans in Kew. Sollten sie in der freien Natur aussterben, werden sie nicht ganz verschwunden sein: Noch ist Leben in den alten Samen. Aber nicht nur das. Denn *F. parmentieri* ist nicht allein. Sie ist eine von Tausenden. Noch ist Leben in der Samenbank und wird es auch noch die nächsten Jahrhunderte sein.

OBEN
Samen der Zukunft; von links nach rechts: Gewöhnliche Rosskastanie, Cheiridopsis-*Arten aus Südafrika, Spitzahorn und* Pedicularis lanata.

Jeden Tag treffen hier aus allen Teilen der Welt Samen ein. Sie werden sortiert, gesäubert, getrocknet, geröntgt und in luftdichten Gläsern versiegelt. Dann kommen sie in die unterirdischen Kammern und werden dort aufbewahrt – bis sie vielleicht irgendwann gebraucht werden. Das alles erinnert vielleicht ein wenig an die alten Brandschutzmelder mit der Aufschrift »Im Notfall Scheibe einschlagen«. Nur dass der Notfall längst eingetreten ist. Es wurden in der Bank bereits einige Barabhebungen getätigt, mit der Folge, dass einige Arten wieder ausgewildert werden konnten. Außerdem steht der Inhalt der Bank natürlich der wissenschaftlichen Forschung zur Verfügung. Vielleicht sollte man sich die Bank als etwas vorstellen, das da und bereit ist, wenn die Welt wieder zu Sinnen kommt. Es handelt sich um eine wichtige Aufgabe und eine, die langfristig angelegt ist; eine wichtige Aufgabe, bei der zwei Jahrhunderte nicht mehr als ein Anfang sind.

Tatsache ist, dass die Millennium Seed Bank für jede aufbewahrte Art die Wahrscheinlichkeit für deren Erhalt auf der Erde drastisch erhöht – und damit für alles, was sonst noch auf dem Planeten lebt. Bislang sind etwa 2 Milliarden Samen von 40 000 Arten aus einhundertneunzig Ländern eingelagert. In Zeiten der Verzweiflung ist es wichtig, sich daran zu erinnern, dass nach wie vor – egal, wie groß das Ausmaß menschlicher Dummheit ist – überall auf der Welt Menschen auf ein Ziel hinarbeiten, das weit über die Menschheit hinausreicht. Das ist zu begrüßen, denn letztlich wird unser Überleben vom Überleben der Pflanzen abhängen. Stirbt eine Pflanze aus, deren Samen nicht eingelagert sind, geht das in den zahllosen Jahrtausenden ihrer Existenz angehäufte Wissen für immer verloren. Es ist verloren für uns und für den Planeten. Die Pflanzen in der Samenbank können wissenschaftlich untersucht werden, ihre Überlebensstrategien, Eigenschaften, ihre Anpassungen an die Umwelt tragen zu unserem Wissen über das Leben und unserem Umgang mit Pflanzen bei, inklusive derer, die wir für unsere Ernährung anbauen.

Die Millennium Seed Bank löst zwei widerstreitende Emotionen aus. Zunächst immense Bewunderung für alle, die am Projekt beteiligt sind, verbunden mit Dankbarkeit, dass es einen solchen Ort gibt. Aber auch eine Art sprachlose Wut darüber, dass wir so etwas überhaupt brauchen. Wie hat es so weit kommen können? Wie haben wir es zulassen können, dass das Leben auf der Erde diesen Punkt erreicht, sodass wir jetzt gezwungen sind, Informationen über das Leben in unterirdischen Kammern zu speichern, weil diese sonst für immer verloren gehen? Und was vielleicht noch wichtiger ist: Was können wir tun, um die Sache besser zu machen? Niemand in der Millennium Seed Bank würde es abstreiten, dass die Welt viel, viel besser wäre, wenn wir diese Einrichtung nicht bräuchten. Was können wir also tun, um sie überflüssig zu machen?

Bei Tieren ist uns allen bewusst, was es bedeutet, wenn sie aussterben. Bei Pflanzen ist das anders. Wir sind vertraut mit Gartenarbeit und der Landwirtschaft: Will man eine Pflanze haben, baut man sie an und lässt sie wachsen. Ganz einfach. Stirbt eine Pflanze in der Wildnis aus, so der Gedanke, baut man eben wieder eine an und nimmt dazu vielleicht die Samen einer Samenbank. Man setzt die Pflanze dorthin, wohin sie gehört, und bingo: Das Aussterben wäre rückgängig gemacht. Wenn es nur so einfach wäre. Aber dieser gärtnerische Ansatz ist ebenso wenig die Antwort auf das Aussterben von Pflanzen, so wenig ein Garten mit der Wildnis zu vergleichen ist.

OBEN
Weltbank: die Millennium Seed Bank mit Mohnskulptur, Wakehurst, Großbritannien.

GEGENÜBER
Unvergleichliche Schätze: Mehr als 2 Milliarden Samen sind in der Millennium Seed Bank eingelagert.

Was, wenn die Tiere, die die Pflanze bestäuben, ebenfalls ausgestorben sind? Was, wenn die nächste Bestäuberpopulation fünf Tage entfernt ist? Was, wenn die Tiere, die die Samen verbreiten – indem sie sie fressen und ausscheiden oder vergraben oder in ihrem Fell mit sich tragen –, für immer verschwunden sind? In diesem Fall hat die Pflanze entweder Glück und findet irgendeinen Ersatz – oder eben nicht. Die Welt, für die die Pflanze sich entwickelt hat, gibt es nicht mehr; in den meisten Fällen bleibt dann nichts anderes übrig, als auszusterben.

Es gibt weitere, weniger augenscheinliche Gründe, warum eine ausgestorbene Pflanze nicht mehr angesiedelt werden kann, egal, wie fürsorglich der Mensch mit ihr umgeht. Die äußeren Bedingungen können sich lokal geändert haben. Vielleicht gibt es zu viel oder zu wenig Wasser, zu hohe oder nicht genügend Sonneneinstrahlung, vielleicht haben sich der Boden, die atmosphärische Zusammensetzung geändert … Eine Pflanze ist ein kompliziertes Gebilde, und je größer die Komplexität, desto mehr kann schiefgehen. Es ist einiges nötig, um eine Schreibmaschine kaputt zu machen; verschütten Sie aber Kaffee auf Ihrem Laptop, ist schnell die Arbeit eines Tages oder vielleicht sogar Ihres Lebens vernichtet. Wie wir mehr als einmal gesehen haben, haben sich die Bedingungen, unter denen Pflanzen auf der Erde wachsen, in den letzten Jahrzehnten drastisch geändert. Gärten sind nicht die Antwort auf das Aussterben der Pflanzen. Die Antworten liegen in

der Bewahrung und Wiederherstellung der Ökosysteme. Oder, weniger wissenschaftlich ausgedrückt, wir müssen die Wildnis wieder zu schätzen lernen.

Das aber gibt uns eine unerwartete Gelegenheit zur Freude. Mehr noch, es ist eine Gelegenheit, sich über den Regenwald zu freuen. Wann haben Sie zuletzt mit einem gewissen Gefühlsüberschwang an den Regenwald gedacht? Wann haben Sie zuletzt nicht Trauer empfunden, sondern Glücksgefühle wegen des reichhaltigsten Lebensraums auf der Erde gehabt?

Der Brasilianer Sebastião Salgado gehört zu den größten sozialdokumentarischen Fotografen der Welt. Er hat sich harter Themen angenommen, die an der körperlichen und geistigen Gesundheit zehren. So hat er 1994 den Genozid in Ruanda dokumentiert, wo innerhalb von hundert Tagen 800 000 Angehörige der Minderheit der Tutsi von den Hutu umgebracht wurden. Das war, wie man sich vorstellen kann, eine traumatische Erfahrung; selbst heute noch ist es zutiefst verstörend, wenn man sich in der Geborgenheit des eigenen Zuhauses Salgados Fotos ansieht.

Zuhause. In jenem Jahr erbte Salgado die Farm seiner Familie. Er kehrte nach Hause zurück und fand andere Verheerungen vor. »Das Land war so krank wie ich«, sagte er. Er musste, wie wir alle an gewissen Punkten in unserem Leben, sich daran machen, die Wunden zu heilen. Der heitere Ort, an dem er aufgewachsen war, hatte sich in eine Wüste verwandelt. Acht Quellen hatte es auf dem Anwesen gegeben, die alles hatten wachsen und sprießen lassen, jetzt waren sie alle versiegt. Der Fluss war durch einen Bergwerksunfall verseucht. Für Salgado war es das Paradies seiner Kindheit gewesen, ein Ort, wo er als Junge frei herumstreifen konnte. Damals war die Hälfte des Anwesens bewaldet gewesen, jetzt waren es noch 0,5 Prozent. Die Bäume waren für Viehweiden geschlagen worden, jetzt konnte das Anwesen kaum noch ein einziges Rind ernähren; es war zugrunde gerichtet. Viele Jahre zuvor war die Farm dem Atlantischen Regenwald abgerungen worden. Dieses Habitat gehört zu den am schlimmsten verwüsteten Habitaten der Welt: 93 Prozent sind mittlerweile verloren.

Es war Salgados Frau Leila, die den Heilungsprozess anstieß. Lass uns den Wald wiederherstellen, sagte sie. Bringen wir den alten Atlantischen Regenwald wieder auf die siebenhundertzehn Hektar dieser Farm. Eine Idee, die selbst dem größten Optimisten nur ein zynisches Lachen entlocken konnte. Das Land war verdorrt. Fast ohne Leben, sah man von den breiten, widerspenstigen Streifen mit invasivem Napiergras ab, das als Viehfutter angebaut worden war. Alles sah so ausgebrannt aus, wie Salgado sich fühlte. Also machten sie sich an die Arbeit.

Sie sammelten Samen von den wenigen noch übrigen Regenwaldabschnitten. Sie errichteten eine Baumschule und zogen Bäume und Regenwaldpflanzen. Sie räumten die Abschnitte mit dem invasiven Gras und pflanzten Setzlinge. Sie hatten mit vielen Rückschlägen zu kämpfen. Es erschien hoffnungslos, lächerlich, das Projekt von Irren. Aber sie blieben dabei, und die einheimischen Pflanzen fassten wieder Fuß, langsam wuchsen die Bäume in den Himmel. Zehn Jahre nach dem Beginn der Arbeiten sprudelte wieder Wasser aus den Quellen. Es war wie ein Wunder, aber das war es nicht. Es gehörte lediglich zu den Dingen, die Pflanzen vollbringen können. Die jungen Bäume holten den Regen auf das ausgedörrte Land zurück. Bäume setzen Mikroben und Mikropartikel frei, mit deren Hilfe Wasser in der Atmosphäre kondensiert und Wolken bildet. Die Vegetation speichert Wasser in sich, sammelt Regenwasser an ihrer Oberfläche und sorgt dafür, dass die Erde mehr Wasser aufnehmen kann. Verfügt das Ökosystem über Bäume, steigt Wasser durch die Verdunstung am Boden und durch die Transpiration am Laub in die Atmosphäre auf. Bäume machen Regen. Ich musste an das tolle Kinderbuch *The Promise* von Nicola Davies denken, das ich oft meinem Sohn vorgelesen habe: »Grün breitet sich wie ein Lied über die Stadt, atmet dem Himmel entgegen, zieht den Regen herab wie einen Segen.«

Das ist buchstäblich so. Der Regen fiel auf Salgados Farm wie ein Segen, und es wurde weiter gepflanzt. Das Projekt war wunderbar als etwas, das für sich stand, eine Insel, eine selbstständige Aussage, wesentlich bedeutsamer wäre es aber, wenn das Wort, wenn die Bäume, der Regen verbreitet würden. Die Salgados gründeten das Instituto Terra, um ihre Arbeit als ein Lehrprojekt fortzuführen. Die lokalen Bauern, die natürlich mitbekamen, dass der Regen auf Salgados Farm zurückgekehrt war, mussten nicht lange überzeugt werden. Sie integrierten die Wiederaufforstung in ihre landwirtschaftliche Arbeit, um langfristig und nachhaltig davon zu profitieren. Dreihundert Bauern erhielten vom Instituto Unterstützung und lernten, wie die Bäume zu pflanzen waren, die die Wasservorräte schützen und das Land bewahren.

Die Salgados pflanzten 2,5 Millionen Setzlinge von insgesamt zweihundert Baumarten. Sie wussten, die Resilienz jedes Ökosystems, vor allem aber die des Regenwalds, basiert auf Diversität. Die Winderosion wurde gestoppt, nachdem die jungen Pflanzen den Boden banden. Mit den Pflanzen kamen die Tiere zurück, die vom Wald abhängig waren. Die Bestäuber erwiesen den Blumen wieder ihre Dienste; Schmetterlinge und Kolibris waren tagsüber Farbtupfer in der Landschaft. Die Tiere waren wieder da: Tamanduas, Nasenbären, Schildkröten. Schließlich kamen auch wieder die Räuber: Ozelot, Jaguarundis, Puma. Das Land ist von den Toten wiederauferstanden. Nichts weniger.

Es ist eine Geschichte der Restauration, des Verheilens alter Wunden. Ich habe ähnliche Projekte im ehemaligen Gebiet des Atlantischen Regenwalds besucht: die Reserva Ecológica de Guapiaçu. Dort sah ich Riesenbekassinen und Capybaras auf einem Gelände, wo früher Rinderherden den Staub aufwühlten. Ich ritt in die umliegenden Berge und sah auf Wald hinab, der sich bis zum Horizont erstreckte.

Auch hier ist eine Moral enthalten: Verzweiflung ist was für Feiglinge. Es ist noch nicht zu spät. Nur fast zu spät.

Während also die Menschheit ihren Drahtseilakt über dem Abgrund der Zerstörung aufführt, sollten wir uns auf die Suche nach dem Gleichgewicht machen. Was schwierig ist, wenn es um den Zustand der gesamten Welt geht. Man muss die Wahrheit sagen. Man muss darauf hinweisen, dass das, was vor sich geht, ernst ist – und das immer und immer wieder. Man muss klarstellen, dass die skrupellose, verheerende Zerstörung zu einem zentralen Merkmal unseres Umgangs mit dem Planeten geworden ist, dass wir Menschen mittlerweile so viele geworden sind, dass uns der Platz und die Zeit ausgehen. Aber man muss auch auf die positiven Dinge hinweisen. Der Ehrlichkeit halber, aber auch zur Beruhigung. Verzweiflung und falsche Hoffnungen sind billige Optionen, die eine ist so schlecht wie die andere.

Es ist schwer, heutzutage Optimist zu sein, aber niemand zwingt Sie dazu. Nur: Pessimist zu sein ist keine Art zu leben. Vielleicht sollten wir diese beiden Einstellungen ad acta legen. Vielleicht spielt es keine so große Rolle, ob man gewinnt oder verliert, sondern ob man sich für die richtige Seite einsetzt. Wir müssen uns die guten Projekte ansehen, die hoffnungsvollen Projekte, und wir müssen sie unterstützen, so weit wir können, und sei es nur, dass wir ihnen aus der Ferne zujubeln. Das bedeutet nicht, dass man vor den Tatsachen die Augen verschließt und so tut, als wäre alles in Ordnung: Man öffnet sich der Hoffnung, die ganz real ist.

Wenden wir uns daher nach Kenia. Wie in vielen Gegenden Subsahara-Afrikas sind die Einheimischen auf Holzkohle als Brennmittel angewiesen. Dafür müssen Bäume gefällt und verfeuert werden. Hält dieser Prozess an, erodiert das dadurch baumlos gewordene Land und wird nutzlos. Wie gesehen bedeuten weniger Bäume weniger Regen. Mit dem Anstieg der Bevölkerung steigt auch der Bedarf an Holzkohle, während sich die Zahl der Bäume immer weiter verringert. Das System steuert auf eine Katastrophe zu. Um dem entgegenzuwirken, wurde eine geniale Idee in die Tat umgesetzt, eine, die durch Holzkohle – ein höchst eleganter Widerspruch – die Bäume in die Landschaft zurückbringt.

GEGENÜBER
Der Atlantische Regenwald gehört zu den meistzerstörten Habitaten der Erde. Hier aber der wiederaufgeforstete Wald des Instituto Terra in Brasilien.

MITTE LINKS UND RECHTS *Sammeln und Pflanzen der Samen im Instituto Terra.*

UNTEN *Sogar Pumas sind zurückgekehrt.*

Es geht darum, auf dem zerstörten Land Samen zu verteilen. Nur die Samen auszustreuen würde nichts bringen, sieht man vom kurzfristigen Nutzen für die Wild- und Haustiere ab, die sich über sie hermachen. Hier kommt die Holzkohle ins Spiel. Samenbälle werden in eine Nährstoffhülle gepackt und mit Holzkohlestaub überzogen. Diese Bälle können dann auf der erodierten Landschaft ausgebracht werden. Die Tiere rühren sie nicht an, da der Geruch und der Geschmack der Holzkohle sie abschreckt. Die Holzkohle ermöglicht den Samen aber, auf die richtigen Keimbedingungen zu warten. Und manche von ihnen werden heranreifen.

Der nächste Schritt besteht darin, die Samenbälle zu verteilen, was mit großem Enthusiasmus angegangen wurde. Jeder, der irgendwo unterwegs ist, kann einen Baum pflanzen. Naturpark-Ranger auf Wilderer-Patrouillen können sie im Lauf des Tages ausbringen. Sie werden von Leuten aus fahrenden Autos geworfen. Schulkinder haben sich auf Klassenwanderungen begeben, um die Samen zu verteilen. Die Bälle wurden, sehr viel spektakulärer, von Paraglidern und Helikoptern abgeworfen. Studenten der Universität Nairobi haben eine Maschine entwickelt, die auf dem Rücken eines Kamels die Samenbälle im Einklang mit der Bewegung des Tiers verstreut.

Insgesamt wurden seit 2016 13 Millionen Samenbälle verteilt. Natürlich ist es ein langfristiges Projekt. Die Bäume brauchen einige Jahrzehnte, um sich zu etablieren. Das System ist billig, für alle zugänglich und wird überall auf der Welt nachgeahmt. Bäume werden dort gepflanzt, wo sie verloren gegangen sind. Das Grün breitet sich über das verwüstete Land wie ein Lied.

OBEN
Samen der Hoffnung.

LINKS *Ranger des Masai Elephant Project verteilen Samen im Masai Mara.*

MITTE *Zwei Handvoll Samenbälle.*

RECHTS *Keimende Samenbälle.*

Leben, wo das Leben scheinbar an sein Ende gelangt war, Hoffnung an Orten, wo jede Hoffnung scheinbar verloren war: unmöglich, auf so ein Schauspiel nicht zu reagieren. Deshalb endet die TV-Reihe *Unser grüner Planet* nicht in den Trümmern eines zerstörten Regenwalds oder in den Straßenschluchten von Shanghai mit seinen vierundzwanzig Millionen Einwohnern, sondern in einem uralten Waldabschnitt in Großbritannien. David Attenborough erzählt uns dort mit unmissverständlichen Worten, dass der vierhundert Jahre alte Wald im Sterben liegt.

Die Reihe *Unser grüner Planet* ist voller Wunder. Wir haben darüber gestaunt, wie Pflanzen sich an die außerordentlichsten Umstände anpassen. Aber in den letzten Jahren haben die Menschen den Planeten so schnell verändert, dass die Kräfte der Evolution nicht mehr hinterherkommen. Unsere Zeit der sich erwärmenden Erde kann mit einer anderen Klimakrise verglichen werden, die am Ende des Perms stattgefunden hat, vor 250 Millionen Jahren. Damals wurde sie vor allem durch vulkanische Aktivitäten ausgelöst. Die Erde hat sich davon erholt; nur hat es 20 Millionen Jahre gedauert. Die unmittelbare Zukunft der Erde hängt also vom Menschen ab. Es steht zu hoffen, dass wir als Regierungen, Unternehmen, große und kleine Organisationen und, vor allem, als Einzelpersonen die richtigen Entscheidungen treffen. Der alte Waldabschnitt, den Attenborough aufsuchte, ist ein kleines, herrliches, lebendiges Beispiel für die richtige Entscheidung. Der Wald nimmt entlang des Mündungsgebiets, das ihn umgibt, Schaden. Etwa fünf Bäume gehen jedes Jahr durch Erosion verloren. Die Bäume im Wald werden dazu von dem invasiven Pilz *Chalara* angegriffen, der für das Eschentriebsterben verantwortlich ist.

In zehn Jahren werden dreißig Prozent der Bäume tot sein. Eine scheinbar klassische Situation, die zum Verzweifeln ist.

Aber nein. Die ortsansässige Bevölkerung hat sich eingeschaltet und begonnen, dem Verfall entgegenzuwirken. Es gibt jetzt einen Teich, der immer wie dafür geschaffen ist, das Leben anzuziehen. Ein angrenzendes Feld, auf dem weniger Biodiversität zu finden war, als Sie in Ihrer Küche haben, ist mit 6000 Bäumen von zwanzig unterschiedlichen Arten bepflanzt worden. Manche Arten sind hier heimisch, andere wie Linden sollten in wärmeren Klimaten gut zurechtkommen. Jedenfalls ist es in jeder Hinsicht ein Projekt der Zukunft.

Geschichten wie diese erfreuen uns. Sie gehören zu den Dingen, die unsere Menschlichkeit ausmachen. Und wir wissen alle, wie dieses Buch und die begleitende TV-Reihe idealerweise enden sollte, um ganz unserer großen Erzähltradition zu entsprechen: David Attenborough würde auf seinem weißen Streitross in den Kampf ziehen, um die Bösen zu besiegen und alles wieder in Ordnung zu bringen. David Attenborough hat es sich zur Aufgabe gemacht, die Wunden zu heilen und uns den Planeten zurückzugeben, den

OBEN
David Attenborough im New Forest. Wofür wir uns entscheiden müssen, sagt er, ist »der Erhalt und die Regenerierung der größtmöglichen Pflanzenvielfalt auf dieser Erde – dem Grünen Planeten.«

wir verdient haben. Wir wissen aber alle, dass die Wahrheit – leider – komplizierter ist, nicht zuletzt, weil wir alle die Bösen sind und eben den Planeten haben, den wir verdient haben. Wir wissen aber auch, dass jeder Einzelne von uns das Zeug zum Helden hat; wir können alle im Lauf unseres Lebens kleine Heldentaten begehen und zu einer Macht des Guten werden.

Es war der Lone Ranger, der zur Rettung angeritten kam und silberne Kugeln verschoss. Das ist, muss leider gesagt werden, für uns keine Option. Stattdessen müssen wir uns den Fakten stellen und entsprechend handeln. Das können wir tun, indem wir kleine Dinge wie einen erst zwei Jahre alten Eichensetzling betrachten, der in einem Gemeindewald wächst. Eine Pflanze mit einer potenziell enormen Zukunft und von ebenso enormer symbolischer Kraft. Auch in den nächsten zwanzig Jahren wird er noch keine Eicheln bilden, aber das ist nicht so wichtig, solange die Menschen ihm die Möglichkeit geben zu wachsen. Wenn es gut läuft, kann das spindelige Bäumchen tausend Jahre alt werden und uns und unsere Ururenkel überleben und in eine Zukunft hineinwachsen, die wir noch nicht einmal erahnen können. Ein Baum und ein Gedanke, die uns innehalten lassen: innehalten, um die Tatsache zu akzeptieren, dass es nicht eine einzige Lösung gibt. Lösungen gibt es in unendlicher Zahl, sie sind vor Ihrer Haustür zu finden, sie liegen innerhalb Ihres Handlungsspielraums. Jedes grüne Blatt ist wichtig für alles, was auf der Erde lebt, egal welcher Art. Wir müssen die intakten Ökosysteme der Welt bewahren; wir müssen Platz schaffen für die Wiederherstellung der von uns zerstörten Ökosysteme; wir müssen unsere funktionalen Landschaften – die Agrarflächen, Nutzwälder, Städte und Gärten – mit einer großen Vielfalt einheimischer Pflanzen füllen. Wir müssen schützen, wir müssen pflanzen, und wir müssen jetzt damit beginnen. Dieses Buch und die TV-Reihe haben mit dem Licht begonnen; am Ende steht bei beiden das Licht der Aufklärung.

Aber wie immer liegt das letzte Wort bei David Attenborough. Im Richmond Park, einen kurzen Spaziergang von seinem Haus und nur eine zwanzigminütige Zugfahrt von der Londoner Innenstadt entfernt, fasste Attenborough das Leben auf der Erde einmal mehr in Worte, die es wert sind, festgehalten und erinnert zu werden. »Unsere Beziehung zu Pflanzen hat sich im Lauf der Geschichte verändert. Jetzt muss sie sich wieder verändern. Ob es darum geht, was wir essen, was wir anbauen oder was wir mögen – wir müssen mit Pflanzen arbeiten und die Erde etwas grüner, etwas wildwüchsiger machen. Wenn wir das tun, wird unsere Zukunft gesünder und sicherer sein – und jedenfalls meiner Erfahrung nach auch glücklicher. Schließlich sind die Pflanzen unsere ältesten Verbündeten. Zusammen können wir einen noch grüneren Planeten erschaffen.«

REGISTER

BILDNACHWEISE

Umschlagvorderseite © BBC Studios
Umschlagrückseite: Oben links, Mitte: BBC Studios; Oben rechts, unten: Paul Williams

1 Zhang Bo/Alamy; **2–3** Ivan Kmit/Alamy; **4–5** Alex Hyde; **7** Tim Fitzharris/Minden/naturepl.com; **8** Jeff Foott/naturepl.com; **10–11** Cyril Ruoso/naturepl.com

TROPISCHE WELTEN

12–13 Paul Williams; **15** Chien Lee; **16** Adrian Warren/BBC; **17** Ryan Garrett; **18–20** Christian Ziegler; **22–3** Nick Garbutt; **25–6** Christian Ziegler; **27** NPL/Alamy; **28–9** Alex Hyde; **30–1** Christian Ziegler; **32** Fogden/Minden/naturepl.com; **33** Universal Images Group North America LLC/DeAgostini/Alamy; **35** Eugene Tang/Stockimo/Alamy; **37** Christian Ziegler; **39–45** NickHawkins/naturepl.com; **47–51** Christian Ziegler; **52** Paul Williams; **53** Nick Garbutt; **55** Alex Hyde; **57** Paul Williams/naturepl.com; **58** MerlinTuttleOrg/Science Photo Library; **60–1** Louis Rummer-Downing; **63** Paul Williams; **64** Pascal Kobeh/naturepl.com; **65** Nick Garbutt; **67**, **68o** Aaron Gekoski/WWF; **68M** Cyril Ruoso/naturepl.com; **68u** Aaron Gekoski; **69** Christian Ziegler; **70–1** Aaron Gekoski; **72** BIOSPHOTO/Alamy; **73** Anne Martin; **76–7** Louis Rummer-Downing

WÜSTENWELTEN

78–9 Paul Williams; **81** Jack Dykinga/naturepl.com; **82** Neil Lucas/naturepl.com; **83** Paul Williams; **84–5** BBC; **87–8** NASA; **89** Auscape/Getty; **90–1** Paul Williams; **92**, **95o** Jack Dykinga/naturepl.com; **95Mu** Paul Williams; **96–7** Paul Williams; **98–9** John D. Sirlin/Shutterstock; **101–4o** Paul Williams; **104Ml** Rolf Nussbaumer/naturepl.com; **104Mr** Rick & Nora Bowers/Alamy; **104u** Paul Williams; **106–110** Paul Williams; **112** BIOSPHOTO/Alamy; **115** RooM the Agency/Alamy; **117–9** Paul Williams; **120–1** John Cancalosi/naturepl.com; **124–5** Patricio Robles Gil/Minden/naturepl.com; **126** Chris Mattison/naturepl.com; **127** Martin Gabriel/naturepl.com; **129** Dave Montreuil/Shutterstock; **130** Jez Bennett/Shutterstock; **132–5** Paul Williams; **136** USGS, 1960, J.R. Hastings, Saguaro National Monument. Courtesy of SBSC: https://www.usgs.gov/centers/sbsc; **137** Paul Williams

JAHRESZEITLICHE WELTEN

138–9 Paul Williams; **141** Jim Brandenburg/Minden/naturepl.com; **142–3** Alistair Tones; **144** Sandra Bartocha/naturepl.com; **146** Alan Murphy/BIA/Minden/naturepl.com; **147–9** BBC; **151** Bob Gibbons/FLPA/Minden; **152** Linda Pitkin/naturepl.com; **153** Alex Hyde; **154** Lizlee/Dreamstime.com; **155** Tim Fitzharris/Minden/naturepl.com; **156–7** Philippe Clement/naturepl.com; **159** MerlinTuttleOrg/Science Photo Library; **161ol** Heather Angel/naturepl.com; **161or** Adrian Davies/naturepl.com; **161u** Mark Moffett/Minden/naturepl.com; **162** Christian Ziegler/Minden/naturepl.com; **163** Rosie Thomas; **164** Alistair Tones; **165** Rosie Thomas; **166** Alistair Tones; **168** Daniel Schpene/Imagebroker/FLPA/Minden; **171** Klein & Hubert/naturepl.com; **172–3** Danny Green/naturepl.com; **175** Nick Garbutt; **176** Philippe Psaila/Science Photo Library; **177** Adrian Davies/naturepl.com; **179** BBC; **181** Jeff Foott/Minden/naturepl.com; **182–5** Paul Williams; **187** Alistair Tones; **188** Guy Edwardes/naturepl.com; **189** Nick Garbutt; **190** Wim Van Edmond/Science Photo Library; **192–3** Thomas Lazar/naturepl.com; **195** Rosie Thomas; **196** Patrick Avery; **197** Rosie Thomas

WASSERWELTEN

198–9 J. Lekavicius/Shutterstock; **201** Terry Whittaker/naturepl.com; **202–3** Willem Kolvoort/naturepl.com; **205o** FilippoManaresi/Alamy; **205u** Juergen Ritterbach/Alamy; **206** Brad Wilson, DVM; **209ol** Eye Of Science/Science Photo Library; **209or** Kim Taylor/naturepl.com; **209u** Eye of Science/Science Photo Library; **210** Mike Gunton; **212** blickwinkel/Alamy; **213** Chris Mattison/Alamy; **215** narrative22/Stockimo/Alamy; **217–9** João Paulo Krajewski; **220–3** BBC; **224–5** João Paulo Krajewski; **226** Richard du Toit/Minden Pictures; **227** Remi Masson/naturepl.com; **228–9** Luciano Candisani/Minden/naturepl.com; **231** Nick Garbutt; **232–3** Paul Williams; **234** All Canada Photos/Alamy; **236** BBC; **238** Louis Rummer-Downing; **239** Willem Kolvoort/naturepl.com; **240–1** toey_77/Shutterstock; **243** Heather Angel/naturepl.com; **245** BBC; **246–7** Guy Edwardes/naturepl.com; **248** Ella Morgan; **249** Phil Savoie/naturepl.com; **250–1** Sergey Gorshkov/Minden Pictures; **253** Konrad Wothe/Minden/naturepl.com; **254** Florian Möllers/naturepl.com; **255** Bill Bachman/Alamy; **256–7** Shane Gross/naturepl.com; **258–9** BBC; **261o** Muni Uz Zaman/AFP/Getty; **261b**, **262–3** Shane Gross/naturepl.com

DER MENSCH

264–5 Lorraine Bennery/naturepl.com; **267** Floris van Breugel/naturepl.com; **268** NPL/Alamy; **271o** Sean Crane/Minden/naturepl.com; **271u** Paul Harcourt Davies/naturepl.com; **272oM** BBC; **272u** Jan Sochor/Alamy; **273** India View/Alamy; **274–5** Jeffrey Kerby; **276** BBC; **277** Jeffrey Kerby; **278–9** Will Burrard-Lucas/naturepl.com; **280** Anup Shah/naturepl.com; **281** Ernie James/naturepl.com; **282–3** BBC; **284–5** Cultura Creative Ltd/Alamy; **288** BBC; **290–1** Jeff Foott/Minden/naturepl.com; **293** Jeff Foott/naturepl.com; **294** olaser/iStock/Getty; **296** Gerd Guenther/Science Photo Library; **297** Radharc Images/Alamy; **300** Daniel Sullivan; **302l** Simon Colmer/naturepl.com; **302r** Chris Mattison/naturepl.com; **303l** Mike Read/naturepl.com; **303r** Pal Hermansen/naturepl.com; **304** Tony Watson/Alamy; **305** James King-Holmes/Alamy; **309** Leonardo Merçon/Instituto Terra; **310** Tony Karumba/Getty; **310–1** Kelvin Kamachu; **311** Seedballs Kenya; **312** Louis Rummer-Downing

DANKSAGUNG

Dank an allen bei Penguin Random House, insbesondere an Laura Barwick, die die Illustrationen organisierte, dem Designer Bobby Birchall und Korrekturleser Steve Tribe. Besonderer Dank an Michael Bright, der alles koordinierte.
Dank wie immer an jeden bei Georgina Capel Associates, vor allem an Irene Baldoni. Und danke für alles an Cindy, Joseph und Eddie.

Moderator und Sprecher
David Attenborough

Produktionsteam
Paul Barratt
Rupert Barrington
Lynn Barry
Miles Barton
Peter Bassett
Dawn Bruno
John Bryans
Matthew Clements
Adalean Coade
Isabelle Corr
Caroline Cox
Dave Cox
Beth Cullen
Jack Delf
Nathalie Dohrn
Lewis Easdown
Alison Fawcett
Lance Featherstone
Kate Fleming
Sandra Forbes
Donna Gomes
Jemal Guerrero
Michael Gunton
Katie Hall
Julian Hector
Danica Henderson
Georgia Hill
Melanie Hoffman
Tim Jeffree
Bridget Jeffrey
James P Lees
Kerrie Lloyd
Juliette Martineau
Ella Morgan
Jack Mortimer
Emma Napper
Maria Norman
Elisabeth Oakham
Emma Peace
Dan Prosser
Aicha-Louise Rakhdoune
Louis Rummer-Downing
Joseph Russell
Lisa Sibbald
Wilma Stefani
Rosie Thomas
Alistair Tones
Darren Tracey
Joe Tuck
Mitch Turnball
Joanna Verity
Natalie White
Nikki Wickham
Paul Williams

Kamerateam
James Aldred
Greg Allen
Shanu Babar
Tim Bailey
Adrian Barnett
James Bishop
Cameron Board
Roberta Bonaldo
Howard Bourne
Francis Brearley
John Brown
Keith Brust
Juan Pablo Bueno
Owen Carter
Song Chen
Patrick Cheung
Lloyd Douglas Clark
Mauricio Copetti
James Fox
Robin Cox
Tom Crowley
Trevor De Kock
Stefan Diller
Stuart Dunn
Jonny Durst
Robert Eder
Monika Ellinger
Neil Fairlie
Edson Faria Junior
Brett Foxwell
Russell Foulkes
James Frystak
Doug Gardiner
Justin Hadley
Micaela Hamilton
Neil Harvey
Robert Hollingworth
Kevin Hultine
Eric Huyton
Richard Ing
Stephen Kirkpatrick
Hugo Kitching
Gabriel Kocher
João Krajewski
Andrew Lawrence
Emilien Leonhardt
Sam Lewis
Graham Macfarlane
Lindsay McCrae
Rory McGuinness
Michael Male
Leonardo Mercon
Sam Meyrick
Hugh Miller
Oliver Mueller
Luke Nelson
Vikash Nowlakha
Kieran O'Donovan
Michael O'Shea
Nick Pitt
Joarley Rodrigues
Manu San Felix
Sealight Pictures
Matija Skalic
Sinclair Stammers
Justin Sullivan
Barny Trevelyan-Johnson
Ben Tutton
Darren West
Garath Whyte
Daphne Wong
Ignacio Romero Zurburchen

Regie Zeitrafferaufnahmen
Tim Shepherd

Zeitrafferaufnahmen
Jacob Cross
Todd Kewley
Richard Mann
Jessica Mitchell

Visual Engineering
Chris Field

Techniker
Nigel Adams
Simon Knox

Wissenschaftliche Beratung
Robin Allaby
Anthony Ambrose
Alex Antonelli
Ian-Thomas Baldwin
Ulrika Bauer
Wendy Baxter
Jan Bechler
Barbara J. Bentz
Erica Berenguer
Peter Bruyns
Matyas Buzgo
James Carter
Martin Cheek
Colin Clubbe
Christopher Cook
Desert Laboratory
Mark Dimmit
Kingsley Dixon
Roy Fauntleroy
Andreas Fleischmann
Ryan Garrett
Simon Gilroy
Paul Green
Wang Hanbing
Jeff Kerby
Danny Kessler
Richard Kim
Bob Kipfer
Rupert Koopman
Richard Lansdown
Janet Lanyon
Donald H. Les
Matthew Long
Thomas Lovejoy
Carlos Magdalena
John Manning
Cody Massing
Antonia Musso
Daniel J. D. Natusch
Ole Pedersen
Thomas Philbrick
Joseph Poore
Patrick Rogers
Rolf Rutishauser
Jasper Slingsby
Richard Unsworth
Orlando Vargas Ramirez
Alyssa Weinstein
Joseph White
Caroline Whitehouse
Ben Wilder
Tim Wilkins

Die BBC dankt
Aja Akuna
David Alba
Carlos A. Lasso
Alcalá Maria de Carmo Amaral
Anza Borrego Desert State Park
APS GROUP
David Argument
Etwin Aslander
Clare Asquith
Steve Axford
Patrick Avery
Avon Wildlife Trust
Tim Bailey
Pedro Balonas
Craig Barber
Keila Pereira Barbosa
Adrian Barnett
Tarryn Barrowman
David Belton
Julia Belton
Abhra Bhattacharya
Volker Bittrich
Robbie Black
Black River Preserve, The Nature Conservancy
Steven Blackwell
Claudia Petean Bove
Nigel Bowers
Jo Bowman
Fabio Bozelli
Bristol Botanical Gardens
Christy Brigham
Oscar Castro Brizuela
Richard Brown
Jonny Brushett
Isabelle Bueno
Juan Pablo Bueno
Alim Buin
Steve Bunclark
Craig Burrows
Bushlife Safaris
Andrew Cairns
The Cactus Shop, Winkleigh
Cambridge Botanical Gardens
Natal Cândido
Cape Nature
Scott Carnahan
Allan Carrol
Carlos José Carvalho
Ivani Rocha Carvalho
Rick Chatham
Karen Cherrett
Steen Christensen
Cine Tirol Film Commission
Doug Clark
Alison C. Cohan
Freya Cohen
Hal Cohen
Martin Cohen
CONANP
Christopher Cook
Jon Cooper
Nigel Hewitt Cooper
Mauricio Copetti
Laura Coulson
The Council of the city of Stoke-on-Trent
Chris Crow
Ron Crump
Robin Cunningham
Adam Curtis
Ollie Deppert
Desert Botanical Garden, Phoenix
Linda Devlin
John Dickie
Charlotte D'Olier
Alejandra Douat
Roy Earle
Eden Project
Eleanor Edye
Rob Erasmus
Edson Faria Junior
Farm Studios
Robert Farthing
Fetcher & Baylis
Leigh Ann Ferreira
Feuerwehr von Greater Overberg FPA
Kim Findlay
Aaron Flesch
Forestry Commission (Forest of Dean)
Forestry England
Mr. Fourness
Brett Foxwell
Murray Fredericks
André Victor Lucci Freitas
Spencer Frost
Serena Fukushima
Mauro Galetti
Galleta Meadows Estate
Arturo Gamboa
Lisa Gammell
Reinard Geldenhuys
Christine Gemperle
Mark Gerasimenko
Getty
Luiz Gonzaga
Anoinette Goosen
Grootbos Nature Reserve
The Gudang & Yadhaykenu Traditional Owners of Cape York
Wondimagegn Hailemariam
Paul Hamilton
Chris Tan Hanafi & Oliver Deppert
Jon Hare
Olly Harrison
Craig Hastings
Hawaii Plant Extinction Prevention Program
Trica Oshant Hawkins
Patrick Hickey
Skip Hobbie
Oleksandr Holovachov
Jennifer Hunter
Instituto Terra
Intomedia

Tony Irons
Shernaz Italia
Olly Jelly
Janine Jones
Markwell Justin
Asrat Kahsay
Sirpa Kämäräinen
Sinita Kawasaki-Yee
Veit Kessen
Teddy Kinyanjui
Tadcha Klubcun
Nikki Knight
Rodney Knight
Jane Kokoch
Morningstar Kongthaw
Shiningstar Kongthaw
Jason Krueger
La Selva Tropical Research Station
David Lambie
Kevin Lanyon
Chien Lee
David Legros
Carlos Teixeira de Lima
Taylor Lockwood
Julio Madriz
Brooke Mahnken
Mandarin Film
Puja Maniar
Teódison Mano
Kelly Martin
Josephine Maxwell
Joe Mcauliffe
Helen McConnell
Kimberlie McCue
Lachlan Mcintyre
Stuart McTeare
Niki Meharg
Mendip Studio School
Getacher Mengesha
Kazimir Miculinić
Ivan Mikolji
Milford Haven Port Authority
Alen Milic
Alex Mills
Peter Mills
Mingo National Wildlife Refuge
Ministry of Information, Publicity and Broadcasting Services, Zimbabwe
Esta Mion
Alexander Mishin
Robert Moor
Martin Moore
Vanessa Rodrigues de Morais
Suzana Neves Moreira
Luisa Lima e Mota
Tohmondiam Mukhim
Marbel Muñoz
Christian Munoz-Donoso
Nick Murray
Helen Needham
Anna Niemela
Mai Nishiyama
Michael Oblinski
Ocotillo Wells State Vehicle Recreation Area
Tessa Oliver
Hank Oppenhiemer
Organisation for Tropical Studies
Osa Conservation
Ciara O'Sullivan
Verity Oswin
Yoichi Oyama
Pashley Manor
Instituto Homem Pantaneiro
Juan Pineda
Tyrone Ping
Mondew Pohtam
Pousada Rio Azul Lodge
Louis Price
Simon Pugh-Jones
Raul Puente
Angeloa Rabelo
Rainforest Adventures Braulio Carrillo
Matt Ratson
Matthew Ray
Denis Rayen
Recanto Ecológico
Rio da Prata
Sam Rees
Refugio Animal de Costa Rica
Owen Reiser
Richard van Rensberg
Gareth Reynolds
Rio Roosevelt Lodge
Roadrunner + Casa del Zorro Nursery
Roadrunner Club
Mark Roberts
Bruno Rocha
Flavia Rocha
Joarley Rodrigues
Jim Roth
Royal Botanic Gardens, Kew
Rajan Russell
Rolf Rutishauser
Charles Ryan
Sabah Park Department
Jose Sabino
Moris Munoz Salas
Lelia Salgado
Sebastião Salgado
Isabella Salton
Francisco Leiton Sancho
Lauri Sassali
Lorenzo Savergnini
Stefan Schnitzer
Sequoia and Kings Canyon National Park
Sequoia National Forest
Eunice Seravali
Kiku Severson
Shaw Nature Reserve
Andy Chia Chee Shiong
Nicole und Don Shearer
Tamara Sherrill
Tetsuo Shimada
Shutterstock
The Sloth Institute
Robert Smith
Danielo José Lima de Souza
Kira Steiner
Andrew Stephenson
Josh Stratton
Studio Salgado
Mirjana Sučić
Maciej Sudra
Anna-Riitta Sulander
Chris Tan
Tim Tchida
Terra Folia Biosphere Reserve
Janet Terry
Thaimaçu Lodge
Patrick Thrash
Ian Thwaites
Geovani Tonolli
Kevin Townsend
Triplefin Media
Reetta Turula
Teija Turunen
Seija Väisänen
Danielle Veenstra
Robert A Villa
Aidan Vincent
Katja Vira
Marcus Vira
Waikamoi Preserve, The Nature Conservancy
Shan-Shan Wang
Eva Wegel
Kebwezi Well-wishers
Haylie Wells
Wells Gray Provincial Park
Louise Wessels
Andrew White
Andrew Whitworth
Reg Williams
Kate Wilson
Stephen Woods
Nicholas Wray
Carlos Adriano Ximenez
Steve Yanoviak
Yayasan Sabah (Sabah Foundation)
Wang Yishan
Sylwia Zbijewska
Christian Ziegler

Schnitt
Steve Barnes
Will Brown
Peter Brownlee
Nick Carline
Jessica Hallier
Caroline Hamilton
Emma Jones
Tim Lasseter
Robin Lewis
Dave Pearce
Owen Porter
Jack Roberts
Sam Rogers
Tom Rowe
James Taggart
Steve White

Originalmusik von
Benji Merrison
Will Slater

Musik aufgeführt von
Ungarisches Studioorchester

Postproduktion
Dave Cawte
Miles Hall

Online Editor
Wes Hibberd

Kolorierer
Simon Bland

Tontechnik
Kate Hopkins
Tim Owens
Sound Recordists
Sean Millar
Gary Moore
Chris Watson
Andrew Yarme

Dubbing Mixer
Graham Wild

Visuelle Effekte
Moonraker

Zusätzliche Grafiken
Henrique Bispo
Christopher Jones

Chefredakteur BBC
Jack Bootle

BBC Studios Sales and Distribution
Patricia Fearnley
Monica Hayes
Esther Lawrence
Mark Reynolds
Elena Sollazzo
Amy Stone

Wissenschaftliche Beratung für The Open University
Yoseph Araya
Julia Cooke
David Gowing

Partner Coproduktion
bilibili
France Télévisions
PBS
ZDF

IMPRESSUM

Verantwortlich: Susanne Caesar
Übersetzung aus dem Englischen: Karl-Heinz Ebnet
Redaktion: Claudia Alt
Satz: satz & repro Grieb, München
Korrektorat: Constanze Lüdicke
Umschlagadaption: Christopher Kunth
Herstellung: Bettina Schippel
Printed inPoland by Dimograf

★★★★★

Sind Sie mit diesem Titel zufrieden? Dann würden wir uns über ihre Weiterempfehlung freuen.
Erzählen Sie es im Freundeskreis, berichten Sie ihrem Buchhändler, oder bewerten Sie bei Onlinekauf.
Und wenn Sie Kritik, Korrekturen, Aktualisierungen haben, freuen wir uns über Ihre Nachricht an Frederking & Thaler Verlag, Postfach 40 02 09, D-08702 München oder per E-Mail an lektorat@verlagshaus.de

Unser komplettes Programm finden Sie unter:

www.frederking-thaler.de

Alle Angaben dieses Werkes wurden vom Autor sorgfältig recherchiert und auf den neuesten Stand gebracht sowie vom Verlag geprüft. Für die Richtigkeit der Angaben kann jedoch keine Haftung übernommen werden, weshalb die Nutzung auf eigene Gefahr erfolgt. Insbesondere bei GPS-Daten können Abweichungen nicht ausgeschlossen werden. Sollte diese Werk Links auf Webseiten Dritter enthalten, so machen wir uns die Inhalte nicht zu eigen und übernehmen für die Inhalte keine Haftung.

In diesem Buch wird aus Gründen der besseren Lesbarkeit das generische Maskulinum verwendet. Weibliche und anderweitige Geschlechteridentitäten werden dabei ausdrücklich mitgemeint, soweit es für die Aussage erforderlich ist.

Die Deutsche Nationalbibliothek verzeichnet diese Publikation in der Deutschen Nationalbibliografie; detaillierte bibliografische Daten sind im Internet über http://dnb.d-nb.de abrufbar.

Titel der englischen Originalausgabe: *The Green Planet. The secret Life of Plants.*

Originalausgabe erschienen 2022 bei:
Witness Books ein Imprint von Ebury Publishing, ein Unternehmen von Penguin Randomhouse UK.
penguinrandomhouse.com

This book is published to accompany the television series entitled The Green Planet, first broadcast on BBC One in 2022.
Executive producer: Mike Gunton
Series producer: Rupert Barrington

ISBN: 978-3-95416-366-3